水利水电工程
建设征地信息管理系统

赵　量　曹海涛　崔海磊　等著

黄河水利出版社
· 郑州 ·

内 容 提 要

本书系统地阐述了水利水电工程建设征地移民信息管理系统的基本理论和实践经验，力求为水利水电工程设计单位、建设单位、地方政府、监理单位开发建设征地移民信息管理系统提供借鉴，提高项目管理人员运用信息技术与利用信息资源的能力。本书切合《水利水电勘测设计行业十四五信息化发展规划纲要》的时代背景，针对水利水电工程建设征地移民工作面临的信息获取、管理和利用效率低，信息化服务水平低等突出问题，提出面向水利水电工程建设征地移民工作全过程，搭建移民信息管理系统或平台，促进信息互联互通、多方参与，不断深化全方位的应用，促进水利水电工程建设征地移民工作的规范化、标准化和信息化。

本书可供从事水利水电工程建设征地移民工作的干部职工、工程技术人员参考，亦可作为大中专院校水利水电工程建设征地相关专业师生的参考书。

图书在版编目(CIP)数据

水利水电工程建设征地信息管理系统 / 赵量等著.
郑州 : 黄河水利出版社, 2024. 7 --ISBN 978-7-5509-3937-0

Ⅰ. TV752

中国国家版本馆 CIP 数据核字第 202454AW18 号

SHUILI SHUIDIAN GONGCHENG JIANSHE ZHENGDI XINXI GUANLI XITONG

组稿编辑:王志宽　电话:0371-66024331　E-mail:278773941@qq.com

责任编辑	李晓红	责任校对	冯俊娜
封面设计	张心怡	责任监制	常红昕

出版发行　黄河水利出版社

地址:河南省郑州市顺河路 49 号　邮政编码:450003

网址:www.yrcp.com　E-mail:hhslcbs@126.com

发行部电话:0371-66020550

承印单位　河南新华印刷集团有限公司

开　　本　787 mm×1 092 mm　1/16

印　　张　15.5

字　　数　368 千字

版次印次　2024 年 7 月第 1 版　2024 年 7 月第 1 次印刷

定　　价　98.00 元

本书作者

赵　量　曹海涛　崔海磊

郭　飞　王艺青　崔　洋

扬　扬　王　楠　芦　璐

前 言

随着社会发展和科技进步,世界已进入以信息技术为核心的知识经济时代,依靠信息化平台处理业务、管理政务已经越来越普及,水利工程移民工作信息化是紧跟发展趋势、应对时代挑战不可回避的方向,水利工程移民工作信息化建设不仅是加强自身建设的需要,也是促进业务程序化、规范化,增强透明度、提高公信力等方面的迫切需要。

长期以来,水利工程移民工作都是一项复杂的社会、政治、自然及经济相结合的系统工程。从项目建议书阶段、可行性研究报告阶段、初步设计阶段到移民安置实施阶段以及后期扶持,移民工作的内容具有较强的延续性和继承性,如可行性研究报告阶段的规划设计和实物指标调查是移民安置实施过程中实物指标管理、计划和进度管理、移民资金管理等工作的基础和重要前提,安置实施阶段形成的数据资料可以为后期扶持提供依据。而移民工作全生命周期中形成的海量数据资料则关乎移民各方面的利益,敏感度高,是移民档案管理的重点对象。

2000年以来,随着经济社会的不断发展,国家出台了一系列移民政策,对水利移民工作提出了更高要求。为适应新形势下水利移民工作的需要,贯彻移民条例和开发性移民方针政策,体现“以人为本”的社会理念,提高水利移民工作水平,实现水利移民工作规范、科学、有序、有效的管理,迫切需要建立信息资源共享的移民信息系统,为水利移民工作涉及的各方提供高效通用的移民信息采集、管理、协同和服务工作平台,实现全过程的跟踪和管理。

(1)提高项目前期工作效率的需要。水利工程建设前期阶段,往往需要进行多坝址、多水位方案比选等工作,常规手段获取移民数据和评估淹没损失需要较长时间,且精度无法保证。通过水利移民信息化手段,借助GIS、遥感解译、三维模拟仿真技术等,可以较好地解决上述问题,为工程论证决策提供可靠的依据。

(2)适应水利移民工作地理特点的需要。水利枢纽工程大多位于偏远山区,地形复杂、交通不便,地质灾害频发、水土流失严重。库区经济落后、通信不畅,现场调查困难、及时获取基础数据不易。为了提高实物指标调查的效率,有必要采用信息化技术采集、管理和利用基础数据,便于迅速掌握库区变化情况和移民动态,加强对移民工作的规划和管理。

(3)提高移民项目管理和资金管理效率的需要。水库移民是一项复杂的系统工程,同时移民工程项目和补偿项目繁多,投资资金数额巨大。为了合理确定移民投资,及时了解和跟踪移民资金的使用情况、使用效果和处理安置实施中遇到的问题,有效控制移民投资和管理移民项目,建设动态、高效的移民管理信息系统十分必要。

(4)提高移民安置实施管理水平的需要。长期以来,水库移民安置实施管理难度大、工作量大,传统工作手段效率低、出错率高。而地方政府移民管理机构和项目法人、主体设计单位、移民监理单位等由于业务水平、综合素质等参差不齐,难以实行统一的工作标准,导致工作效果也不尽如人意。新时期国家移民政策要求移民工作贯彻科学发展观,体现"以人为本",保护移民合法权益,满足移民生存与发展和库区可持续发展需求,对移民安置实施管理的科学性、规范性、准确性提出了更高要求。通过使用信息化手段可以将移民工作信息规范化、功能模块化、质量高效化,将人力资源从机械重复操作中解脱出来;通过系统的自动计算、统计分析,可以避免人为计算错误,提高工作成果的准确度;通过网络能实现移民工作信息的充分共享、文件数据的快速传递、在线协同工作等,改变传统的工作模式,提高工作效能;通过综合查询、统计与输出报表的方式,为行政管理、综合决策提供依据,促进移民管理工作决策的科学化,提高实施管理水平和效率。

(5)实现信息公开、透明和维护库区社会可持续发展的需要。《大中型水利水电工程建设征地补偿和移民安置条例》明确要求编制移民安置规划必须广泛征求移民群众意见,相关政策法规和信息也要公开透明,过去移民工作缺乏相应的手段。采用信息化手段后,一方面,移民和社会公众可以通过网络与自助查询终端对国家及地方政策法规、移民安置规划方案、个人补偿补助费用、移民安置工作进展情况等进行查询,进一步提高了移民工作的政务公开程度,切实保护了移民权益,扩大了移民的知情权、参与权和监督权。另一方面,更好地实现移民与地方政府移民管理机构的良好沟通,移民工作能更多地得到社会的关注、监督和支持,有助于维护库区社会经济的和谐稳定发展。

(6)移民工作创新的需要。科技进步和创新是推动科学发展和社会进步的重要手段,信息化是发展生产力的重要技术支撑。20 世纪 80 年代,我国水利工程移民的实物指标调查、信息收集和管理、规划设计、安置实施等工作经历了从皮尺到全站仪再到"3S"测量技术的运用,从纸质档案到电子文档再到数据库管理,从手工记录到笔记本电脑输入再到平板电脑采集信息,从纸质图纸到电子沙盘再到利用三维技术展示规划成果的巨大变化。面对当今社会日新月异的发展,移民工作需要不断利用新理论、新技术进行工作模式和管理手段的创新,为移民工作相关各方和社会提供高效通用的移民信息采集、管理、协同和服务工作平台,实现全过程的跟踪和管理,促进移民工作的规范化、标准化、科学化。

本书系统地阐述了水利水电工程建设征地移民管理信息系统的基本理论和实践经验,力求为水利水电工程设计单位、建设单位、地方政府、监理单位开发建设征地信息管理系统提供借鉴,增强项目管理人员运用信息技术与利用信息资源的能力。本书切合《水利水电勘测设计行业十四五信息化发展规划纲要》的时代背景,针对水利水电工程建设征地工作面临的信息获取、管理和利用效率低,信息化服务水平低等突出问题,提出面向水利水电工程建设征地工作全过程,搭建信息管理系统或平台,促进信息互联互通、多方参与,不断深化全方位的应用,促进水利水电工程建设征地工作的规范化、标准化和信息化。

全书共分为 9 章,第 1 章"水利信息化"由黄河水利委员会水文局水文水资源信息中心芦璐撰写;第 2 章"移民项目信息管理"由黄河勘测规划设计研究院有限公司曹海涛、郭飞、王艺青撰写；第 3 章“移民信息管理系统”由黄河勘测规划设计研究院有限公司赵量撰写；第 4 章“移民信息管理系统的实施”由黄河勘测规划设计研究院有限公司赵量撰写；第 5 章“实物指标数字化采集系统”由黄河勘测规划设计研究院有限公司赵量撰写；第 6 章“移民地理信息系统”由黄河勘测规划设计研究院有限公司曹海涛、崔洋、赵量撰写；第 7 章“移民后期扶持资金管理系统”由黄河勘测规划设计研究院有限公司崔海磊、王楠、赵量撰写；第 8 章“古贤水库移民信息管理系统”由黄河勘测规划设计研究院有限公司崔海磊、扬扬、王楠撰写；第 9 章“移民信息管理系统的应用与展望”由黄河勘测规划设计研究院有限公司王艺青、崔洋、赵量撰写。

本书可供从事水利水电工程建设征地移民工作的干部职工、工程技术人员参考，亦可作为大中专院校水利水电工程建设征地相关专业师生的参考书。

限于篇幅及作者知识水平，书中难免存在不妥之处，敬请读者批评指正。

作　者

2024 年 5 月

目 录

第 1 章　水利信息化

1.1　信息化的基本概念

20 世纪中叶以来,发达国家和许多发展中国家纷纷利用信息技术这一先进生产技术来推动本国的经济和社会发展,并将推动信息技术应用作为国家发展战略。从 20 世纪 90 年代初期开始,信息技术以人类历史上从未有过的高速度持续发展,用它独有的渗透性、倍增性和创新性点燃了一场全球范围内的信息革命。

信息革命加速了信息的全球化,正在使整个世界发生着人类有史以来最为迅速、广泛、深刻的变化。今天,当我们重新审视世界的时候,会惊讶地发现,除人类千百年来赖以生存的原子形态的物理世界外,又出现了一个崭新的对人类生存越来越重要的二进制数字形态的信息化世界。

1.1.1　信息化的内涵

1.1.1.1　信息化的定义

信息化(information)一词是日本社会学家梅棹忠夫于 1963 年在其发表的著作《信息产业论》中首次提出的。1967 年,日本政府的一个科学技术与经济研究小组在研究经济发展问题时,对照“工业化”概念,正式提出“信息化”概念,并尝试从经济学角度界定其内涵:信息化是向信息产业高度发达且在产业结构中占优势地位的社会——信息社会前进的动态过程,它反映了由可触摸的物质产品起主导作用向难以捉摸的信息产品起主导作用的根本性改变。尽管现在看来,这一定义并不全面,但它无疑为后来的信息化理论研究及其实践奠定了基础。

由于“信息化”涉及各个领域,是一个外延很广的概念,因而不同领域和行业的研究人员往往站在不同的研究角度,对信息化有不同的理解,致使其内涵的表述不尽一致。

从硬件设备和技术支持的角度将信息化理解为:

(1)信息化主要是指以计算机技术为核心来生产、获取、处理、存储和利用信息。换句话说,信息化就是计算机化,或者再加上通信化。

(2)信息化就是要在人类社会的经济、文化和社会生活的各个领域中广泛而普遍地采用信息技术。

(3)信息化就是通信现代化、计算机化和行为合理性的总称。通信现代化是指社会活动中的信息流动,是基于现代化通信技术进行的过程;计算机化是社会组织内部和组织间信息生产、存储、处理、传递等广泛采用先进计算机技术和设备管理的过程;行为合理性是人类活动按公认的合理准则与规范进行。

从经济角度将信息化理解为:

(1)信息化是指国民经济发展从以物质和能源为基础向以知识和信息为基础的转变过程,或者说是指国民经济发展的结构框架重心从物理性空间向知识性空间转变的过程。

(2)信息化在经济学意义上是指由于社会生产力和社会分工的发展,信息部门和信息生产在社会再生产过程中占据越来越重要的地位,发挥越来越重大作用的一种社会经济的变化。

根据信息化的社会结果和运动过程将其理解为：

(1)信息化是生产特征转换和产业结构演进的动态过程，这个过程是由以物质生产为主向以知识生产为主转换，由相对低效益的第一、第二产业向相对高效益的第三、第四产业演进。

(2)信息化是指从事信息获取、传输、处理和提供信息的部门与各部门的信息活动(包括信息的生产、传播和利用)的规模相对扩大，及其在国民经济和社会发展中的作用相对增大，最终超过农业、工业、服务业的全过程。

(3)信息化即信息资源(包括知识)的空前普及和空前高效率的开发、加工、传播和利用，人类的体力劳动和智力劳动获得空前的解放。

(4)信息化是利用信息技术实现比较充分的信息资源共享，以解决社会和经济发展中出现的各种问题。

1997年4月召开的全国信息化工作会议，确定了我国信息化是指在国家统一规划和推动下，在农业、工业、科学技术、国防及社会生活各个方面应用信息技术，深入开发、广泛利用信息资源，加速实现国家现代化的进程。上述国家信息化的定义包含了四层含义：一是实现现代化离不开信息化，信息化要服务于现代化；二是国家要统筹规划，推动信息化建设；三是经济、社会各个领域要广泛应用信息技术，深入开发利用信息资源；四是信息化是一个不断发展的过程。

随着信息化建设的逐步推进，对信息化内涵的认识也在不断加深。党的十六大报告对信息化重要性做了科学、全面的阐述，指出“信息化是我国加快实现工业化和现代化的必然选择”。这里所说的信息化，是指在国民经济和社会各领域不断推广应用计算机、通信和网络等信息技术和其他相关的智能技术，达到全面提高经济运行效率、劳动生产率、企业核心竞争力和人民生活质量目的的过程。在这一过程中，信息产业在国民经济中所占比重上升，工业化与信息化的结合日益密切，信息资源成为重要的生产要素。与工业化的过程一样，信息化不仅是生产力的变革，而且伴随着生产关系的重大变革。

可见，信息化是全方位的，无论是经济基础还是上层建筑，无论是自然科学领域还是社会科学领域，都存在信息化建设的问题，而且都处于同等重要的位置。

综上所述，信息化的内涵就是以信息技术广泛应用为主导，信息资源为核心，信息网络为载体，信息产业为支撑，信息人才为依托，法规、政策、标准、安全为保障的综合体系。

1.1.1.2 信息化的层次

信息化的过程是一个渐变的过程，它包括由低级到高级的产品信息化、企业信息化、信息产业化-产业信息化、经济信息化和社会信息化等五个层次，如图1-1所示。

(1)产品信息化。包括两层含义：其一是产品本身所含信息成分的比重越来越大，物质成分的比例越来越小，产品特征越来越表现出由物质产品向信息产品的转化；其二是产品中增加了越来越多智能化元器件，提高了产品的信息自处理功能。

(2)企业信息化。通俗地讲，企业信息化是指企业在产品的设计、生产、营销和企业的组织结构、人员配置、运行管理等各个环节中，十分注意开发和利用信息资源，广泛使用

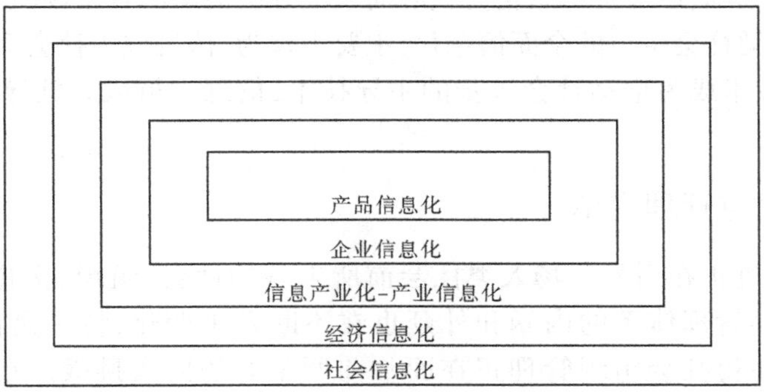

图 1-1　信息化的层级结构

信息技术、信息产品或信息劳务，大力提高企业效益和市场竞争力的过程。

(3)信息产业化-产业信息化。信息产业化是指由分散的信息活动演变成整体的信息产业的过程，是社会信息活动逐步走向产业化道路的必经阶段。信息产业化要求以市场需求为导向，将过去分散在传统国民经济三次产业和各行业部门中与信息生产、分配、流通、交换等直接相关的单位和资源进行优化整合，以便把各种类型的信息活动按产业发展要求重新进行组织，从而在微观上形成专门从事信息活动的经济实体，在宏观上形成一个具有相对独立地位的产业——信息产业。信息产业化主要表现为信息产品商品化、信息机构企业化、信息服务产业化。

产业信息化是指在由同类企业(非信息企业)所组成的各个产业部门内，通过大量采用信息技术和充分开发利用信息资源而提高劳动生产率和产业效益的过程。产业信息化不但促进了传统产业的升级换代，使传统产业部门的组织结构、管理体制、经营模式都发生了彻底的变革，而且反过来又使社会信息需求得以极大地扩展，带动了信息产业的发展壮大。产业信息化主要表现为生产过程自动化、经营管理智能化、商业贸易电子化。

信息产业的出现不仅改变了已有的经济结构，而且为传统产业改造提供了先进的技术设备和信息资源，并在改造传统产业的过程中促使其向扩大信息消费的更高阶段发展。所以，在信息产业化的同时必然出现产业信息化，而且信息产业化和产业信息化是以“互补共进”方式共同发展的。

(4)经济信息化。是在信息产业化和产业信息化的基础上发展起来的，它是指通过对整个社会生产力系统实施自动化、智能化控制，在社会生活和国民经济活动中逐步实现信息化的过程。从发展层次上看，经济信息化是信息产业化和产业信息化的互补共进过程，其结果是传统产业因信息产业的不断渗透而得到改造并向深度发展，信息产业则由于传统产业的支持继续向广度发展，并逐渐成为国民经济的第二大产业，最终达到整个国民经济的信息化。经济信息化主要表现为信息经济所创造的价值在国内生产总值中所占的比重逐步上升，直至主导地位。

(5)社会信息化。是信息化的高级阶段，它是指在人类工作、消费、教育、医疗、家庭生活、文化娱乐等一切社会活动领域里实现全面的信息化。社会信息化是以信息产业化和产业信息化为基础、以经济信息化为核心向人类社会活动的各个领域逐步扩展的过程，其最终结果是人类社会生活的全面信息化，主要表现为：信息成为社会活动的战略资源和重要财富，信息技术成为推动社会进步的主导技术，信息人员成为领导社会变革的中坚力量。

1.1.2　信息化与管理变革

信息化的推进正在引发一场人类社会前所未有的社会、组织、文化、环境等诸方面的深刻变革，社会管理体系的内涵和外延也在不断发生变化，特别是信息技术在组织中的广泛应用，使得社会组织管理正在面临前所未有的巨大挑战。在这种环境下，改变传统的管理观念与方法的探讨已越来越被人们所关注。早在 20 世纪 50 年代，著名传播学家麦克卢恩曾言，任何技术都倾向于创造一个新的人类环境。的确，从历史上看，每一次技术革命都会引起社会和组织管理的变革，信息化对管理变革的影响主要体现在以下几方面。

(1)促使组织结构向扁平化方向发展。

信息技术在组织中的广泛应用，正在促进组织结构的变革。其中，组织结构的扁平化是最主要的趋势之一。相对金字塔(或瘦长型)组织结构而言，扁平化组织中间层次减少，上下信息传输较迅速且准确，从而有利于组织较快地根据环境变化做出反应和决策，也可使下层的管理者具有较大的管理辖度与权限，并且更加容易了解上层管理者的意图，便于上下通达、互相了解，掌握组织的全局。因而，这种组织形式与瘦长型多层次的管理结构相比，可以减少官僚主义，较符合当代管理的需要。

(2)信息成为重要的管理内容。

信息技术的应用使得组织的管理对象也发生明显的变化，在对人、财、物管理的同时，更加注重对信息的管理，使信息管理成了管理的重要内容。信息管理实质上是对信息的收集、整理、存储、传播和利用的过程，也就是信息从分散到集中、从无序到有序、从存储到传播和利用的过程。

(3)管理者的角色和定位发生调整。

现在的管理者每天都要接受、处理来自各种渠道的大量信息，如各种参考资料、电子邮件、报告、新闻与背景资料、电话、口头汇报、视察材料等。同时，管理者每天都在传递各种信息，如各种指令、文件等。管理者在各自的组织内部信息传递中处于神经中枢的地位。管理者通常在信息管理过程中扮演监管者和传播者双重角色。在信息化进程中，管理者如何利用好信息技术手段进行管理已显得至关重要。

1.2　水利信息化建设

1.2.1　水利信息化建设的背景

水利信息化是国家信息化建设的重要组成部分，它是指充分利用现代信息技术，深入开发和广泛利用水利信息资源，实现水利信息采集、传输、存储、处理和服务的网络化与智能化,全面提升水利事业各项活动的效率和效能的历史过程。

2003 年 4 月,为规范和指导全国水利信息化建设,水利部印发了《全国水利信息化规划》(“金水工程”规划),提出建立基于基础设施建设、业务应用建设、保障环境建设 3 个层次的水利信息化综合体系。2010 年,水利部组织编制了《水利信息化顶层设计》,确定了水利信息化的基本框架,明确了水利信息系统各主要部分的基本技术要求。2011 年中央一号文件《中共中央 国务院关于加快水利改革发展的决定》,进一步强调了水利在经济社会发展全局中的重要地位和作用,将水利提升到关系经济安全、生态安全、国家安全的战略高度,把水利作为国家基础设施建设的优先领域,并力争在此后的 5~10 年内,推动水利实现跨越式发展。文件要求推进水利信息化建设,提高水利管理的信息化水平,以水利信息化带动水利现代化。2012 年 5 月,水利部印发了《全国水利信息化发展“十二五”规划》,将水利水电移民安置及管理作为“十二五”水利信息化规划的 12 项重点应用之一,将全国水利水电移民安置与信息管理系统列为“十二五”水利信息化规划 10 项信息化重点建设工程之一。

2019 年水利部组织编制《智慧水利总体方案》(水信息〔2019〕220 号),制定了“优化移民智能监管”的任务,提出“补充完善移民征地补偿、搬迁安置、移民一张图监控、历史过程追溯、工程进度跟踪等移民精准管控和移民公众服务能力”等具体要求。2021 年水利部组织编制《“十四五”智慧水利建设规划》(水信息〔2021〕323 号),也进一步提出了“完善移民工作智能监管应用”“对水库移民工作进行全过程监管”的要求。为适应新形势下移民安置管理工作的需要,发挥信息技术优势,整合信息资源,建设标准统一、互联共享、实用先进的移民安置管理信息系统,对规范移民安置工作、提高工作效率、促进科学决策、实现高效管理十分必要。

2021 年 3 月,李国英在《人民日报》发表署名文章:《深入贯彻新发展理念 推进水资源集约安全利用》。文章指出,党的十八大以来,以习近平同志为核心的党中央从国家长治久安和中华民族永续发展的战略全局高度擘画治水工作。习近平总书记明确提出“节水优先、空间均衡、系统治理、两手发力”的治水思路,就保障国家水安全、推动长江经济带发展、黄河流域生态保护和高质量发展等发表了一系列重要讲话,作出了一系列重要指示批示,为我们做好水利工作提供了科学指南和根本遵循。党的十九届五中全会作出了一系列重要部署,为我们提升水资源优化配置和水旱灾害防御能力,提高水资源集约安全利用水平指明了主攻方向、战略目标和重点任务。

李国英提出,坚持科技引领和数字赋能,提高水资源智慧管理水平。充分运用数字映射、数字孪生、仿真模拟等信息技术,建立覆盖全域的水资源管理与调配系统,推进水资源管理数字化、智能化、精细化。加强监测体系建设,优化行政区界断面、取退水口、地下水等监测站网布局,实现对水量、水位、流量、水质等全要素的实时在线监测,提升信息捕捉和感知能力。动态掌握并及时更新流域区域水资源总量、实际用水量等信息,通过智慧化模拟进行水资源管理与调配预演,并对用水限额、生态流量等红线指标进行预报、预警,提前规避风险、制订预案,为推进水资源集约安全利用提供智慧化决策支持。由此,“数字孪生水利”概念提出,全国水利系统纷纷开展“数字孪生”相关建设,水利信息化发展进入快车道。

1.2.2 水利信息化的必要性和迫切性

水利是国民经济的基础设施。21世纪的中国,随着经济和社会的发展,洪涝灾害、干旱缺水、水污染严重等水资源三大问题日益突出,已经严重制约着国民经济和社会发展。为了解决好新世纪水的问题,国家层面调整治水思路、转变治水方针,实现从工程水利向资源水利的转变,从传统水利向现代化水利、可持续发展水利转变。在这个历史性转变过程中,水利信息化作为水利现代化的重要内容,是实现水资源科学管理、高效利用和有效保护的基础与前提。

(1)水利信息化是提高防汛抗旱决策水平的需要。

信息是防汛抗旱决策的基础,是正确分析和判断防汛抗旱形势、科学地制订防汛抗旱调度方案的依据。水利信息系统的建立,将大大提高雨情、水情、工情、旱情和灾情信息采集的准确性及传输的时效性,对其发展趋势做出及时、准确的预测和预报,制订防洪抗旱调度方案,为决策部门科学决策提供科学依据,充分发挥已建工程设施的效能。

(2)水利信息化是实现水利工作历史性转变的需要。

水利工作要从过去重点对水资源的开发、利用和治理,转变为在水资源开发、利用和治理的同时,更为注重对水资源的配置、节约和保护;要从过去重视水利工程建设,转变为在重视工程建设的同时,更为注重非工程措施的建设;要从过去对水量、水质、水能的分别管理和对水的供、用、排、回收再利用过程的多家管理,转变为对水资源的统一配置、统一调度、统一管理。水利信息化是实现上述转变的重要技术基础和前提。

(3)水利信息化是政府部门转变职能的重要内容。

信息资源已经成为与物质资源同等重要的资源。政府充分开发和利用庞大的政府信息资源,是正确、高效行使国家行政职能的重要环节。政府机构改革和职能转变,客观上要求政府部门从开发利用、广泛获取信息资源来更好地管理复杂的政府事务,提高政府的管理水平和工作效率,加强政府工作人员与广大公众之间的联系,使社会各界有效监督政府的工作。水利信息化是水利部各级政府部门实施现代化管理的一个重要工作方向。

(4)水利信息化是实现资源共享、促进国民经济协调发展的需要。

水利信息化对于建立节水型农业、节水型工业和节水型社会,推进城镇化进程,实施西部大开发,都将有着重要意义。我国水利信息化工作从"七五"期间起步,到目前取得了可喜的成绩,主要表现在:全国水利系统初步实现了从水情雨情信息的采集、传输、接收、处理、监视到联机洪水预报;在全国范围内开始建设"国家水文数据库"并取得了部分成果;水利部门办公自动化的水平也在逐步提高,开始实行远程文件传输、公文管理和档案联机管理;一些水利部门建立了网站并进入了互联网络;建成了连接全国流域机构和各省(市、区)的水情计算机广域网。

这些系统和设施,在历年的工作中,特别是在1998年的抗洪斗争中,保障了国家防总对抗洪斗争的指挥调度,发挥了重要作用,取得了显著的经济效益和社会效益。覆盖全国的国家防汛指挥系统工程也已完成了总体设计,目前进入立项过程,部分项目已付诸实施。然而,面对水利信息化的发展和水利行业的需要,我国水利信息化工作还存在一些亟待解决的问题:

一是对信息化的认识不到位。国家"十四五"规划纲要明确要求,构建智慧水利体系,以流域为单元提升水情测报和智能调度能力。国家"十四五"新型基础设施建设规划明确提出,要推动大江大河大湖数字孪生、智慧化模拟和智能业务应用建设。黄河流域生态保护和高质量发展规划纲要、长江三角洲区域一体化发展规划纲要等,都对水利信息化建设提出了更加具体明确的要求。落实党中央、国务院重大决策部署,必须大力推进水利信息化建设。在水利系统中,一些干部和职工特别是少数领导干部对信息化的认识和中央的要求尚有距离,缺乏紧迫感;统一指挥的建设机制尚不健全,缺乏统一规划和明确的发展目标,缺乏全局建设的有序性。

二是水利信息化投入严重不足。水利信息化涉及面广,建设任务艰巨,而长期以来在水利信息化建设方面的投入相对不足。信息基础设施十分薄弱,信息源开发严重不足,信息采集和传输手段普遍较为落后,至今尚未形成覆盖全行业的信息网络。涉及国计民生的防洪抗旱、水资源管理、水质监测、水土保持等重要领域,都没有形成全国范围的应用系统。

三是尚未形成水利公用信息平台,开发应用水平较差。水利信息的规范化和标准化工作滞后,公共的传输平台覆盖面窄,技术水平较低;全局性的数据库很不完善;系统开发速度慢、效率低、成本高、通用性差、生命周期短,与国际的差距有扩大的趋向;社会化的信息服务不够全面。

四是规划和管理水平不能适应信息化的需要。水利信息化建设中缺乏统筹规划,低水平重复开发和重复建设问题仍很突出,条块分割现象依然存在,信息化队伍的综合素质也有待于进一步提高。

面对上述存在的问题和艰巨任务,加强水利信息化进程是水利行业面临的迫切任务,也是历史赋予的使命。

1.2.3　水利信息化的建设内容

水利公用信息平台为各个应用系统的开发和运行提供统一的软、硬件环境,以避免重复建设,实现互联互通、资源共享,包括以下几项内容。

1.2.3.1　水利信息标准化建设

在广泛采用国际标准和国家标准的同时,重点是建立起水利系统适用的信息化标准体系。制定和完善水利信息采集标准与规范。在水利信息源中,大多数种类的信息缺乏统一的标准、规范,要开展不同层次的信息需求调研,分类整合现有水利信息指标体系,合理规范信息采集渠道,对于一些不适合信息化要求的已有标准、规范,必须进行修订和完善,在此基础上,研究建立适应信息化的水利信息采集标准和规范。

加快研制水利信息化关键技术标准与规范。对信息的存储、传输、共享及应用软件的开发与网络建设相关的关键信息技术进行研究,结合水利信息化建设的实际需要,建立水利信息化关键技术标准与规范。该技术标准与规范适用于各级水利部门的信息化建设,保证信息资源的共享及应用软件的相互兼容,实现各级各类水利信息处理平台的互联互通。

1.2.3.2　基础数据库建设

基础数据库是可供多个应用系统共享的数据库，主要包括国家水文数据库、水利空间数据库和基础工情库等。

(1)国家水文数据库建设。国家水文数据库存储经过整编的历年水文观测数据，是各种水利专业应用系统的基础。在现有基础上要重点解决测站编码、库结构，水位基准、水量单位的统一，以及与整编程序的接口等问题，尽快建成中央节点库，完善流域和省级节点，依托水利信息网络，实现上网运行，提供信息服务。

(2)水利空间数据库建设。水利空间数据库是描述所有水利要素空间分布特征的数据库。在国家空间数据库基础上建立1∶250 000、1∶50 000比例尺覆盖全国的水利空间数据库，在防洪重点地区建立1∶10 000或1∶5 000比例尺的水利空间数据库。逐步实现"数字流域"或"数字水利"。

(3)基础工情库建设。基础工情库是描述所有水利工程基础属性的数据库，包括设计指标、工程现状及历史运用信息。建成省、流域和中央三级基础工情库，形成涵盖全国水利工程、分布存储的数据库群。

1.2.3.3　水利信息网络建设

水利信息网络是为防汛抗旱、政务、水资源管理、水质监测、水土保持等各种水利应用提供的统一传输平台，是最重要的水利信息化基础设施之一，其建设按三级网络构架进行。

(1)建设全国水利信息骨干网。依托公用电信网，充分利用现有设施，建成覆盖水利部机关、7个流域机构、32个省(自治区、直辖市)水利(水电、水务)厅(局)、部直属单位的宽带多媒体网络，并通过链路加密等技术，将骨干网分割为涉密骨干网和普通骨干网。

(2)建设地区水利信息网络。依托公用电信网，充分利用现有设施，建成联结各流域机构和省(自治区、直辖市)水利(水电、水务)厅(局)所在地与所属单位的广域网络。

(3)建设完善各单位部门网。按照各级网络中心的要求，采用现代组网技术因地制宜地完善全国地区以上各级水利部门的部门网，流域机构和省级以上的部门网必须分别建立涉密网和普通网，普通网与涉密网实现物理隔离。

中国水利信息网络从国家防汛指挥系统项目的实施中开始建设，并不断扩充完善，为各个应用系统提供网络服务。其他应用系统不再重复进行网络建设。

网络中心的建设要打破部门分割，为本流域、本地区的各种应用系统提供网络管理和服务，要充分重视网络中心的配置，理顺关系，充实专职人员，使其成为本流域、本地区水利信息网络的枢纽。

1.2.4　智慧水利

2018年，中央提出实施智慧农业、林业、水利工程的总体要求，水利部也发布了智慧水利总体方案；2021年，《中华人民共和国国民经济和社会发展第十四个五年规划和2035年远景目标纲要》中提出构建智慧水利体系的明确要求；2022年，水利部强调要加快构建智慧水利体系，推动新阶段水利高质量发展。为此，水利部陆续出台了《智慧水利建设顶层设计》等一系列智慧水利建设的指导性文件，全国也相继开展智慧水利工程的先行先试工作。

1.2.4.1　智慧水利已有基础

智慧水利是水利信息化发展的新阶段。水利部历来重视水利信息化建设，“十五”期间就提出了以水利信息化带动水利现代化的总体要求。多年来，我国水利信息化建设取得了很大成就，为智慧水利建设奠定了坚实基础。

(1)规划与技术体系渐趋完善。

2003 年，水利部印发了《全国水利信息化规划》（“金水工程”规划），成为第一部全国水利信息化规划。从“十一五”开始，水利信息化发展五年规划成为全国水利改革发展五年规划重要的专项规划，对水利信息化建设进行统筹安排，解决为什么要做及做什么的问题。还相继印发了《水利信息化顶层设计》《水利信息化资源整合共享顶层设计》《水利网络安全顶层设计》等文件，有效衔接规划与实施，并通过水利信息化标准规范从技术上支撑共享协同，通过项目建设与管理办法从机制体制上保障共享协同。此外，还出台了有关防汛抗旱、水资源管理、水土保持、水利数据中心等信息系统建设的技术指导文件，指导各层级项目建设，解决不同层级间的共享协同。这些措施在系统互联互通、资源共享、业务协同方面发挥了积极作用。

(2)基础设施初具规模。

截至 2017 年底，在信息采集与工程监视方面，全国省级以上水利部门各类信息采集点达 42 万处，全国县级以上水利部门共有视频监视点 118 539 个，其中共享接入 64 080 个；在水利业务网方面，全部省级、地市级及 86.89%县级水利部门实现了连通；在水利通信方面，全国县级以上水利部门共配置通信卫星设备 2 731 台（套），北斗卫星短报文传输报汛站达到 7 900 多个，应急通信车 68 辆；在计算存储方面，初步建成了水利部基础设施云，形成了“异地三中心”的水利数据灾备总体布局，全国省级以上水利部门共配备各类服务器 7 213 台（套），存储能力 3.3 PB；在水利视频会议系统方面，建立了覆盖 7 个流域机构、32 个省级、337 个地市级、2 262 个区县级水利部门和 15 828 个乡镇的水利视频会商系统。

(3)信息资源和业务应用不断深入。

水利部通过历年来的水利信息化重点工程建设，第一次全国水利普查、水资源调查评价等专项工作，以及各项日常工作，产生和积累了大量的水利专业数据。截至 2017 年底，全国省级以上水利部门存储的各类信息资源约 1.9 PB。同时，依托这些信息化重点工程建设，不断深化水利业务应用水平，并向基层水利部门拓展。国家防汛抗旱指挥系统二期主体工程基本完成，提升了我国水旱灾害和突发水事件的处置能力。国家水资源监控能力建设二期项目有序推进，支撑了最严格水资源管理和“三条红线”考核。国家地下水监测工程主体工程全面完成，全国河长制湖长制管理信息系统正式运行，水利工程建设与管理业务应用投入运行。水土保持、水利安全生产监督管理、电子政务等重要信息系统持续推进。水利业务应用体系不断完善，有力支撑水利改革与发展。

(4)新一代信息技术的有效应用。

近年来，水利各部门相继开展了对新一代信息技术的探索应用。水利部搭建了基础设施云，实现计算、存储资源的集中管理和弹性服务，有力地支撑了国家防汛抗旱指挥系统等13个项目的快速部署和应用交付。黄河水利委员会利用云计算与大数据技术,围绕突发事件实现了对水情、工情和位置等信息的自动定位与展现。无锡水利部门利用物联网技术,对太湖水质、蓝藻、湖泛等进行智能感知,实现蓝藻打捞及运输车船的智能调度,提升了太湖治理的科学水平。浙江水利部门在舟山应用大数据和“互联网+”技术,及时掌握台风防御区的人员动态情况,并结合台风路径、影响范围等信息,自动通过短信等方式最大范围地发布台风预警和提醒信息,为科学决策和有效指导人员避险、财产保护等提供有力支撑。

(5)智慧水利先行先试积极开展。

作为新型智慧城市部际联络工作组成员单位,近年来,水利部积极参与促进智慧城市健康发展的相关工作,推动数字水利向智慧水利转变,推进水利行业智慧水利建设。目前,在浙江省台州市开展的智慧水务试点工作已初具成效,对推动全国智慧水利建设具有示范作用。部分流域机构、地方水利部门也陆续开展智慧水利试点。太湖流域管理局利用水文、气象、卫星遥感等信息和模型对湖区水域岸线及蓝藻进行监测,提升了“引江济太”工程调度等工作的预判性。上海市水务局构建了覆盖全市的雨情自动测报、积水自动监测采集网,与气象、市政、公安、交通、环保等部门形成防汛防台风应急指挥联动调度。江西省水利厅出台了《江西省智慧水利建设行动计划》,依托智慧抚河信息化工程等项目建设积极开展智慧水利建设。

1.2.4.2 智慧水利面临的问题

虽然近年来水利部积极推进行业智慧建设,部分智慧水利试点工作已初见成效,但智慧水利建设与智慧社会要求还有较大差距。

1.透彻感知不够

目前,各类水利设施的监测远未做到全面感知。例如,水库安全监测方面,仅有73%的大型水库建立了工程安全监测设施和数据自动采集系统,多数中型水库和几乎所有小型水库都没有安全监测设施,大部分小型水库甚至没有水情监测报汛设备。同时,感知技术手段也存在较大差距,自动化水平不高。

2.全面互联差距大

(1)网络覆盖面小,还有13%的区县级水利部门未连接到水利业务网,仅有6个省区水利业务网通达到乡镇级水利单位,导致水利信息系统无法实现“三级部署(水利部、流域机构、省级)、五级应用(水利部、流域机构、省级、市级、县级)”。

(2)网络通道窄,连接水利部到省级水利部门的骨干网带宽仅为8 Mbit/s,由于带宽限制,导致许多宝贵的数据无法及时传输。

(3)上下左右连通不畅,集中体现在工程控制系统隔离在各个工程管理单位,不同业务系统信息共享和业务协同困难。

(4)基础支撑不足,主要体现在机房总体规模小而分散,计算存储能力不足,基础支撑软硬件薄弱。

同时存在水利部内部专业部门之间信息共享不足,外部与环境、交通、国土等部门的相关数据还不能做到部门间共享等问题。

3. 智能应用不足

对于新一代信息技术的应用，水利行业总体上还处于初级阶段。大数据、人工智能、虚拟现实等技术尚未得到广泛应用，智慧功能没有得到充分显现。

4. 泛在服务欠缺

一直以来，水利行业业务应用多，公共服务产品偏少，系统应用便捷化和个性化等考虑不足。

5. 认识不到位

很多基层水利单位对智慧水利建设目标不清晰、任务不明确、效果不确定，对智慧水利建设存在畏难情绪。

1.2.4.3 智慧水利目标与任务

在各地政府和相关行业通过智慧社会建设全面推动社会治理体系和治理能力现代化的背景下，水利部门把智慧水利建设作为推进水利现代化的着力点和突破口，必将推动新一代信息技术在水利行业的广泛应用，全面提升新时代水治理体系和能力的现代化水平。

1. 智慧水利建设目标

紧密结合水利工作实际，科学确定目标是智慧水利建设的重要前提。水利工作的主要管理对象为江河湖泊、水资源、水利工程、水旱灾害及各类涉水主体，涉及国家防洪、供水、粮食和生态等安全方面。因此，智慧水利建设应围绕水利中心工作，构建全国江河、水利基础设施和管理运行等体系三位一体的网络大平台，建设国家、流域、区域相关信息资源汇集的共享大数据，建立涵盖洪水、干旱、水工程安全运行、水工程建设、水资源开发利用、城乡供水、节水、江河湖泊及水土流失等九大领域的应用大系统，支撑智慧水利全业务流程的网络大安全，为政府监管、江河调度、工程运行、应急处置和公共服务提供支撑和保障。

2. 智慧水利建设任务

基于水利信息化的已有基础，结合新一代信息技术发展，智慧水利需要在以下几个方面强力推进。

1）全面提升透彻感知能力

在现有水利监测感知的基础上，充分利用物联网、卫星遥感、无人机、视频监控等技术和手段，构建天地一体化监测体系，提高感知能力和技术水平，并进一步补充、扩大和完善感知对象。

（1）建设河流湖泊全面监测网格。对现有水文站增配视频监控，对水位站增配流量监测设施；同时，监测网格逐步延伸到流域面积100 km^2 以上22 909条河流、1 km^2 以上2 865个湖泊，力争覆盖流域面积50 km^2 以上45 203条河流，从而全面提升防汛抗旱预警预报水平和江河湖泊的监管能力。

（2）建立水资源管理全面感知网络。在水资源监控能力建设、国家地下水监测工程等项目的基础上，按照全流程、全口径、精准化要求，加密各类监测网点，共享相关领域数据，逐步实现对水源地、取用水户、入河排污口及地市行政区界河流断面的水量水质监测。

（3）建设水利工程运行管理监测感知网。采用物联网、卫星定位等技术，升级已有水利工程监测系统，增补位移、形变、水情等要素监测监控设施，逐步实现对水库、堤防、大中型灌区、水闸、泵站等工程运行管理全过程全要素的感知。

(4)建设水生态环境感知网络。对重点保护河段河道生态基流、国家重要水功能区水环境、水土保持重点治理区的水土流失等进行监测,逐步实现对水生态环境状态的全面感知。

2)全面加强互联互通

从目前水利信息化的发展现状看,网络覆盖范围和支撑能力与智慧水利建设的要求差距很大,应加大建设力度,弥补网络能力的不足。

(1)扩大互联范围。在充分利用公网资源基础上,延伸水利业务网,实现监测感知站点、各级水利部门、各级各类水利企事业单位及相关部门的互联互通。

(2)扩充互联通道。根据数据传输需求,扩充水利业务网带宽,增加互联网接入带宽,构建融合互联的大容量高速传输网络通道。

3)建设共享共用的水利大数据中心

根据水利数据高性能计算需要,以构建各类水利业务、各级水利部门,以及与涉水部门畅通的水利信息资源建设为基本内容,研究确定水利数据中心部署和应用架构,加强计算存储、共享服务、指挥调度、综合会商、容灾备份等能力建设,建成集约统一、共享共用的水利大数据中心。

(1)水利基础设施云建设。基于海量水利数据存储和秒级计算的需要,按照高性能、大容量、可扩充的要求,建成国家、流域、省三级水利基础设施云,支撑基础设施资源、数据资源、业务应用与服务三个层次上的集中共享。

(2)大数据支撑平台建设。按照水利数据实时汇集、共享服务、快速响应要求,逐步构建人工智能、大数据和专业模型等资源体系,为业务应用提供智慧服务支撑。

(3)水利信息资源建设。实现水利部门不同专业的信息共享,涵盖洪水、干旱、水利工程安全运行等九大领域业务,包括文字、图表、音视频、影像等各类数据。实现各级水利部门之间的信息共享,构建水利部、流域、省三级数据存储中心与各级水利部门共享的数据使用格局。实现水利数据与外行业部门数据的共享,主要包括环境、交通、资源、住建、工信、应急等部门数据,尤其要实现与测绘部门矢量地图、航天卫星遥感等数据的共享。及时收集与汇聚报纸、杂志、电视、广播等传统媒体,以及网络、视频、电子杂志、微信、社区、论坛、博客等新媒体涉及水利领域的民生需求、舆论热点、公众意见等数据。此外,以上各类信息从时间上要包括历史的、实时的和预测的信息,从空间上要包括点、线、面信息。

(4)指挥调度和综合会商环境建设。按照联合值班、综合与专业调度会商相结合的需要,在北京建设智慧水利调度中心,并做好与国家防汛抗旱调度中心的衔接。

(5)加强水利信息灾备系统建设。考虑到智慧水利建设必然带来数据规模的极大提升,现有的灾备体系难以满足数据安全存储的需求,宜在现有的水利部与南北备份中心的基础上,按照网络信息安全的要求,在北京构建同城灾备中心,同时加强郑州、贵阳南北2个备份中心建设,形成互备架构,保障水利信息安全。

4)大力推进智能应用

针对水利行业对新一代信息技术应用不够的问题,在智慧水利建设中要围绕洪水、干旱、水利工程安全运行等九大领域,大力推广大数据、人工智能等信息新技术的广泛应用,形成融合高效、智能分析、实时便捷的智慧水利应用大系统。

(1)智慧防汛抗旱。依托国家防汛抗旱指挥系统工程,在防洪方面,扩展并接入全口径气象、水雨情、工程调度、工情等实时信息,社会经济、洪水调度方案、历史抗洪抢险救灾及应急管理预案等防洪基础信息,统筹考虑防洪、发电、航运、水资源、水生态、应急管理等调度需求,构建基于云平台技术架构的,以大数据分析为支撑的综合防汛指挥决策平台,实现预测预报、优化调度、信息服务、会商决策的一体化和智能化,全力提高预报精度,延长预见期,提高调度决策能力,为防汛抗洪工作提供可靠支撑。在抗旱方面,集成气象、水文、农情、遥感等多源干旱实时监测信息,以及作物分布、生长阶段、灌区分布、抗旱水源等抗旱基础信息,通过分区、分阶段干旱监测指标筛选及阈值优选后,实现干旱监测指标和旱区基础信息相结合的网格化、标准化处理,形成集受旱分布、程度、面积,以及历史对比分析、可用水源、可调水量、物资仓库、抗旱队伍等干旱信息于一体的全国旱情综合评估一张图,支撑各级抗旱部门及公众进行旱情核实、预警发布、指挥调度和协同抗旱,最大程度地减少干旱损失。

(2)智慧水资源管理。围绕水资源开发利用、城乡供水、节水,依托国家水资源监控能力建设、地下水监测工程等项目,充分利用大数据、物联网、移动互联网和人工智能等技术,构建水源、取水、输水、制水、配水、排水等水资源开发利用各环节涉水信息智能感知体系,实时掌握全环节水量、水质、水生态和水效率等涉水信息,建立水资源大数据分析平台,开发水资源及其开发利用的评估、诊断、预报、分配和调控等智慧应用,构建重用水、耗水、定额、效率测算体系,构建支撑用水总量、效率控制,以及计划用水、定额管理等业务的数据体系,推动水资源管理从统计向监测,从宏观向精准定向转变,从静态管理向动态管理转变,从经验管理向科学管理转变,实现业务关联、上下贯通、点面结合的水资源科学调控,协同管理,精准施策和主动服务,支撑城乡安全供水和最严格水资源管理制度实施。在节水方面,特别是针对耗水大户实施智慧灌区,通过对天气状况、土壤墒情、水源条件、灌溉设施等全面实时监测,结合作物生长规律,计算出最优灌溉方案,进而通过自动控制设施进行精准灌溉,实现节水与农业增产、农民增收双赢,实现高效节水。

(3)智慧水工程。在水利工程建设方面,运用监测感知、BIM、智能识别、云计算、物联网、移动互联网等技术,根据水电工程建设特点,实现工程建设的信息化、数字化、智能化;以大数据和遥感等技术推进安全生产、市场信用的主动监管,提升水利工程建设监管效率和决策支持能力。在水利设施运行管理方面,结合除险加固和提质升级改造,综合应用导航定位、传感等技术对水工程进行安全监测及运行状态全面感知,及时掌握工程状况,分析诊断异常情况。在发生超标准洪水、强震或大型山洪泥石流的情况下,要利用大数据技术分析相关数据和历史类似险情,提前应对并及时处置,保障工程及相关地区安全。

(4)智慧水土保持管理。采用遥感调查、定位观测与模型计算相结合的技术方法,及时收集流域水文、气象、遥感等信息,准确、全面、动态监测人类活动,分析生产建设项目地表扰动、水土流失状况、水土保持综合治理效果,推进水土流失智慧化动态监测监管。

(5)智慧河湖监管。利用遥感、视频、互联网等技术,构建江河湖泊水域及其岸线的违规占用、采砂、取土、堆放、建设等涉河湖行为监控体系,共享水文、环保等领域涉河湖数据，实现河长制湖长制有效监管的常态化、数字化、规范化，为河长湖长履职考核、河湖整治效果评估、河湖水生态保护与修复评价提供支撑。

另外，智慧水利还体现在水利公共服务领域，为社会公众提供更便利、高效的水信息服务。

1.2.4.4 智慧水利推进方案

智慧水利是水利现代化的重要标志。智慧水利建设要求迫切，任务繁重，技术要求高，推进难度大，在智慧水利建设上需要水利部统一规划，统筹中央和地方，统筹各个专业领域，全行业协力推进。加快智慧水利建设，需从以下几个方面着力抓好落实：

(1)高层次推动智慧水利建设。智慧水利建设对于完善水治理体系，提升水治理能力，驱动水利现代化具有重要战略意义，是当前和今后一段时期水利工作的重要任务。这项工作涉及面广，协调难度大，事关工作模式改变和业务流程再造，须主要负责同志亲自挂帅，协调整合资源，集中力量攻关，才能有效推进。

(2)高起点谋划智慧水利建设。智慧水利建设是一项复杂的系统工程，要作为一个有机整体通盘考虑。从层级上既要考虑智慧机关，又要考虑智慧流域，还要考虑区域智慧水利，专业亦要实现统筹兼顾。抓紧制订智慧水利建设总体方案，科学确定目标任务，合理设计总体架构，构建统一编码、精准监测、高效识别的网格，高起点做好顶层设计。

(3)高标准夯实智慧水利基础。由于智慧水利涉及的数据和业务快速增长，信息技术发展日新月异，信息基础设施后续改造提升的困难较大，要改变以往单要素、少装备、低标准的做法，适应智慧水利建设的需要，统筹全局，着眼长远，构建适度超前的智慧水利技术装备标准，为技术进步、功能扩展和性能提升预留发展空间。要构建全要素动态感知监测体系和天地一体化水利监测监控网络，实现涉水信息的全面感知。要建设高速泛在的信息网络和高度集成的水利大数据中心，实现网络的全面覆盖、互联互通和数据的共享共用。要建立多层次一体化的网络信息安全组织架构，同城和异地灾备体系，以防为主、软硬结合的信息安全管理体系，保障网络信息安全。

(4)高水平推进智慧水利实施。智慧水利是一项全新的、复杂的系统工程，必须充分发挥外脑优势，集中各行各业人才资源。联合和引入有经验、有实力的知名互联网企业，参与到智慧水利建设的规划、设计和实施等各个阶段，保证智慧水利建设的先进性。建立多层次、多类型的智慧水利人才培养体系，创新人才培养机制，积极引进高层次人才，鼓励高等院校、科研机构和企业联合培养复合型人才，形成多形式、多层次、多学科、多渠道的人才保障格局，打造智慧水利领域高水平人才队伍。

(5)创新智慧水利建设投入机制。按照智慧水利建设和发展需求，在统筹利用既有资金渠道的基础上，积极拓宽项目资金来源渠道，强化资金保障，以推进智慧水利基础设施建设。探索可持续发展机制，吸引社会资本，以政府购买服务、政府和社会资本合作等模式参与智慧水利建设和运营，推动技术装备研发与产业化。鼓励金融机构创新金融支持方式，积极探索产业基金、债券等多种融资模式，为智慧水利建设提供政策性金融支持。

1.2.5 数字孪生水利

习近平总书记强调，要全面贯彻网络强国战略，把数字技术广泛应用于政府管理服务，推动政府数字化、智能化运行，为推进国家治理体系和治理能力现代化提供有力支撑，并提出了提升流域设施数字化、网络化、智能化水平的明确要求。2022 年，李国英撰文《建设数字孪生流域，推动新阶段水利高质量发展》，明确提出要加快建设数字孪生流域，构建智慧水利体系，推动新阶段水利高质量发展。

保护江河湖泊，事关人民群众福祉，事关中华民族长远发展。我国江河水系众多，其保护治理是一个庞大复杂的系统工程，必须坚持数字赋能，依托现代信息技术变革治理理念和治理手段。建设数字孪生流域，就是要以物理流域为单元、时空数据为底座、数学模型为核心、水利知识为驱动，对物理流域全要素和水利治理管理全过程的数字化映射、智能化模拟，实现与物理流域同步仿真运行、虚实交互、迭代优化。

党中央、国务院做出了明确部署。国家"十四五"规划纲要明确要求，构建智慧水利体系，以流域为单元提升水情测报和智能调度能力。国家"十四五"新型基础设施建设规划明确提出，要推动大江大河大湖数字孪生、智慧化模拟和智能业务应用建设。黄河流域生态保护和高质量发展规划纲要、长江三角洲区域一体化发展规划纲要等，都对数字孪生流域建设提出了更加具体明确的要求。落实党中央、国务院重大决策部署，必须大力推进数字孪生流域建设。

现代信息技术发展提供了支撑条件。进入新发展阶段，云计算、大数据、人工智能技术快速发展，推动水利发展向数字化、网络化、智能化转变的技术条件已经具备。近年来，水利信息化建设取得积极成效，但流域透彻感知算据仍存在不足，模型算法距高保真目标尚有差距，计算存储能力亦不能满足需要，网络安全防护能力偏弱，运行和管理智能水平亟待提升。要加强数字孪生、大数据、人工智能等新一代信息技术与水利业务的深度融合，充分发挥信息技术支撑驱动作用，大力提升水利决策与管理的数字化、网络化、智能化水平。

强化流域治理管理提出了迫切要求。流域性是江河湖泊最根本、最鲜明的特性，治水管水必须以流域为单元，实施统一规划、统一治理、统一调度、统一管理。这就要求数字孪生流域提供强大技术支撑。统一规划方面，通过在数字孪生流域中对规划各要素进行预演分析，全面、快速比对不同规划方案的目标、效果和影响，确定最优规划方案。统一治理方面，通过在数字孪生流域中预演治理工程布局及建设方案，评估治理工程与规划方案的符合性，分析治理工程对周边环境和流域的整体影响，辅助确定治理工程布局、规模标准、运行方式、实施优先序等。统一调度方面，通过在数字孪生流域中综合分析比对各要素，预演防洪、供水、发电、航运、生态等调度过程，动态调整优化调度方案。统一管理方面，通过数字孪生流域动态掌握河湖全貌，实现权威存证、精准定位、影响分析，更好支撑上下游、左右岸、干支流联防联控联治。

1.2.5.1 数字孪生水利发展历程

数字孪生是以数字化方式创建物理实体的虚拟映射体，基于历史数据、实时数据，利用算法模型等，实时感知、模拟、验证、预测和控制物理实体全生命周期状态与过程的技术手段，即通过优化和指令来调控物理实体的行为，通过虚拟映射体的自学习、自优化来进化自身，同时改进利益相关方在物理实体全生命周期内的决策。通过数字孪生，可以有效打通物理世界与虚拟空间的通道，用技术模糊现实与虚拟的界限，从而推进水利新基建，加快产业数字化和数字化产业的发展，保障国家水网等重大工程建设，满足行业智慧化发展要求，驱动水利治理体系和治理能力现代化，实现水利高质量发展。

水利信息化发展历经金水工程（系统）、数字水利（数据）和智慧水利（服务）三个阶段，目前正在大力推进智慧水利建设。水利行业从数字化到网络化，再到智慧化，不仅是技术的进步，更重要的是理念和数字水文化的超越。

目前，水利信息化的研究和建设速度非常迅速，如水利一张图、水利工程管理信息系统、国家水利数据中心、国家防汛指挥系统等。全国水利系统初步实现了从水情、雨情信息的采集、传输、接收、处理、监视到联机洪水预报；在全国范围内开始建设“国家水文数据库”并取得了部分成果；水利部门办公自动化的水平也在逐步提高，开始实行远程文件传输、公文管理和档案联机管理；一些水利部门建立了网站并接入了互联网络；建成了连接全国流域机构和各省（市、区）的水情计算机广域网。传统的水利信息化建设中条块化的智慧应用（如智慧水务、智慧工程、河湖管理、水行政管理等）易导致数据割裂和业务壁垒，而智慧化所需的资源共享与业务协同机制一直没有建立起来，建设模式在推进过程中渐显疲态。同时，水利信息化建设虽在信息感知、核心平台、一张图等方面取得了较大进展，但智慧化应用场景广度不够、深度不足。信息技术的飞速发展和迭代演进驱动着水利数字化、网络化、智能化需求日益凸显，要求不断升级，数字孪生是数字化的必然趋势和理想状态。数字孪生水利建设并不是另起炉灶，而是在现有信息化建设基础上，整合、改造、扩展、升级，推动水利信息化向智慧化方向发展。

1.2.5.2　数字孪生水利基本内涵

水利是指人类社会为了生存和发展的需要，采取各种措施对自然界的水和水域进行控制与调配，以防治水旱灾害，开发利用和保护水资源。水利具有很强的系统性和综合性，基于水利概念和特点，数字孪生水利建设涵盖数字孪生水利工程、数字孪生流域和数字孪生水网三大范畴，主要研究内容包括数字孪生-水利工程、数字孪生-流域、数字孪生-水网、水网-流域、水网-水利工程、流域-水利工程6个关系（见图1-2），构建水利数字孪生体。其中，数字孪生水利工程是实现数字孪生流域的关键，数字孪生水利工程、数字孪生流域是实现国家水网数字孪生的前提。从这6个关系中可以看出数字孪生水利概念的框架，可将现阶段数字孪生水利存在的问题包含在内。

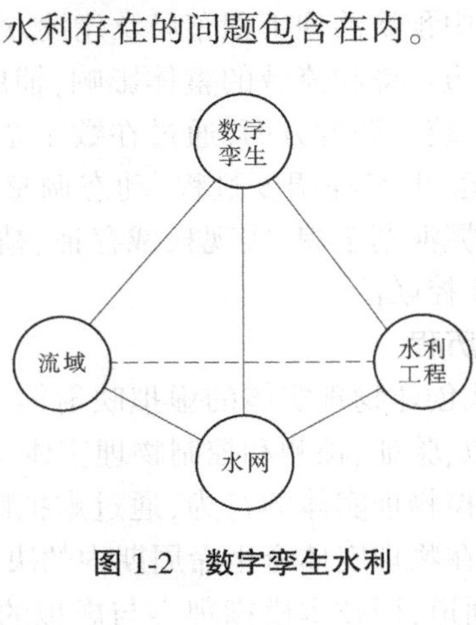

图1-2　数字孪生水利

(1)数字孪生-水利工程的关系。这是数字孪生水利工程研究的核心问题。将水利工程的地理空间环境、水利工程要素、内在关系等进行数字化,在信息空间再造一个与之对应的虚拟水利工程,把信息空间上构建的水利工程虚拟映象叠加在物理空间上。形成物理维度上的实体水利工程与信息维度上的数字水利工程同生共存、虚实互动、实时联结的双向映射,贯穿水利工程规划、设计、施工、运行乃至退役的整个生命期。辅助和指导水利工程更好地建设,通过建立物理实体和孪生体全面的实时/准实时联系,实现数据双向流动,根据孪生体反馈的信息,对水利工程物理实体采取进一步的行动和干预,使水利工程更好地用起来,这就是数字孪生水利工程。

(2)数字孪生-流域的关系。这是数字孪生流域研究的核心问题。数字孪生流域是以物理流域为单元、时空数据为底座、数学模型为核心、水利知识为驱动,对物理流域全要素和水利治理管理活动全过程的数字映射、智能模拟、前瞻预演,实现与物理流域同步仿真运行、虚实交互、迭代优化。

(3)数字孪生-水网的关系。这是数字孪生水网研究的核心问题。通过建立集物理水网、管理水网、信息水网和数字水网于一体,面向水网纲、目、节全要素及其拓扑关系,融合水流-信息流-业务流-价值流的水网复杂系统,设计水网工程规划、设计、建设、运行数智化应用体系,以及数据全生命期继承和功能模块共享模式,构建数字孪生水网。

(4)水网-流域的关系。这是数字孪生水利要素关系的内核之一。根据水流状态等构建天然江河湖水系,以及水系汊点、湿地等拓扑关系,建立连通网。

(5)水网-水利工程的关系。这是数字孪生水利要素关系的内核之二。根据引水、输水、排水等关系,构建供水、排水、泄水通道,以及库、坝、堤、闸、泵、厂(站)、井等的拓扑网。

(6)流域-水利工程的关系。这是数字孪生水利要素关系的内核之三。根据流域关联关系,构建流域内,以及流域和流域间的库、坝、堤、闸、泵、厂(站)、井等与流域的关联关系。数字孪生水利建设实施路径为:首先利用信息感知、计算分析和模拟仿真等实现工程、流域、水网的数字化映射。然后基于数字化映射,建立物理水利和数字孪生水利全面的实时/准实时联系,实现数据双向流动。最后通过在数字空间的先知先觉(基于专业模型的机制分析计算、基于智能算法和模型的预测、预演等),对工程、流域和水网采取进一步的行动和干预,使工程、流域和水网更好地建起来、用起来、管起来,指导和改进物理水利。同时,通过对物理水利发展演进的外在和内在的不断学习,优化数字孪生水利,从而实现物理水利和数字孪生水利的共享智慧与共同治理。数字孪生建设可以贯穿工程规划、设计、施工、运营乃至退役的全生命周期、流域综合调度全过程和水网构建全维度,其核心要素包括数据底板、业务模型、智能基因和孪生应用。其中,数据底板是基础,业务模型是核心,智能基因是动能,孪生应用是目的(见图 1-3)。

1.2.5.3 数字孪生水利建设面临的主要挑战

1. 水利信息模型、数据融合和服务标准缺失

通过数字孪生可以最大限度地收集、整合、挖掘、开发和利用各条流域、各类工程产生的海量信息,建立功能加载、业务承载、应用实践的数据底板,实现水利物理空间到数据空间再到图形空间的构建。目前,随着流域综合管理的发展,以及众多工程的不断建设,各

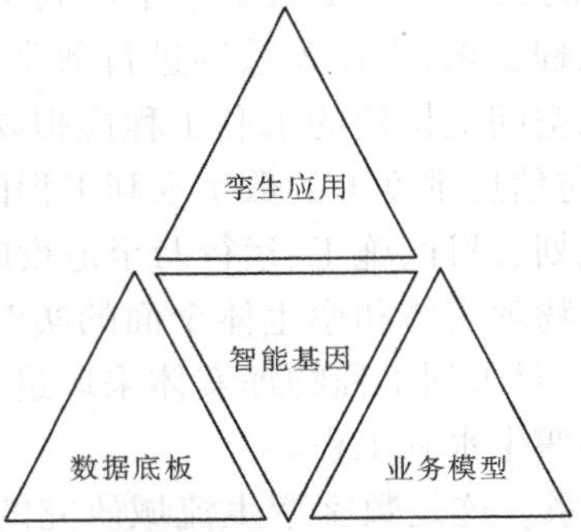

图 1-3　数字孪生水利核心要素

类型水利数据飞速增长,因为管理机制和业务分块、原业务系统建设模式条线性强、协同性弱等因素,导致数据分散和标准不一。现阶段水利相关部门和单位对水利数据底板有着强烈的需求,亟须的不是统一各部门和单位原有水利相关数据格式,而是在现有数据条件下,定义统一的水利信息模型、数据融合标准和服务接口,以及水利业务数据存储编码和操作方法,并开放和共享数据服务目录,打通数据壁垒。

2. 专业模型智能化程度不高、智能基因注入不足

水利专业模型、规则、知识等是实现数字孪生水利"智慧化模拟,精准化决策"的基础,是水利能力的核心构件。传统的水利专业模型一方面由于研发时间早,技术迭代更新慢,且限于当时信息技术的发展现状,模型在算量、算力等方面存在很大的提升空间;另一方面,针对历史数据和实时感知数据的大数据分析与数据挖掘有很大的应用空间,规则、知识的凝炼和挖掘亟待深化。目前,水利"四预"的传统模型与新一代信息技术的融合和创新应用不足,新一代信息技术对传统模型的改造和优化不够。如针对传统的二维产汇流模型、二维水动力模型等,基于并行计算、云计算等架构模式进行分割,实现在保证模型计算精度甚至优化模型精度的前提下大幅度提高计算效率,利用人工智能、边缘计算等技术提升对动态数据快速分析处理的能力等。

3. 孪生应用场景广度不够、深度不足

实现孪生应用是建设数字孪生水利的根本目标。目前,对于数字孪生水利的概念还没有一个明确的定义,孪生应用存在的主要问题包括:①"过度孪生"水网、流域和工程外在,聚焦于水网、流域和工程的"一草一木、一砖一瓦",追求表面的无损刻画,忽视对流域和工程状态、相态、时态、关系和机制等运行治理的孪生;②数字孪生在流域综合化管理、工程全生命期各阶段应用还处于初级阶段,应用场景挖掘不够;③支撑数字化映射、智慧化模拟、精准化决策的算法、模型成熟度不高,尚待沉淀,数字孪生技术减少试错成本、保证工程安全、降低建设经费等核心价值还远未释放,不少应用以数字孪生之名,行传统信息化之实。

1.2.5.4　数字孪生水利应用场景

数字孪生水利基于数据底板,利用专业模型、大数据、AI 等分析算法,实现对物理水利发展演进的孪生,实现水流、信息流、业务流和价值流的全过程流转,解决现实水网建

设、流域水资源优化配置、防洪调度等综合管理，以及工程规划、设计、施工、运行管理和服务的复杂性与不确定性，赋予水网、流域和工程“前可追溯历史，后可预测未来”的能力特性，实现水利业务“四预”能力，指导物理水利绿色、协调、可持续发展。数字孪生水利应用体系（见图 1-4）建设内容不仅包括水资源优化配置、流域防洪减灾、水生态系统保护、工程全生命期各阶段应用、水行政监督执法等的“水流”“水盆”和监督管理，更包括凸显水网、流域、工程建设和管理数字孪生特征的智慧应用。如水网、流域和工程画像、决策支持等，从而构建水利数字孪生体，支撑工程勘察设计方案快速优化；施工过程和进度仿真，灾害快速应急响应和分析决策等，保障工程安全、防洪安全、供水安全、航运安全、发电安全和生态安全等。

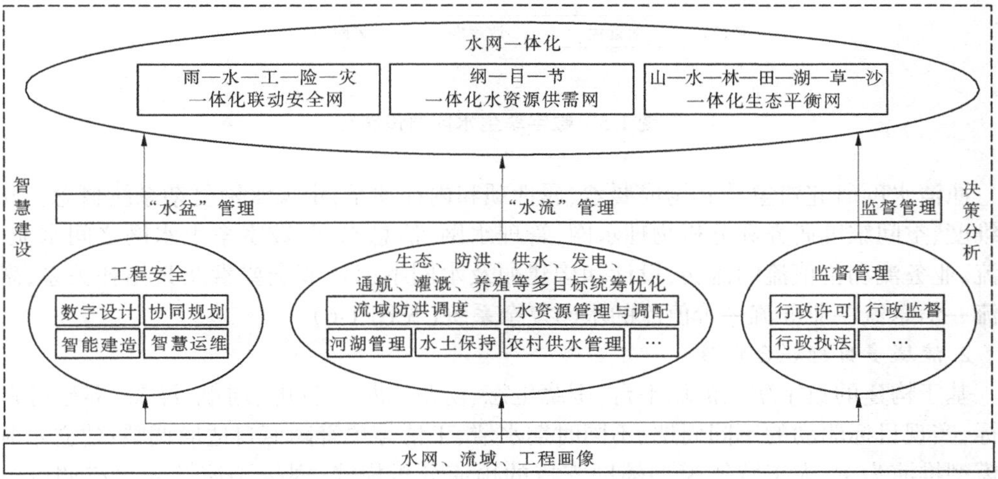

图 1-4　数字孪生水利应用体系

（1）水网孪生应用体系包括：雨—水—工—险—灾一体化联动安全网、纲—目—节一体化水资源供需网、山—水—林—田—湖—草—沙一体化生态平衡网建设等应用。

（2）流域孪生应用体系包括：围绕生态、防洪、供水、发电、通航、灌溉、养殖等多目标统筹优化的流域防洪调度、水资源管理与调配、河湖管理、水土保持、农村供水管理等应用。

（3）工程孪生应用体系包括：围绕工程安全的数字规划、协同设计、智能建造、智慧运维等。

1. 水网全维度构建

针对水网复杂系统，统筹水源区和受水区，以及水网“大动脉”与“毛细血管”建设并举，兼顾流域上下游、左右岸、干支流、地上地下之间的关系，在构建河道、工程（水库、泵站、涵闸等）、蓄滞（分）洪区、洲滩民垸等水利要素拓扑关系结构，以及全国水资源分布一张图、全国水库库容一张图、全国雨量分布一张图等的基础上，通过拓扑关系的网络分析、一张图的叠置分析等，实现天上的来水量、地面的蓄水能力、生态的用水需求等信息连通，水利要素的全连接。在连通连接的基础上，精准地预测会来多少水，高效地计算容量有多少，快速地统计用水需多少，分析重组泄水－蓄水－供水的最优组合，并进行模拟仿真推演，实现兼顾时间维度、空间维度等的水资源重组迭代优化，根据优化后的方案进行决策，制订丰水、枯水等情况下时空均衡的调度和配置预案，实现风险小、调度准、配置优的增值效应(见图 1-5)。

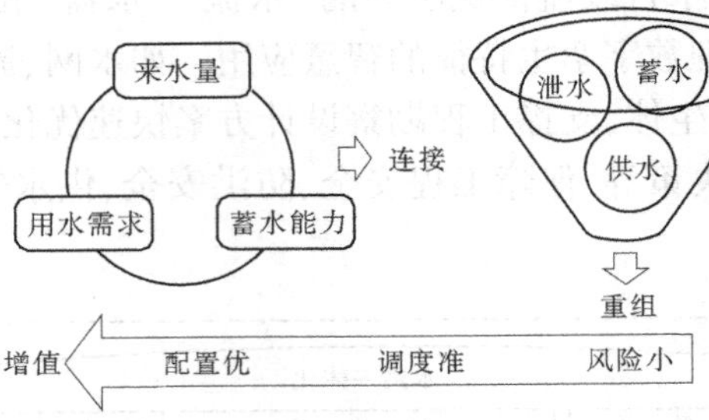

图 1-5　数字孪生水网建设路径

厘清水网研究对象及其构成要素、属性项和内在关系，定义水网复杂系统概念。从时间维度、空间维度研究和分析物理水网、管理水网、信息水网、数字孪生水网之间水流、信息流、业务流和价值流的流转，设计和构建顾及水网纲、目、节全要素及其拓扑关系，融合水流—信息流—业务流—价值流的水网复杂系统(见图 1-6)。

2. 流域多目标联合调度

基于构建的数字孪生流域平台，围绕生态、防洪、供水、发电、通航、灌溉、养殖等调度目标，实现目标驱动的不同周期、不同时期水情、工情等预警阈值自适应调整；建立水利专业模型推演为主，人工智能模型辅助支持的预演分析模式，根据预演结果生成调度方案集；利用流域联合调度规则和知识库，通过对各方案进行险情、灾情等指标评估，进行方案推荐并制订预案。同时，针对超出既定规则的调度场景，采用目标驱动的智能优化算法进行寻优分析，获取推荐方案并制订预案。根据预案执行的实时反馈信息对推荐的调度方案进行持续模拟优化和更新迭代，最终实现基于数字孪生的防洪调度、发电调度、供水调度和生态调度等的联合优化(见图 1-7)。

3. 工程全生命期建设

通过增强工程信息智能感知能力、数字映射能力、计算分析能力和科学决策能力，基于工程规划数字化、多专业 BIM 正向协同设计、施工仿真、智能水量调度、工程安全监测与决策分析等场景应用(见图 1-8)，实现物理实体工程与数字工程的实时交互和迭代优化，优化工程设计方案，创新工程施工、运行管理模式，助力工程全生命期智慧建设和管理，降低工程建设风险，减少工程建设成本，提升工程建成后效益。基于工程规划范围或线路起点、终点位置信息，以及周边环境，进行工程选址或线路规划、地质钻孔布置等工作，并对选址、线路规划、钻孔布置等过程进行数字化表达。通过分析钻孔探测数据、超前预报监测反馈的数据、环境要素数据(交通、人口等)，基于专业模型与知识平台中构建的规则和知识，对方案进行评估，支撑设计方案的快速可视化及比选，辅助方案动态调整，最终确定设计方案，并将最终设计成果数据、地理空间数据、业务专题数据等进行融合可视

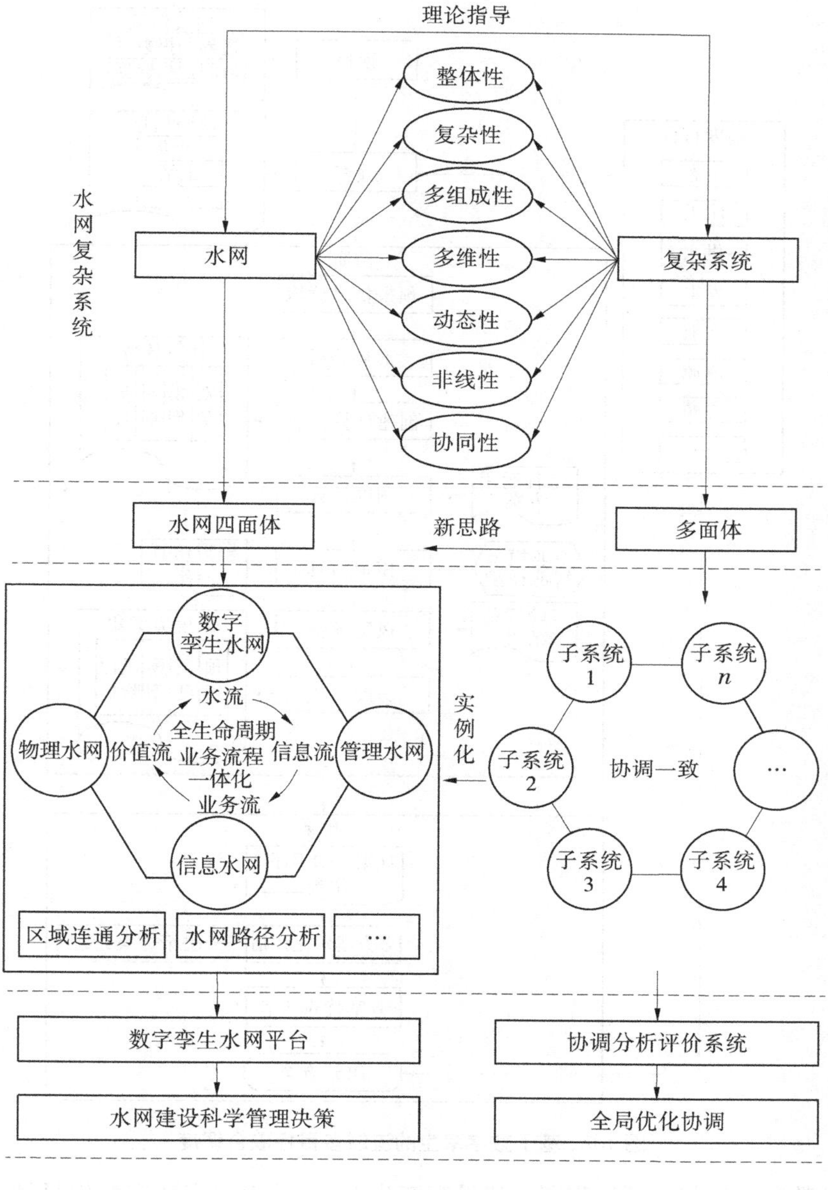

图 1-6　水网复杂系统

化，建设数字孪生水利工程数据底板。同时，针对工程建成后运行阶段的管理业务，设计传感设备、监测感知设备、网络传输设备等的布设方案，辅助施工和运行期感知设备布设。

基于工程数据底板，根据专业模型与知识平台中施工安全、进度、质量、资金等要素的关联规则和知识，以及隧洞围岩岩体智能识别、结构面解译、岩性分析与定量评价分析等专业分析模型，对施工过程进行仿真，在数字空间中对完整的施工方案进行预演、复合和调整，辅助施工资源的合理有效配置和优化施工方案，实现施工全要素管理的精细化和精

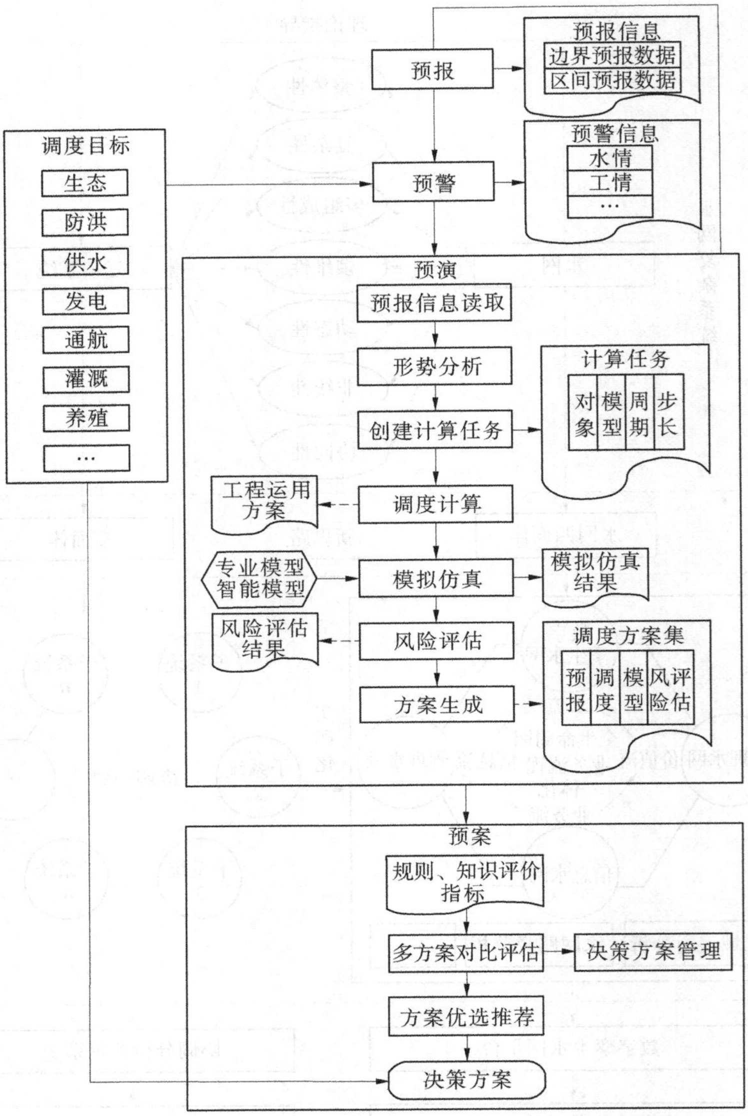

图 1-7　基于数字孪生的流域多目标联合调度

益化，以及数字工程与物理工程同步建设和孪生互动，从而实现数字孪生最核心、最重要的价值，即在保证工程安全的前提下，减少在物理空间中的试错成本，指导工程建设和管理。

基于工程的数字孪生体，结合工程运行过程中出现的实际问题，编制应急预案，并将触发这些应急预案的条件和相应的预案进行联动与可视化，实现工程预警和预案的模拟仿真。通过构建的工程全域感知网，实际获取工程全域立体感知数据，实现工程安全的实时、准实时动态监测和工程设施设备的智慧运维，并基于调水、用水、生态环保，以及工程安全等数据分析和评估结果，辅助决策分析和应急管理等。

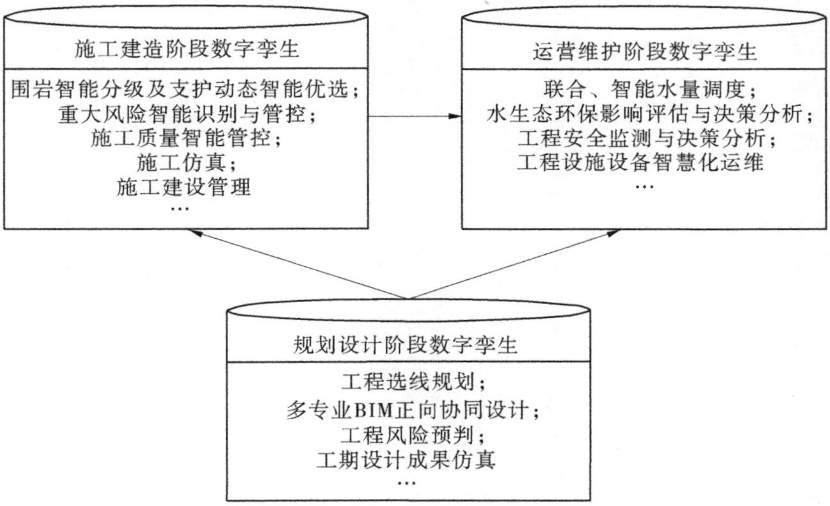

图 1-8　数字孪生水利工程全生命周期应用场景设计

第 2 章　移民项目信息管理

2.1 移民项目信息的特点

信息是移民工作的基础,移民项目信息管理的目的就是通过对移民信息有组织地流通,使决策者能及时、准确地获得相应的信息。为了达到信息管理的目的,就要把握信息管理的各个环节,了解和掌握移民项目的信息来源,并对信息进行分类,正确运用信息管理手段,掌握信息流程不同环节,进而为建立一套完善的移民项目信息管理系统奠定基础。

2.1.1 移民项目信息的特点

2.1.1.1 信息种类的多样性

水利水电工程的建设,特别是大中型水利水电工程建设将对工程所在地区产生区域性的影响。移民作为工程不可分割的组成部分,较之工程影响的范围更大,影响的程度更深,涉及自然、社会、政治、经济、人文等方方面面的信息,主要有:

(1)自然、环境信息。如影响区及安置区的地形、地貌,山川、河流,土地、生态环境等。

(2)社会信息。如影响区及安置区的政府的组织机构、社区管理、村民自治等情况。

(3)政务信息。如相关的国家法规、政策、通告、文件等。

(4)经济信息。如影响区及安置区社会经济发展水平、移民群体的经济恢复与发展等。

(5)人文信息。如影响区及安置区的文物、民俗、文化、宗教等。

因此,水利水电工程移民项目信息具有种类多的特点。信息的表现形式也多种多样,既有文字的,也有数值、语言、图表、图像等多种形式的。

2.1.1.2 信息使用的时效性

移民项目是一个连续、动态的过程,由于移民工作和移民工程建设进展迅速,信息变化更新的速度非常快,因而信息收集和传递的时效性对于管理决策非常重要。

移民决策和执行机构不仅要了解国家及地方有关的政策、法规、技术标准及规范,而且要掌握移民规划、计划、实施的实时信息,并对这些信息进行及时分析。

2.1.1.3 信息来源的广泛性

由于移民项目的实施涉及政府机构、项目法人、移民群体,以及设计、监理、非政府组织等多个方面,因此其信息具有来源广泛的特点。

2.1.1.4 信息管理的复杂性

由于移民项目本身固有的管理的复杂性,其信息管理也是异常复杂的。移民项目不同于工程建设项目,移民规划会随工程的前期开展研究而同步进行,从工程立项到开始实施,往往会经历一个漫长的过程,这期间会产生管理部门甚至管理体制的变化,这都会给信息的系统管理带来不确定性。

2.1.2 移民项目信息的类别

移民项目从立项到项目实施完毕的整个生命周期内,涉及大量的信息,这些信息依据不同标准可做如下划分。

2.1.2.1 按照信息的层次划分

(1)战略性信息:指有关移民工程实施过程的战略决策所需的信息。如移民法规、政策、移民工程规模、补偿投资概算、移民搬迁安置时间安排等。

(2)管理性信息:指提供给业主单位、省级移民机构领导层、总监理工程师和监理部门负责人以进行中短期决策所涉及的信息。如移民项目年度进度计划、资金计划、实施进度信息等。

(3)业务性信息:指各级移民机构各业务部门的日常信息。如月进度报表、财务报表等。

2.1.2.2 按照移民项目建设工程的目标划分

(1)投资控制信息:是指与移民补偿投资直接有关的信息。如补偿投资概算、补偿单价,个人、集体补偿资金的兑付,各级移民机构资金计划及实施,安置点基础设施和专项建设项目投资控制等。

(2)质量控制信息:是指与移民搬迁安置质量有关的信息。如移民新村、乡镇基础设施建设质量信息、各级移民机构质量保证体系、监理单位的质量控制体系、施工承包合同、施工队资质审查等。

(3)进度控制信息:是指与工程进度计划及进度控制直接相关的信息。如各建设项目总进度计划、地方移民机构进度计划、年度和季度进度计划、进度控制的工作流程、建设项目实际进度信息、监理工程师的进度调整指令等。

(4)合同管理信息:是指与移民相关的各种合同信息,如移民安置基础设施、专项工程建设的招标投标文件;工程建设施工承包合同,物资设备供应合同,咨询、监理监测合同;合同的指标分解体系;合同签订、变更、执行情况;合同的索赔等。

2.1.2.3 按照建设工程项目信息的来源划分

(1)项目内部信息:是指在工程移民监理过程中监理单位内部的信息,包括由上而下的信息、由下而上的信息和部门之间横向联系的信息。如监理内部会议、监理日志、座谈调查记录等。

(2)项目外部信息:是指在工程移民监理过程中监理单位与外部环境之间的信息,包括流入监理单位的信息和流出监理单位的信息。如规划设计成果、各级移民机构下达移民任务和资金计划、项目变更申请、移民搬迁安置过程中的申诉和意见、监理报表、监理报告和监理通知书等。

2.1.2.4 按照信息的稳定程度划分

(1)固定信息:是指在一定时间内相对稳定不变的信息。如国家颁布的与移民相关的法规、移民政策、补偿标准、管理体制、机构设置,以及淹没影响的实物指标等基本数据。

(2)流动信息:是指在不断变化的动态信息。如移民项目实施阶段的质量、投资及进度的统计信息；反映在某一时刻，移民搬迁安置的实际进程及计划完成情况；移民单项工程实施阶段的原材料实际消耗量、机械台班数、人工工日数等。

以上是常用的几种分类形式。按照一定的标准，将移民项目信息进行分类，对项目的管理工作有着重要意义。因为不同的管理范畴需要不同的信息，而把信息进行分类有助于根据管理工作的不同要求提供适当的信息。例如日常的监理业务是属于高效率地执行特定业务的过程。由于业务内容、目标、资源等都是已经明确规定的，因此判断的情况并不多。它所需要的信息常常是历史性的，结果是可以预测的，绝大多数是项目内部的信息。

2.1.3　移民项目的信息流程

信息流程反映了移民项目管理中各部门、各单位间的关系，也是保证移民项目管理工作顺利开展的重要方面，因此必须使项目信息在上下级之间、内部组织之间、内部组织与外部环境之间有序、及时流动。

移民项目管理中的信息流大致有以下几种：

(1) 自上而下的信息流。这类信息主要是中央移民管理部门、省(市)移民管理部门、区(县)移民管理部门以及监理单位、各综合监理站之间自上而下发出的各类指令、文件等的信息流。

(2) 自下而上的信息流。这类信息主要是下级收集到的移民工程信息、所要反映的问题、上级部门所关注的意见和建议等。

(3) 横向间的信息流。指各级移民管理机构、监理公司中同一层次的工作部门或工作人员之间相互提供和接收的信息。这类信息一般是由于分工不同而各自产生的，但为了共同的目标又需要相互协作、互通有无或相互补充，以及在特殊、紧急情况下，为了节省信息流动时间而需要横向提供的信息。

此外，还有以信息管理部门为集散中心的信息流。信息管理部门是汇总信息、分析信息、分散信息的重要场所，是为管理决策做准备的。它既需要大量信息，又可以作为有关信息的提供者。如在移民项目实施中，监理单位在现场的监理站不仅要向上级汇报，而且应当将信息传递给信息管理部门，以有利于信息管理部门为决策做好充分准备。移民工程内部管理与外部环境之间的信息流也是信息流程的重要方面，内部与外部都不同程度地需要信息交流，既要满足自身的需要，又要满足与环境的协作要求，特别是国家的宏观政策，对移民工作以及综合监理工作的影响重大，因此必须保证和促进信息流的及时和畅通。

总之，无论什么信息，其信息流都应有明晰的流线，并要求畅通。在移民项目管理的实际工作中，一般来说，自下而上的信息流比较畅通，而自上而下的信息流渠道不畅或流量不够。因此，应当采取措施防止信息流通的阻碍，发挥信息流应有的作用，特别是对横向间的信息流动以及自上而下的信息流动，应给予足够的重视，增加流量，以利于提高工作效率和经济效益。

典型的移民项目信息流程如图 2-1 所示。

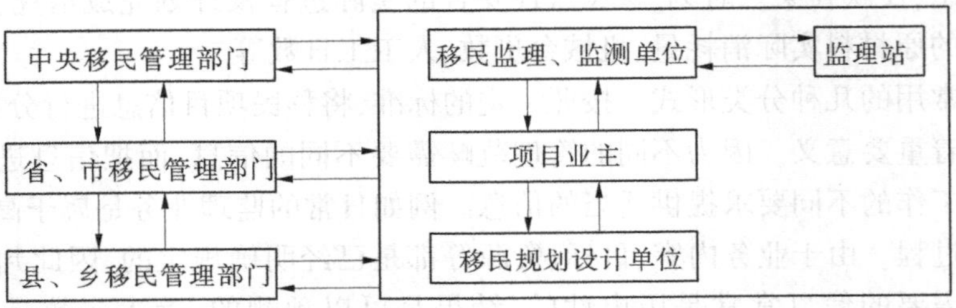

图 2-1　移民项目信息流程

2.1.4　移民信息的作用

2.1.4.1　移民信息是实施项目控制的基础

控制是项目管理的主要手段。控制的主要任务是把计划执行情况与计划目标进行比较,找出差异,对比较的结果进行分析,排除和预防产生差异的原因,使总体目标得以实现。

为了进行比较分析及采取措施来控制移民项目进度目标、质量目标和投资目标,项目管理人员应先掌握有关项目三大目标计划值,它们是控制的依据;另外,项目管理人员还应了解三大目标的执行情况。只有这两个方面的信息充分掌握了,项目管理人员才能实施控制工作。因此,从控制的角度来讲,离开了信息是无法进行的,信息是控制的基础。

2.1.4.2　移民信息是项目决策的依据

项目管理人员决策正确与否,直接影响着移民项目总目标的实现。决策能否做到适时、准确,取决于各种因素,其中最重要的因素之一就是信息提供得是否及时和信息的准确性。如果没有可靠、充分的信息作为依据,很难形成正确的决策。例如,为了保证移民基础设施建设的质量,通常要按照国家法律通过招标投标选定建设承包商,这时,项目管理人员要对投标单位进行资格预审,以确定哪些参加投标的施工队伍能适应工程施工需要。为了做好这项工作,项目管理人员就必须了解参加投标的施工队伍的技术水平、资金实力和施工管理经验等方面的信息。由此可见,信息是项目决策的重要依据。

2.1.4.3　移民信息是各机构之间沟通的重要媒介

水利水电工程移民的实施过程涉及众多单位,如水利部移民局,工程移民所在地的省、市、县三级移民领导小组,业主单位,设计单位,专家咨询组,省、市、县三级移民办公室,淹没和安置乡镇政府以及与移民搬迁安置任务有关的土地、公安、城建、民政等地方政府部门,这些单位和部门都会给工程目标的实现带来一定的影响。这些单位要协调运作,使之有机地联系起来,充分发挥各自在移民项目中的作用,关键是要依靠信息及时沟通、传递与共享。

2.2　移民项目信息的采集

信息采集是指根据特定目的和要求将分散蕴涵在不同时空域的有关信息收集和积聚

起来的过程。信息采集是移民项目信息资源能够得以充分开发和有效利用的基础,也是移民项目管理的基础。没有信息采集,移民项目管理也就成了无米之炊;没有准确及时、先进可靠的信息采集工作,项目管理的质量也得不到必要的保证。由此可见,信息采集这一环节的工作好坏,对整个移民项目管理活动的成败将产生决定性的影响。

2.2.1　移民项目信息采集的原则

从客观上看,由于移民项目管理涉及的信息量大、信息种类繁多、信息时效性强、信息来源途径广泛等特点,常常给信息采集带来不便,难以做到全面和完整。从主观上看,人的感官以及各种采集手段与方法的局限性,难以对信息资源的开发和识别做到完全正确,因而对信息的收集、转换和利用不可避免地存在主观因素,这会引起移民信息采集的不完整、不准确、不及时,进而影响移民管理决策的正确性和及时性。因此,移民信息采集工作中必须遵循一定的基本原则。

2.2.1.1　主动、及时的原则

信息是有时效的。信息采集及时反映移民项目发展的最新情况,方能使信息的效用得到最大发挥。为此,要求信息采集人员要采取积极主动的工作态度,及时发现、捕捉和获取有关事物发展的动态信息。要有敏锐的信息意识和强烈的竞争意识,以及高度的自觉性、使命感、洞察能力和快速反应能力,同时要有过硬的工作本领和专业本领,熟悉各种信息采集途径并能掌握先进的信息采集技术和方法。对迫切需要的信息,要千方百计地及时收集;对他人未注意到的信息,要善于挖掘出其中的效用。

2.2.1.2　真实、可靠的原则

真实、可靠的信息是正确决策的重要保证。在信息采集过程中必须坚持严肃认真的工作作风、实事求是的科学态度、科学严谨的采集方法,对各类信息采集的信息含量、实用价值和可靠程度等进行深入细致地比较分析,去粗取精,去伪存真,切忌把个别当作普遍,把主观当作客观,把局部当作全局。另外,要尽量缩短信息交流渠道,减少采集过程中受到的干扰。对一些表述模糊的信息要进一步考察分析,一时弄不清楚的,则宁可弃置不用。

2.2.1.3　针对、适用的原则

移民项目信息数量庞大,内容繁杂, 而不同类型、不同级别的项目管理人员的信息需求总是特定的,是有层次、有类型、有范围的。信息采集要注意针对性,即根据使用者的实际需要有目的、有重点、有选择地采集利用价值大的、适合当时当地环境条件的信息,做到有的放矢。为此,信息采集人员必须认真了解和研究用户的信息需要,弄清用户的工作性质、任务、水平和环境条件,明确信息采集的目的和所采集到的信息的用途,保证信息的适用性。

2.2.1.4　系统、连续的原则

信息反映的是客观事物的运动状态,客观事物运动既有空间范围上的横向扩展,又有时间序列上的纵向延伸。所谓信息采集的系统和连续的原则,就是指信息采集空间上的完整性要求和时间上的连续性要求。即从横向角度,要把与某一问题有关的散布在各个领域的信息收集齐全,才能对该问题形成完整、全面的认识;从纵向角度,要对同一事物在

不同时期、不同阶段的发展变化情况进行跟踪收集,以反映事物的真实全貌。信息采集的系统、连续的原则是信息整序的基础。只有系统、连续的信息来源,才能有所选择、有所比较、有所分析,产生有序的信息流。

2.2.1.5 适度、经济的原则

移民项目的信息环境十分复杂,如果是不加限制地滥采信息,不仅会造成人力、财力和物力上的极大浪费,而且将使主次不分、真伪不明的信息混杂在一起,重要信息湮没于大量无用信息之中。因此,在信息采集工作中必须坚持适度适量原则,讲求效果。一般来说,采集的信息在满足用户需要的前提下必须限定在适当的数量范围内,即不能超过用户的吸收利用能力。另外,也要从使用方便的角度考虑选择合适的信息源和信息采集途径、方式以及应采集的信息数量与载体形式等,提高信息采集工作的经济效益和社会效益。

2.2.1.6 计划、预见的原则

信息采集的目的是满足项目管理决策的需要,而决策需要一定的前瞻性。因此,信息采集工作既要立足于现实需要,满足当前需求,又要有一定的超前性,考虑到未来的发展。为此要求信息采集人员要随时掌握社会、经济和技术的发展动向,制订面向未来的信息采集计划,确定适当的采集方针和采集任务。一方面要注意广开信息来源,灵活、有计划、有侧重地收集那些对将来发展有重要指导意义的预测性信息;另一方面又要持之以恒、日积月累,把信息采集当作一项长期的、连续不断的工作,切忌随意调整采集方针,盲目变动采集任务。当然,应当在科学的预见性基础上做到灵活性与计划性统一。

2.2.2 移民项目信息采集的途径

信息采集途径是指获取信息的渠道。不同的信息用户经常利用不同的信息采集途径;不同类型的信息,其获取渠道也有所不同。每个参与移民项目管理的组织机构内部每时每刻都产生着大量的信息,除供本身吸收利用外,也对外输出,对其他组织机构施加影响。与此同时,每个参与移民项目管理的组织机构又必须从外界输入信息流,方能保证自身的有机运行以及与其他组织机构的协同作用。因此,移民项目信息采集主要有行业内途径和行业外途径两大方面。

2.2.2.1 行业内途径

移民项目管理的组织在本系统内部形成的各种信息交流渠道很多,这些渠道主要用于采集内部信息,有时也能借以获取一些外部信息。从企业内部的信息流来看,主要信息采集途径有以下几种:

(1)政府监督管理部门。国务院、国家发展和改革委员会、水利部、自然资源部等高层政府部门是移民项目的政府监督管理部门,这些部门是移民项目管理规则的制定者,来自这些部门的信息主要是战略级的信息。

(2)政府实施管理部门。根据《大中型水利水电工程建设征地补偿和移民安置条例》,移民项目实施由县级以上人民政府负责,省、市、县移民机构代表政府负责本地区移民的实施与管理,来自这些部门的信息主要是项目实施过程中产生的信息。

(3)规划设计单位。大中型水利水电工程移民规划设计一般由专业的设计院承

担，来自这些单位的信息主要是水库淹没损失和社会经济调查信息、移民安置规划等信息。

(4)项目法人。项目法人根据基本建设程序对移民项目实施管理。来自项目法人的信息主要是移民安置规划的审查、投资管理、实施进度、验收组织等方面的信息。

(5)监理监测机构。移民监理机构接受业主或有关单位的委托和授权，对移民项目实施进行监督管理活动。来自移民监理机构的信息主要是移民项目质量、进度、投资、环境保护，移民社会经济恢复与发展等方面的信息。

(6)移民群体和社会公众。从移民群体和社会公众那里可以得到大量的诉求和反馈信息，因此在移民项目实施过程中应十分重视疏通与移民群体和社会公众的联系渠道，加强与移民群体和社会公众的信息沟通。

(7)内部信息网络。大多数移民机构建立有沟通内部各部门联系的内部信息网络。内部信息网基本上都是以局域网(LAN) 技术为基础，提供组织内部的信息交流。

2.2.2.2 行业外途径

从企业(组织)外部多途径采集的信息往往能使各自孤立的信息来源联系起来，并可对以前所收集的信息进行验证，从而获得对客观事物完整而正确的认识。企业(组织)外部信息采集途径主要有以下几种：

(1)大众传播媒介。通过广播、电视、报纸、杂志等可得到内容新、范围广的信息资料。大众传播媒介报道的有关移民方面的信息，既可对项目管理有积极的影响，也可对项目管理施加负面的影响。因此，要时刻关注大众传播媒介传递的相关信息。

(2)政府机关。政府机关掌握着丰富的信息资源。政府各管理机构发布的政策文件、对外公开的档案、政府出版物都是企业(组织)重要的信息来源。与政府机关保持良好的合作关系，有利于企业(组织)及时了解各方面的政策法规性信息，指导本部门的决策与行动。

(3)社团组织。通过学会、协会等专业和行业团体，可以收集到本系统、本行业内部通信、专业简报等非公开出版物，是企业(组织)获得最新技术、了解同行情况的重要途径。

(4)各种会议。各种研讨会、咨询会、联席会、现场会、沟通会等是企业(组织)获得外部环境信息和竞争对手信息的重要途径。这些会议或会展资料是其他途径难以收集到的，因而对于企业竞争战略决策具有不可替代的参考作用。

(5)个人关系。通过人际关系渠道采集到的信息往往是不曾公开发表的，有时甚至带有一定的机密性质。利用各种社交场合广交朋友，在交往接触、聚会闲聊中可以探听到许多新情况，常常在有意无意之间收集到了自己所需要的信息。

(6)外部信息网络——Internet。当代社会正逐步走向信息时代。信息时代的主要特征之一，就是信息资源的充分开发和有效利用。现在社会上的信息资源已经非常丰富，各种各样的信息媒体、信息系统、数据库等借助先进的计算机网络技术已经联结成一个有机的整体，为人们获取和利用信息资料提供了极大的方便。以 Internet 为例，每个用户都可以利用灵活方便的网络信息服务方式，在浩瀚的网络信息海洋里迅速准确地查询到最丰富的相关信息。

2.2.3 移民项目信息采集的方法

移民信息采集的方法依据所需信息的类型和性质不同而有所不同。如水利工程淹没影响调查常采用普查法，移民监理常采用统计报表法，移民安置社会经济监测常采用抽样调查、问卷调查等方法。

2.2.3.1 普查法

(1)普查的概念。普查是专门组织的为详细地了解某项重要的事情而进行的一次性、大规模的全面调查，其主要用来收集某些不能够或不适宜用定期的全面调查报表收集的信息资料，以搞清重要的事实。普查涉及面广、指标多、工作量大、时间性强。为了取得准确的统计资料，普查对集中领导和统一行动的要求最高。

(2)普查的特点。普查比任何其他调查方式、方法所取得的资料更全面、更系统；普查主要调查在特定时点上的社会经济现象总体的数量，有时也可以是反映一定时期的现象。

(3)普查的作用。为制订长期计划、宏伟发展目标、重大决策提供全面、详细的信息和资料；为搞好定期调查和开展抽样调查奠定基础。

(4)普查的优缺点。优点是收集的信息资料比较全面、系统、准确可靠；缺点是涉及面广、工作量大、时间较长，而且需要大量的人力和物力，组织工作较为繁重。

目前，我国所进行的普查主要有人口普查、农业普查、工业普查、第三产业普查、基本单位普查等。

在水利水电工程移民项目中，普查调查常应用于水库淹没损失的调查。通过全面普查淹没影响范围内的各项实物指标，查明淹没区和影响区受淹对象的数量、质量、规模和标准。为了使调查成果达到应有的精度，在调查前要做好技术准备工作，包括接受调查任务、收集现有资料、编制调查大纲和调查细则，在调查结束后，提出调查报告。水库淹没损失的普查包括以下几个方面：

①农村调查。以村民组为单位对人口逐户进行调查；以户为单位对各类房屋建筑面积及附属建筑物数量丈量分类统计，宅基地或村庄占地按自然村调查统计；土地调查使用比例尺 1:5 000~1:2 000 地类地形图，现场查清各类土地权属，以村民组为单位，量算耕地、园地及林地等各类土地面积。

②集镇、城镇调查。集镇、城镇建成区占地面积及其分类、公用设施和市政设施等应分项进行全面调查；人口、房屋及附属建筑物等应分行政、事业单位，工商企业和集镇，城镇居民与农业居民，逐户逐单位进行全面调查。

③工业企业调查。凡符合国家规定的大中型规模的工业企业应单独列项，做专门调查、统计。按不同经济性质、类型、行业，逐个进行调查登记。确定企业现有生产规模、固定资产和职工、家属人数等实物指标的数量与质量。

④各类专业项目调查。按专业类别，实地分项、分单位对每个专业项目进行调查核实，说明经济性质和权属关系及其技术经济特征。

2.2.3.2 典型调查法

典型调查是一种非全面调查。它是根据调查目的，在对研究对象进行全面分析的基础上，有意识地选出少数有代表性的单位，进行深入细致调查的一种调查方法。典型调查可以弥补其他调查方法的不足，为数字资料补充丰富的典型情况，在有些情况下，可用典型调查估算总体数字或验证全面调查数字的真实性。

典型调查法通常应用于移民社会经济评价中。典型调查法就是将移民样本户中具有代表性的移民户作为调查的典型进行调研解剖，得出准确的、有代表性的调研资料。它的特点是样本的抽选是根据调研者主观判断有目的、有意识地或根据方便的原则进行的，而不是按随机原则来抽选。因此，这种抽样的效果很大程度上取决于调研者的主观判断能力和经验，且不能计算抽样误差，不能从概率上控制误差并以此来保证推断准确性。为了克服这些缺点，典型调查的调研员应做到认真、详细、全方位对典型调查样本户进行调研。

移民样本户是典型调查的最小调查单元，是本底调查抽样的基本单位。对抽样的样本户按富裕程度一般分为 5 个层级，即富裕、比较富裕、中等收入、较贫穷和贫穷。对于各个层级移民样本户，在其中再次抽取样本作为典型调查样本户。典型样本户抽取的原则是：在 5 个层级都抽取一定数量的样本户，抽取比例按富裕程度层级划分一般是 1:2:4:2:1，即按正态分布的规律抽取多型样本户。

对于典型样本户的典型调查，一般从 4 个方面着重调查。第一是典型样本户的状态特征，也就是典型样本户的基本情况。将这些基本情况采用调查的客观指标来衡量，而指标类型和尺度与其他样本户的类型和尺度基本一致，只是典型样本户的这些指标和尺度更详细、更具体。第二是典型样本户的行为特征，它是典型样本户的外显指标，是指典型样本户的各种社会行为和社会活动，将其社会行为和社会活动用指标的形式进行量化，以确定它们的行为和活动量值。第三是典型样本户的生产经济特征，典型样本户的生产经济特征是指它们的生产方式和经济收入以及支出消费水平，这些生产经济按统一的指标方式来确定。第四是典型样本户意向性特征，它是指移民样本户的内在属性，是一种主观指标，包括移民家庭成员的移民态度、个人观念、世界观、人生观、动机、爱好、偏好和倾向性等。典型样本户的意向性是内隐的，很难直接观察，它靠调研者与移民个体的直接接触交谈和询问进行总结与归纳，其量化指标是事先设计完整的，再根据典型样本户的具体情况调整指标的强弱，但指标的强弱标准是统一的。该组指标主要是来描述典型样本户的风俗习惯、搬迁安置的态度，描述移民的行为和动机的不同类型和不同程度。

2.2.3.3　统计抽样调查

抽样调查是根据部分实际调查结果来推断总体标志总量的一种统计调查方法，属于非全面调查的范畴。它是按照科学的原理和计算，从若干单位组成的事物总体中，抽取部分样本单位来进行调查、观察，用所得到的调查标志的数据代表总体、推断总体。

与其他调查一样，抽样调查也会遇到调查的误差和偏误问题。通常抽样调查的误差有两种：一种是工作误差（也称登记误差或调查误差），另一种是代表性误差（也称抽样误差）。但是，抽样调查可以通过抽样设计，计算并采用一系列科学的方法，把代表性误差控制在允许的范围之内。另外，由于调查单位少，代表性强，所需调查人员少，工作误差比全面调查要小。特别是在总体包括的调查单位较多的情况下，抽样调查结果的准确性一般高于全面调查。因此，抽样调查的结果是非常可靠的。

抽样调查数据之所以能用来代表和推算总体，主要是因为抽样调查本身具有其他非

全面调查所不具备的特点,主要包括:

(1)调查样本是按随机的原则抽取的,在总体中每一个单位被抽取的机会是均等的,因此能够保证被抽中的单位在总体中的均匀分布,不致出现倾向性误差,代表性强。

(2)是以抽取的全部样本单位作为一个"代表团",用整个"代表团"来代表总体,而不是用随意挑选的个别单位代表总体。

(3)所抽选的调查样本数量是根据调查误差的要求,经过科学的计算确定的,在调查样本的数量上有可靠的保证。

(4)抽样调查的误差,是在调查前就可以根据调查样本数量和总体中各单位之间的差异程度进行计算,并控制在允许范围以内,调查结果的准确程度较高。

基于以上特点,抽样调查被公认为是非全面调查方法中用来推算和代表总体的最完善、最有科学根据的调查方法。

统计调查法是根据调查统计的内在规律,按照调查统计学的基本要求对移民样本户进行调查统计,根据调查数据资料进行统计分析,得出能够反映移民社区经济社会发展的基本规律和现实状况的结论。统计调查是获取本底调查数据(资料)的一种重要手段,可分为全面调查和非全面调查两种情况,如东庄水库移民社会经济本底调查就属于后者。

2.2.3.4 问卷调查法

问卷调查法是调查者就某些问题向有关人员(被调查者)发放调查表(问卷),填妥回收后可直接获取调查对象的有关信息的方法。

问卷调查法是水利水电工程移民经济社会发展监测常用的一种方法,它是访问法的一种,其方法是根据所拟定的监测提纲或问卷,采用访谈访问的方法,从移民那里获得所需资料的一种方法。由于移民知道监测的资料关系到移民将来的切身利益,因此一般会给予很好的配合,用这种方法进行资料收集,是移民监测中最常用和最有效的方法。在问卷中,大多数问题是填空题(开放式)和选择题(封闭式),要求移民在填写问卷时实事求是地填写他们的经济社会发展状况和思想意识状况。

问卷法有以下几个优点:第一,问卷对移民来说相对简单,在访问监测中,问卷监测的回答率几乎是百分之百,而且由于移民专家是当面问卷,可以及时回答移民的疑问,所以问卷的可靠程度高。第二,由于问题的答案是与移民的日常生活有关的事情,答案被局限在移民所知道的问题之中,因此移民乐意回答问卷提出的问题。第三,这种方法灵活性强,调研人员可以灵活掌握调研的进度、深度和提问的次序。第四,由于问卷是事先准备好的问卷材料,问卷的答案是调研者设计好的,所以得到的答案整齐、集中,便于资料的编码统计和分析。这种监测方法也有它的不足之处,即在问卷的监测中,调研人员往往得不到备选答案以外的信息,而这些信息却是移民的真实想法。所以,调研人员应该用其他的监测方法弥补这方面的不足。

在进行移民项目监测时,调研人员主要是到移民家庭中进行上门访问,与移民进行面对面的交谈,交谈的内容根据问卷的内容进行。对移民进行上门访问式的问卷监测,其优点:一是保持了资料收集的高度灵活性,因为调研访问是面对面地进行,所以调研人员可以指导移民理解问卷、解释和区分复杂问题,及时解答移民提出的各种各样他们关心的问题,从而使移民的问卷监测信息更具有真实性和可靠性。二是调研人员上门访问进行问卷监测，可以发挥调研人员的主观能动性，他们在现场可以在调研设计允许的范围内灵活多变地提出各式各样的问题，所以调研人员的上门访问在这方面有较大的优势，他可以收集较多的信息资料。三是调研者可以对移民样本户进行有效的控制，提高监测的质量。根据各种调研方法比较，上门进行问卷调研其质量是最好的。调研人员可以根据具体情况充分发挥移民的参与程度和移民家庭成员的参与程度，特别是妇女和儿童的参与程度。调研者可以倾听他们的意见，使监测的内容更详细、更广泛和更真实。四是上门进行问卷监测，监测者和移民是面对面的交谈，因此调研者可以有效地进行环境控制，详细地了解移民的情绪和爱憎，从而更有效地分析提供信息的可靠程度。五是上门访问可以使调研人员收集大量的信息，调研者与移民的良好合作关系以及调研所处的家庭环境，可以刺激调研者与移民愿意花费更多的时间进行问卷和座谈，并且问卷的气氛较为融洽。在监测时，调研人员可以监测问卷以外的其他信息，比如移民对搬迁的意愿、移民对国家政策的了解程度和渠道、移民家庭状况、移民对安置效果的评价等，在问卷监测中都能得到充分的了解。

问卷设计必须遵循以下四个原则：

(1)问卷必须把移民经济社会发展监测所需要的信息转化成一组移民能够并且愿意回答的具体问题。既要拟定出移民能够愿意回答的问题，又要得到监测希望获得的大量信息资料，因此问卷设计是一项既科学又有设计技巧的工作，必须掌握移民的心理特点，满足移民的心理需求。所以，这是一项难度较大的工作。

(2)问卷监测必须促进启发和激励移民参与、合作和完成监测的调研工作。在表格设计时，移民专家应力求使移民对监测的材料感兴趣，把他们的厌烦和疲劳的情绪以及不愿回答和回答不完全的问题降至最低。

(3)监测的问卷应使移民回答问题的误差减到最小程度。因为在东庄水库的移民工程监测中，问卷监测是监测的主要方法，因此在监测的误差来源中，问卷回答误差是主要的误差来源。根本原因是，有的移民由于利益的驱动，故意回答一些有误差的答案，或者是他们记忆的不准确而产生回答误差；有时由于移民方言的问题，产生语言交流的困难，致使调研者记录错误产生误差。在问卷设计时应该力求避免这些误差的产生，使监测的误差降到最低限度。

(4)问卷内容和表达形式力求简单明了，每个问题要短小精悍，切忌拖泥带水和冗长而烦琐。因为冗长烦琐的内容会使移民产生误解，或是由于移民的文化水平所限造成“虽知而不能言”的窘境，使移民回答的问题不能表达移民的真实意图，从而造成问卷误差或错误。

问卷问题的结构一般分为“开放式”和“封闭式”两种，采取何种形式取决于要通过问卷调查的内容。“开放式”调查允许被调查者可根据问题自由回答，没有任何固定的答案限制。“开放式”问答有利于被调查者根据个人的实际情况和认识充分发表意见，容易收集到较全面、深入的信息，但由于被调查者的认知差异而使答案内容水平不一，且形式不规范，不便整理归纳。“封闭式”则预先规定全部预选答案，要求被调查者从预先设计好的一系列答案中选择答案，如两项选择法、对比选择法、多项选择法、排序选择法、程度选择法等。“封闭式”问答内容明确，形式规范，回答简便，易于对问卷进行标准化处理和定量分析,但被调查者只能在所拟答案范围内回答问题,不能对问题做充分说明。鉴于两种问答形式各有优缺点,因此有的问卷设计也采取两种形式相结合的方法。这时在项目安排上一般是结构式问答在前,开放式问答在后。

实施问卷调查应有一定的计划和组织,并对调查者进行适当的培训。必要的话,可先进行试点调查,对调查方案及时进行反馈修正,然后全面展开。问卷的发放可采取邮寄、面呈、报刊登载和因特网发布等方式。一些机构也常常允诺给寄回问卷的被调查者以纪念品,或将回收的问卷编号抽奖以提高回收率。

对回收的问卷进行统计分析,就可以得出许多结论。通过问卷调查采集信息方便易行,且涉及面广,费用较低。但问卷调查也存在着误差控制和回收率的问题,而且在信息竞争日益激烈的今天,往往被非公开的内部信息源所拒绝。必要时可结合访问交谈法一起进行。

2.2.3.5 客观观察法

客观观察法是调研者对被调研者的情况直接观察、记录,以取得调查信息资料的一种调查方法。它的特点不是直接向移民提出问题要求回答,而是调研人员的直观感觉或利用录音、照相器材记录和考察移民的生产环境、生活环境以及社会网络体系等。这种调查的特点是移民并不知道他们正在被调查。这种客观观察方法是以系统方式记录移民的行为形式、对象和事件,以获得调查所需要的信息资料。

在东庄水库的本底调查与移民直接接触的过程中,调研者时常采用这种方法,结合其他方法共同完成本底调查的信息资料收集。观察法是调研人员在涉淹区对移民的情况直接观察、记录,以取得本底调查资料的调查方法。其特点是观察者与移民之间不进行任何信息交流,所获得的信息可以在移民调查的过程中随时记录,也可以凭借对已发生的事情进行记忆和追忆。根据调查的经验,由于移民项目调查内容复杂而琐碎,调研者应在当时根据观察进行记录,或者是在当天晚上进行总结记录,从而避免遗忘或遗漏。

观察法是本底调查中调研者根据调查大纲有组织、有目的的调查活动,它的观察方法和范围必须有组织、有计划地展开,必须与访问调查同时进行,它是调查访问和问卷调查的有效补充。调查访问和问卷调查是已经发生的事情,而观察法是观察正在发生的事情,所以它收集到的资料与移民的活动表现是同步发生的,这是其他方法无法比拟的。因此,它的观察结果可以有效地验证调查访问和问卷调查结果的真实性与可靠性。

观察法的优点是:第一,观察法可以直接获得资料,它不需要其他中间环节。它获得的资料直接、具体、真实,具有生动的感性认识,并且掌握大量的第一手资料。第二,观察法是收集非语言的最基本和最有效的调查方法。第三,由于调研者是资料收集的第一观察者,调研者与移民涉淹区所发生的事情具有同步观察、直接接触,所得的资料信息比较及时、具体、可靠。第四,由于观察法简单易行,灵活性大,调研人员可多可少,观察时间可长可短,而且调研者可以随时随地地进行观察,观察方法不管是事先制订了计划或者是事先没有计划内容,调研者可以根据本底调查大纲的基本要求进行观察,它可以随时随地在库区进行观察。因此,这是一种广泛而且廉价的调查方法。

观察法的缺点是:第一,由于受时空的制约,移民社区各种社会现象的发生都有一定的时间限制和空间限制,对于已经发生的事情,大都无法进行观察;对于在移民中出现的现象和突发事件等,都无法进行观察。第二,受调研者自身条件的限制,调研者有时无法观察事情的全部过程。同时,由于调查往往受时间和调研经费的限制,调研者对所观察到的事情不可能进行全过程观察,因而对观察到的事情无法得出准确结论。第三,观察结果受调研者主观因素的影响较大。即使进行移民经济社会调查的调研人员受到了良好的培训,也有较高的个人素质,但对同一事物常有不同的反映和看法,因此有时会影响对事物的评价。第四,观察法应配合其他方法共同应用,因为调研者利用观察法很难观察全局,它一般只能做到局部观察。所以,它只能是其他调查方法的有效补充。

2.2.3.6 访问交谈法

访问交谈法是通过访问信息采集对象,与采集对象直接交谈而获取有关信息的方法。这类方法是通过信息采集人员与被采访者直接接触来实施的,因此可达到双向沟通、澄清问题的效果,便于对有关问题进行深入探讨,也便于控制信息采集的环境,提高信息采集的针对性和可靠性,有时甚至会得到意外的收获。但由于费用较高,且受访谈人员的素质和水平影响较大,不适合大规模开展。一般适用于信息采集范围较小、问题相对集中、需要收集实质性详细信息的场合。

根据访谈对象,访问交谈法可分为个别访谈和集体访谈。个别访谈环境比较自由,谈话没有拘束,往往可获得较深层次的有时甚至是秘密的信息,但对于来自个人角度的信息,其客观性和完整性需经判断和验证;集体访谈又称座谈会,集思广益,可获得较多的信息,且可通过互相补充提高信息采集的质量,但集体访谈易受从众行为影响,有时会出现随声附和或言犹未尽的情况。

根据访谈方式,访问交谈法可分为电话采访和面谈。电话采访可能是最快捷、省钱而有效的方法。有人说,获取信息的最简单方法就是打个电话。但是,电话采访的缺点是不便讨论复杂的问题;面谈的优点是直观和信息量大,缺点是成本较高且不易安排。

根据提问形式,访问交谈法可分为导向式访谈、非导向式访谈和随机提问式访谈。导向式访谈又称结构式访谈或标准化访谈,是信息采集者严格按照事先列好的访谈提纲或问卷向受访者发问,让被访问者一一作答。这种方法的针对性和目的性都很强,得来的资料比较规范,便于整理和数量分析,但信息采集范围只限于既定问题。非导向式访谈亦称非结构性访谈或非标准化访谈,是指采访者事前未拟定详细提纲或问卷,不进行引导性提问,仅就有关主题请被采访者不受拘束地自由发言。这种方法可避免提问时的导向性偏差,使受访者能自然而充分地表达自己的意见,保证信息的真实性。随机提问式访谈则是介于上述两种方法之间的一种访谈方法。即采访者事先虽未拟定具体提问,但在访谈过程中可根据被采访者的谈话不断提出问题,深入挖掘有关信息。这种形式比较自由活泼,但其效果在很大程度上取决于采访者的访谈技巧和应变能力,取决于采访者对有关事物的熟悉程度以及善于抓住关键性问题的敏感意识和捕捉能力。

运用访问交谈法采集信息,一般要进行以下三个阶段的工作。

1. 准备阶段

访谈前认真做好准备是访谈成功的基础。访谈准备工作主要有以下几个方面。

(1)选择访谈对象。访谈法的高成本和直接性都要求我们必须认真仔细地选择访谈对象。为此首先应根据信息需要列出所有的潜在信息源,然后确定优先考虑的个人信息源,并按重要程度和访谈次序分别列出可能直接进行访谈的人员名单。访谈对象的选择要注意以下两个问题。

一是选择关键人物。虽然每个人都是一个独立的信息源,但不同的人其信息能级却有天地之差。因此,一定要尽力去采访最关键的人物,特别是那些处于关键位置、掌握着重要信息的主管人员和专家。这些关键性人物虽然联系起来会很困难,但他们提供的帮助会是成百倍的。通常,不敢去找关键人物是自卑心理在作怪。要充满勇气、满怀热忱、不卑不亢,越是有信心,就越能获得成功。

二是利用人际关系网络。应当注意,重要的信息首先是在朋友中交流,在友谊和信任的基础上传播。朋友要经常联系,这样友谊才能巩固下来。这就需要在平时花大力气建立良好的人际关系网络,真诚地去发展友谊,建立一种长期合作的信任关系,而不是势利眼式的现用现交。通过人际关系建立起稳定、可靠的外部信息网,不论是对个人发展,还是对企业竞争,都是十分重要的。

(2)拟定访谈提纲。无论是导向式访谈还是非导向式访谈,都应事先针对访谈目的、中心议题和提问方式拟定一个访谈提纲。对于导向式访谈,可以把提纲细化为按一定提问顺序排列的标准化问卷;对于非导向式访谈,提纲无须确定所提问题的措辞,亦无须排定提问的次序。拟订提纲的主要目的是便于在访谈中把握节奏并在恰当的时候结束交谈,同时有利于准备好遭到拒绝时的应对之策。在访谈过程中不要机械地照提纲提问。

(3)尽量提前与被采访者取得联系,确认访谈时间、地点、人物等。可能的话,应预先将访谈目的和采访内容通知被采访者,使他们有一定的思想准备。

(4)携带必要证件和有关资料,以便在需要时展示。

2. 实施阶段

访谈实施的过程大体上可分为接近被采访对象、提出询问问题、引导和追询、访谈结束等几个环节。应该清醒地认识到,只有极少数人掌握大量你所需要的信息,也就是说你要采集的信息的90% 都是由10%的采访对象提供的。所以,千万不要因为少数人的不合作而气馁。信息采集人员除要对工作充满热情,具有敬业和奉献精神外,还要注意掌握一些访谈技巧。

(1)接近技巧。首先要设法接近被采访者。接近被采访者的第一个问题就是要有一个恰当的称呼。一般来说,称呼应入乡随俗,亲切自然,具有亲和力。其次要采用适当的方式进一步接近被采访者。要以友好、热情、平等的姿态去接近访谈对象,决不可强加于人。

(2)沟通技巧。要使被采访者毫无拘束地讲出实情,就要善于创造一个融洽的沟通氛围,以找到共同的语言,缩短心理距离,使被采访者感到采访者是“自已人”。按照一般规则,采访者在衣着服饰方面应当干净整洁,且不要与被采访者反差太大。在观念和感情上应当找到一种联系,设法取得认同和共鸣。一个合格的采访者应能迅速确定被采访对象最容易同什么样的人相处,最喜欢同什么样的人交谈。如果采访者能成为被采访者喜欢与其交谈的人,他的采访就会更加成功。

(3)提问技巧。调查者要巧妙地提出想要了解的问题,使答问者乐于回答。一般来说,应设法将疑问句变为陈述句,因为陈述往往比提问更易获得信息。或者采取分层的办法,将问题划分成几个类型或等级,让被采访者从中选择其一。如果完全不知道问题存在的范围或线索,也可以采用故意说错的办法,因为人们常常有不自觉地去纠正他人错误说法的习惯倾向。

(4)引导技巧。与提问不同,引导不是提出新的问题,而是帮助回答者正确理解和回答已经提出的问题。当访谈遇到障碍不能顺利进行下去或偏离原定采访计划时,就要及时引导和控制;如果回答者对问题的理解不正确,就应该用对方听得懂的语言做出具体解释或说明;如果回答者一时遗忘了某些具体情况,就应该从不同角度、不同方面帮助对方进行回忆;如果回答者离题太远,就应该寻找适当的时机,采取适当的方式,有礼貌地把话题引入正轨。引导的方法是多种多样的,要根据具体情况灵活处理。然而,一个绝对必要的原则是,引导必须是中性的,不能影响问题的性质,使回答造成偏差。

(5)追问技巧。追问是更深入的提问,更具体、更准确地引导。有时问答者会回答含糊甚至答非所问,这就需要用到追问技巧。最好的追问方式是沉默。如果采访者默默无语做出准备记录的样子,回答者就很有可能打破沉默做出进一步的说明。适当的追问可以是表示怀疑、惊奇、感叹的短句,或者是对回答的自我理解和简单重复。追问是经常需要的,但是如果回答者坚决拒绝答复,就应该转移到另一个话题,不要穷追不舍、刨根问底,使人感到厌烦。

(6)记录技巧。访谈时要做记录,当然出于礼貌考虑可先征求对方同意。记录要“原汁原味”,不要企图去总结、分段或改正语法,以避免过早掺入个人倾向性意见。

有时被采访者可能不擅长表达或不愿意说明。这时如果采访者能够观察到被采访者的动作、语言或从其他方面理解其意义,就应当在准确记录回答的词语部分之外,在页边写下自己的观察和理解,以及做此种解释的原因。

3. 整理阶段

对访谈结果要尽快进行整理,根据记忆及时发现和解决错记、漏记等问题,不清楚的重要事实或数据还应找被采访者核实。同时,要根据访谈获取的最新信息不断修正访谈名单,逐步建立和完善一个人际信息网络,为今后的信息采集工作打下良好的基础。

2.2.3.7 统计报表法

统计报表法是我国统计调查方法体系中的一种重要的组织方式,也是水利水电工程移民项目信息采集的一种重要方式,常应用于移民监理、财务、审计等方面。

统计报表法是根据国家、企业、组织的统一规定,按统一的表格形式、统一的指标内容、统一的报送时间自上而下逐级提供统计资料的统计报表制度。统计报表制度具备统一性、时效性、全面性、可靠性的特点,可以满足各级管理层次的需要。

1. 要求

制发统计报表必须符合下列要求:

(1)应当遵循需要与可能的原则,力求格式标准化、指标规范化,以尽可能少的人力、财力和物力投入,取得尽可能好的调查效果。

(2)制发新的统计报表应事先进行可行性研究,必要时应进行试填,认真听取有关部门和基层单位的意见。

(3)内容简明扼要,不重复、不矛盾。

(4)必须符合精简的原则。凡基本报表可以满足需要的,就不要制发专业报表;凡年报可以满足需要的,就不要搞月、季报表;凡可三五年统计一次的,就不要搞年报;凡一次性调查能解决问题的,就不要搞定期报表;凡非全面统计能够了解到情况的,就不要进行全面统计。

(5)充分发挥现有统计资料的作用。凡可从有关部门、单位收集到资料的,或可用现有资料加工后取得的,就不要再向基层单位制发统计报表。

2.规范

制发的统计报表及有关附件必须符合下列规范:

(1)统计报表的格式要清晰完整。表名与调查内容一致,表内各项指标之间的逻辑关系要正确。报表左上角列出填报单位(或综合单位)的名称、地址、主管机关名称,右上角列出表号、制表机关、批准或备案机关名称及其批准文号或备案文号、有效期限;表下从左至右依次列出单位负责人、统计负责人及制表人签章、实际报出日期。

(2)表内各项指标含义、口径范围、计算方法、计算价格要有详细的指标解释,所用的统计分类目录及编码、统计计量单位必须符合国家颁布实施的法定标准,并逐项列示。

(3)统计调查的实施办法必须说明调查机关、调查目的、调查范围、调查对象、调查方式、调查时间、调查完成期限、编报机关、上报份数,以及调查所需人员和经费来源等。

2.3 移民项目信息的加工

2.3.1 信息加工的概念

信息加工是信息管理过程中不可缺少的环节,而且是最为关键的环节。没有这一步,采集的信息再多都是无用的。

信息的加工没有一个固定的模式,不同的要求和不同类型的原始信息,加工的方式也各不相同。一般来说,信息加工的主要内容包括信息的筛选和判别、信息的分类和排序、信息的分析和研究等。

(1)在大量的原始信息中,不可避免地存在着一些假信息、伪信息,只有通过认真地筛选和判别,才能防止和避免鱼目混珠、真假混杂。

(2)调查者收集来的信息是一种初始的、零乱的、孤立的信息,只有把这种信息进行分类和排序,才能存储、检索、传递和使用。

(3)对分类排序后的信息进行分析比较、研究计算,可以创造出新的信息,使信息更具有使用价值。

从数据产生信息这个过程有时比较简单,有时可能很复杂。但是不管如何,这种从数据产生信息的过程都可以分解为以下一些操作:

(1)对收集到的数据进行检验。数据检验就是检验所记录的数据是否正确。可用人工检验,也可用计算机检验。

(2)数据分类是将数据按使用目的加以分类,使之具有一定的意义。数据排序是按事先确定的次序将数据排列起来,以便于管理。

(3)数据汇总包括在数字上加以累计,或在逻辑关系上加以简化。数据计算包括数学的计算和逻辑的运算。

数据加工以后成为预信息或统计信息,统计信息再经过加工才成为对决策有用的信息。这种转换均需要时间,因而不可避免地产生时间延迟,这也是信息的一个重要特征——滞后性,在使用中必须注意到这一点。

2.3.2　信息加工的方式

信息加工和数据处理本来就没有严格的区分。广义地说,凡是涉及数据的收集、存储、加工和传输的每一个过程均称为数据处理。而这里所说的信息加工是狭义的数据处理。具体地说,数据处理就是对数据进行运算。数据运算包括算术运算、逻辑运算及复杂的数学模型求解。

在信息加工中,按处理功能的深浅可把加工分为预处理加工、业务处理加工和决策处理加工。第一类是对信息进行简单整理,得到的是预信息。第二类是对信息进行分析,综合出辅助决策的信息。第三类是进行统计推断,可以产生决策信息。

根据加工处理响应时间的不同,信息加工处理的方式大体又可分为两种类型:一种是将送过来的数据立即进行处理,及时做出响应的"实时处理型";另一种是将送过来的数据存起来达到一定数量或时间后,再集中处理的"批处理型"。从发展来看,计算机从批处理形式向联机处理形式发展。也就是说,以事后处理为中心的使用形式向实时处理的使用形式发展。

信息加工处理的方式可分为集中式和分布式两种形式。集中式是将计算机放在组织中指定地方,由中心计算机集中承担处理功能和处理量;分布式是以统一的规划为基础,将适当规模的计算机系统安装在组织及其下属机构,分别承担处理功能和处理量。

进行信息加工一般有手工加工和计算机加工两种方式。采用手工加工方式进行信息加工,不仅烦琐、容易出错,而且其加工过程需要很长一段时间,已经远远不能满足管理决策的需要。计算机、人工智能等技术的不断发展和应用,大大缩短了信息加工时间,满足了管理者的决策需求,同时使人们从烦琐的手工管理方式中摆脱出来。

从前在管理工作中,多数是靠管理者的经验来加工信息,需要的少数运算也只局限于简单的算术运算和简单的统计加工。近年来,数据统计和运筹学中的许多方法随着管理现代化的进展,已进入了经济管理领域。

计算机加工就是利用计算机进行数据处理,而且在处理过程中又大量采用各种数学模型。使用模型法提炼信息,可以辅助管理人员正确选择管理行动或做出决策。

现在许多大的计算机数据处理系统一般备有 3 个库,即数据库、模型库和方法库。方法库中备有许多标准的算法,而模型库中存放了针对不同问题的模型,数据库中备有要用的数据,这样应用起来就十分方便。可以说,模型库是核心,数据库为它提供必要的信息,而方法库为它提供相应的方法。

2.4 移民项目信息的存储

在移民项目实施过程中,信息量是非常大的。移民管理单位内部必须建立完善的资料存储制度,将收集的有关信息资料分门别类地整理和建档,保证决策的科学性和依据性。信息的存储是将加工后的信息储备起来以备将来使用。信息是抽象的东西,它必须寄附在某种载体上才能表现出来。信息寄附在载体上的过程,就是信息的存储过程。存储信息的介质包括纸张、胶卷和计算机存储器等。按照信息存储设备的条件,可以分为传统文档管理和现代数字化档案管理。对信息进行系统化、标准化和程序化的管理,是保证移民信息准确性和高效性的重要手段。

2.4.1 信息存储概述

信息存储是广义信息组织的组成部分,是有组织的信息表现形式,是一种异时信息利用行为。就其主体而言,它是一个信息组织过程,它必须考虑两方面的因素:一是存储介质的空间容量问题,即如何有效地利用有限的存储空间;二是存储信息的利用问题。信息存储的最终目的是使人们利用方便,若不考虑空间的集约,就可能妨碍人们对存储信息的利用。因此,信息存储的关键就是设法在节约存储空间和提高信息利用率之间寻求平衡点。

在大众传播领域,书、杂志、报纸、电视或广播频道都可视为一种信道,它们的共同特点在于信息传播过程和存储过程的统一。大众传播的信道组织更多的是编辑文字,写作相当于信源组织。就编辑组织而言,一方面,它向主要用户或用户的主要信息集约信息,充分利用信道容量传递和存储更多的信息量;另一方面,它必须联系信息特性对信源组织做适当的变换,具体包括审稿和编稿、文稿内部调整、文字的修改与加工、审定文稿的有机组织、版式与设计、校对等工作,也就是说,大众传播的信道组织本身包含的加工过程是一种优化过程。

2.4.1.1 信息存储概念

信息存储是针对所采集的信息进行科学有序的存放、保管,以便使用的过程。它包括三层含义:一是将所采集的信息按照一定规则记录在相应的信息载体上;二是将这些信息载体按照一定的特征和内容性质组成系统有序的、可供自己或他人检索的集合体;三是应用计算机等先进的技术和手段,提高信息存储的效率和利用水平。

信息存储的作用有以下三点:

(1)在企业或组织需要信息的时候,能够及时获取这些信息,并经加工处理后为控制、管理与决策服务。

(2)存储的信息可以供企业或组织的全体人员共用,并可以重复使用,提高信息的利用率。

(3)信息的历史性特点也要求将信息予以保存,以便从同一事物不同历史阶段的信息中分析、探讨该事物的发展规律,供管理决策时使用。

2.4.1.2　信息存储的介质

就目前来看,信息存储的介质一般有纸介质、缩微胶片介质、磁介质、光介质等。

(1)纸介质。纸介质是最常用、最简单、使用历史最长的一种存储介质,迄今为止,纸介质仍然是最普遍使用的信息存储方式。纸介质存在许多不足,如体积大、不易保管及查阅不方便等。

(2)缩微胶片介质。缩微胶片是利用专门的光电摄录技术装置,把以纸介质为载体的信息进行高密度微化在胶片上,可供在专门的阅读装置上阅读。

(3)磁介质。是将各类信息转化为电磁信号,记录在磁盘、磁带上所构成的存储介质。

(4)光介质。是将各类信息数据化,并将其转化为光信号,记录在光盘上,构成介质。

磁介质和光介质是采用计算机进行处理的介质,具有存储量大、制作方便及检索功能强等优点。

2.4.1.3　信息存储发展历程

(1)手工信息存储。在计算机未发明之前,人们对信息的存储主要依赖于纸和笔,信息存储的表现形式是各种出版物、记录、报表、文件和报告等。这种信息存储方式是人类历史发展长河中一种重要的形式,在现在和将来也一直发挥着重要的作用。但这种纸质存储方式随着数据的增长,难以做到有效的管理和处理。

(2)文件方式的信息存储。这种方式是计算机存储信息的基础方法。计算机对数据的存储主要以文件的方式存储。计算机以文件为独立单元进行数据存储。当然,文件中数据存储有多种不同格式。

(3)数据库方式的信息存储。文件存储方式存在着数据冗余、修改和并发控制困难,以及缺少数据与程序之间的独立性问题。为了解决上述问题,便于对信息的组织和管理,实现对大量数据的有效查询、修改等操作,可通过专门的数据处理软件建立数据库进行信息存储。数据库是按照一定的数据模型对数据进行科学组织,使得数据存储最优、操作最方便。

(4)数据库方式的信息存储。数据库方式是从信息管理的角度考虑信息存储的科学化,而数据库是从决策角度出发,按主题、属性(多维)等进行信息的组织,使得信息能够方便地被高层决策者所利用。

2.4.2　移民档案管理

2.4.2.1　传统文档管理

传统文档管理是信息管理中一直沿用的一种信息存储管理方式,其主要内容是对信息进行档案管理。档案管理主要有以下几个方面的内容:

对各种文件,根据其特征、相互联系和保存价值分类整理,根据文件的发文单位、发文时间、内容等特征组卷。案卷标题要准确地反映出卷内文件的发文单位和内容,并编号存放。

建立完善的归档制度。根据移民工程的特点,对归档文件、资料等信息进行分类,同时应尽快将文件、资料归档,以保证信息的准确和及时。文件在归档前,应按照归档要求进行整理,并由文件所对应的部门负责人进行验收,合格后登记入柜。立卷归档的文件要保证齐全、完整。归档管理应能正确反映监理单位的主要工作情况,便于保管、查找和使用。

按照文档管理的有关规定,完善其他规章制度,如文件资料登记制度、借阅制度、文件销毁制度等。

对用于记录工程的形象面貌和质量事故的工程影像类资料(主要指照片、录像和录音资料),采用专门登记本说明序号、拍摄时间、拍摄内容、拍摄人员等,并及时冲洗、妥善保存,以备编写监理报告和其他需用时选取。

2.4.2.2　数字化档案管理

传统的文档管理只是将收集的原始数据整理、分类、保存。移民工程监理过程中,特别是现场监理,往往需要对大量的原始数据进行校核、统计。如移民搬迁安置人口核实,就需要核对移民个人实物卡和资金卡,以东庄水库库区礼泉县叱干镇李家坡村为例,李家坡移民村搬迁前为一个村,搬迁后分散安置到6个安置点。按照当时的监理工作技术和方法,移民个人实物卡和资金卡要带到现场,找村干部核对,校核后按不同安置点分别统计。移民安置过程中人口往往有一定的变化,如各安置点人口调整,需要这个村加一个,那个村减一个,则统计结果需要修改,工作反复性较大,容易出现错误。文档数字化管理后,移民个人实物卡和资金卡的影像资料记录在数据库中,现场监理工程师仅使用一台电脑便可以完成现场的核对工作,提高了工作效率,降低了错误率。

数字化档案管理不同于传统文档管理。从应用上讲,它应当是管理信息系统的组成部分,也可以单独使用。它可以通过计算机和影像设备将原始数据复制一份相同的影像数据并对其进行管理。建立原始数据的数字化档案,可以有效保护原始数据的安全,同时满足多个现场监理站的工作需求,提高了原始数据的共享性和工作效率。

数字化档案管理要注意以下要求:

(1)原始数据与数字化影像数据编号一致。

(2)信息系统数字化资料的保密性。

(3)定期将计算机系统中的资料进行备份保存,最好采用光盘保存。

2.4.2.3　文档的维护

文档的维护是指在信息管理中要保证信息始终处于适用状态,要求管理信息经常更新,保持数据的准确性,做好保密工作,使数据保持唯一性。此外,还应保证管理信息存取方便。

随着科学技术的发展和现代管理的应用要求,数字化信息管理在文档管理中的作用越来越重要。要建设一个良好、高效的文档管理体系,不仅要有完善的程序、制度,更需要专业技术人员参与文档管理。移民监理信息需要满足不同决策层的需求,流动信息量相对要求较多和较复杂,同时根据现代信息化的发展要求,管理人员要熟悉移民专业技术,能熟练运用计算机和信息系统。

2.5　移民项目信息的传递与反馈

信息的传递是指借助于一定的载体,如纸张、磁盘、网络等,在管理各部门、各信息用户之间通过信息的发送、传递、接收,跨越空间和时间把信息从一方传到另一方的过程。信息传递是信息的流通环节。移民信息是为整个工程移民管理层决策服务的,如果信息不进行传递,它就起不到服务的作用。

2.5.1　信息传递的原则与方式

信息的传递必须考虑使用信息人员的水平、条件和工作需求,不同管理层次的决策人员对信息的需求也不相同。因此,要建立一种移民信息传递的机制和方法,既能使信息及时传达,又能准确、适用。

(1)根据不同层次决策要求有选择地传递信息。因为移民管理涉及层次很多,上至国家部委、省级有关领导,下至同级的业主、设计等单位,对移民信息要求都不相同,要有针对性地选择。

(2)移民项目的时间性很强,移民信息应及时传递。如移民搬迁与水库水位关系,如果水库下闸蓄水而有移民没有搬迁,有关信息又没有及时传递到业主单位,将造成巨大的损失。

(3)信息管理应做好信息的分类传递工作。移民信息包括社会、文化、经济、自然环境等多方面内容,要提高效率,加强信息的时效性,必须在日常工作中做好信息的分类管理。

(4)移民信息传递过程中应注意信息的有效性和保密性。信息的有效性即是必须坚持主管领导签字的原则;信息的保密性是加强信息的保密工作,防止信息失密带来的社会问题。

信息按照不同决策层次需求,其传递方式也不同。

移民项目管理单位之间的信息传递应是规范的、格式化的书面报告、影像类资料,个别情况也可考虑采用电话、传真、电子邮件的方式。单位内部的信息传递在考虑信息的使用级别、保密性和安全性的前提下,通过内部局域网络进行信息传递。这样,一个信息从输入到形成决策信息和决策方案,再传递到决策人员,只需要很短的时间。

2.5.2　信息反馈

水利水电工程移民监理的主要功能之一就是信息反馈功能。通过这一功能,监理工程师能够将某些事项的全部活动过程及每个环节的经验教训特点做出概括和总结,对未来的发展趋向、现实的巨大潜力、客观环境的利弊因素等做出科学的测定,并将信息反馈到业主单位、各级移民机构或设计单位,核查和纠正可能产生的某些偏差,保证实施过程的进行。

2.6 信息检索

2.6.1 信息检索的定义

信息检索是从大量相关信息中利用人机系统等各种方法加以有序识别与组织，以便及时找出用户所需部分信息的过程。这里所谓的“大量相关信息”，是指包括文字、声频、视频、动态、静态信息在内的各种信息；所谓“人机系统”“各种方法”，是指利用关键词、主题词和概念分析等方法人工或自动将信息有序化；所谓“及时找出用户所需部分信息”，是指一切以用户为本，全方位、多角度提供检索入口和检索结果。信息检索包含存储与检索两个部分。所谓存储，是对有关信息进行选择，并对信息特征进行著录、标引和组织，建立信息数据库；所谓检索，是根据提问制订策略和表达式，利用信息数据库。只有将大量无序的信息通过一定的方法使之有序化，检索才有可能成功。概念分析，即将概念转换成系统语言，是存储与检索共有的过程，因此从这个意义上讲，信息存储是信息检索的逆过程，两者是不可分割的一个整体。

人们对信息检索的认识是一个不断提高和完善的过程，随着信息量的激增、社会对信息的急迫需求，尤其是计算机、网络通信技术、多媒体技术、智能技术等的快速发展，信息检索的定义必将引入新的内涵。

2.6.2 信息检索的分类

可以根据不同的标准，将信息检索区分成各种类型。

2.6.2.1 按检索内容分类

1. 数据信息检索

数据信息检索(data information retrieval)是将经过收集、整理、加工的数值型数据存入检索数据库中，然后根据用户需求检索出可回答某一问题数据的过程。数据检索不仅能查出数据，而且能提供一定的运算、推导能力，可辅助用户进行定量化分析与决策。例如，它可以回答“2023 年中国 GDP 在世界排名第几？”之类的提问。

2. 事实信息检索

事实信息检索(fact information retrieval)是将存储于检索数据库中的关于某一事件发生的时间、地点、经过等信息查找出来的检索。它既包含数值型数据的检索、运算、推导，也包括事实、概念等的检索、比较、逻辑判断。例如，检索数据库中存储的信息有如下事实：①中国人都是炎黄子孙；②张三是中国人。那么，事实检索系统能够回答用户提出的“张三是炎黄子孙吗？”这种问题。事实信息检索比数据信息检索复杂。

3. 文献信息检索

文献信息检索(document information retrieval)是将存储于检索数据库中的关于某一主题文献的信息查找出来的检索。它通常通过目录、索引、文摘等二次文献，以原始文献的出处为检索目的，可以向用户提供有关原文献的信息。例如，它可以回答“国内外有关神经网络技术研究的专著和论文有哪些？”的问题。

2.6.2.2　按组织方式分类

1. 全文检索

全文检索(full text retrieval)是将存储于检索数据库中整本书、整篇文章中的任意内容查找出来的检索。它可以根据需要获得全文中有关章、节、段、句、词等的信息,也可进行各种统计和分析。例如,它可以回答“《水利水电工程建设征地信息管理系统》一书中‘信息检索’一共出现多少次?”的问题。

2. 超文本检索

超文本检索(hyper text retrieval)是对每个结点中所存信息以及信息链构成的网络中信息的检索。它强调中心结点之间的语义连接结构,靠系统提供的复杂工具进行图示穿行和结点展示,提供浏览式查询,可以进行跨库检索。

3. 超媒体检索

超媒体检索(hyper media retrieval)是对存储的文本、图像、声音等多种媒体信息的检索,它是多维存储结构。与超文本检索一样,可以提供浏览式查询和跨库检索。

2.6.2.3　按检索设备分类

1. 人工检索

人工检索是人直接用手、眼、脑查找印刷型文献的检索。其优点是直观、灵活,无须各种设备和上机费用;但用手工检索查找较复杂、较大课题的资料信息时,费时费力,效率不高,有的甚至无从查找。

2. 自动检索

自动检索又称计算机检索,是通过计算机对已数字化的信息按照设计好的程序进行查找和输出的过程。按自动检索的处理方式,又有脱机检索和联机检索;按存储方式分,有光盘检索和网络检索。自动检索不仅大大提高了检索效率,而且拓展了信息检索领域,丰富了信息检索的内容。

2.6.3　信息检索的作用

在当今信息社会,是否具备信息获取能力已成为衡量人才质量的重要标准之一。对于图书情报学、信息管理学的专业人员来说,掌握信息检索的理论与方法,不仅有利于本专业的学习与研究,而且有利于今后其他学科研究和事业的发展。具体来说,信息检索具有如下作用:

(1)较全面地掌握有关的必要信息。掌握一定量的必要信息,是进行研究、搞好工作的首要条件,也是进行正确决策的基本前提。信息检索可以有目的、较系统地获得某一主题的必要信息,以避免零散的、片面的,甚至虚假信息的干扰。

(2)提高信息利用的效率,节省时间与费用。在当今信息社会中,信息无处不在,无时不有。一般来说,具有较高价值、较准确的信息才会被收集、组织和存储在检索数据库中,以供检索和利用。有目的地利用检索工具获取信息比直接广泛阅读信息的效率更高、速度更快,因此信息检索可以在信息的海洋中帮助用户尽快找到所需信息,以节省人力、物力。

(3)提高信息素质,加快人才的培养。所谓信息素质(information literacy),是指具有信息获得的强烈意识,掌握信息检索的技术和方法,拥有信息鉴别和利用的能力。我国的高等教育法明确要求大学生必须具备信息素质,包括确认信息的需求;确认解决某一问题所需要的信息类型;找到所需信息;对找到的信息进行评估;组织信息;使用这些信息有效地解决问题。通过学习信息检索的方法和原理,可以增强信息意识,提高检索技巧,从而有利于专业知识的学习,加速人才的培养。

2.7 移民项目管理信息化

2.7.1 移民项目信息管理

项目管理是一门应用科学,它反映了项目运作和项目管理的客观规律,是在实践的基础上总结研究出来的,同时又用来指导实践活动。项目管理的目的是通过对项目实施活动进行全过程、全方位的计划、组织、控制和协调,使项目在约定的时间和批准的预算内,按照要求的质量,实现最终的项目目的,使项目取得成功。

随着项目,尤其是大中型水利水电工程移民项目的启动、规划、实施等项目生命周期的展开,与项目有关的政务信息、规划设计信息、实施管理信息、监理监测信息会层出不穷地产生,对项目信息的管理变得越来越重要。移民项目信息管理的效率、质量和成本将直接影响项目管理其他环节的工作效率、质量和成本。

很显然,信息处理始终贯穿着移民项目管理的全过程,如何高效、有序、规范地对项目全过程的信息资源进行管理,是现代项目管理的重要环节。随着网络技术、数据库技术、电子商务、电子政务等以计算机和通信技术为核心的现代信息管理科技的迅猛发展,又为移民项目信息管理系统的规划、设计和实施提供了全新的信息管理理念、技术支撑平台和全面解决方案。

2.7.2 信息技术在移民项目管理中的应用

随着信息技术发展,政府移民机构,项目法人,相关设计、监理、监测评价单位在管理信息化方面取得了显著的进展,主要表现在以下几个方面:

(1)政府移民机构、项目法人内部计算机网络系统建立。

(2)政府移民机构 Internet 门户网站的建立。

(3)组织(企业)内部办公自动化系统应用、推广。

(4)地理信息系统在移民淹没影响调查、移民安置规划设计中广泛应用。

(5)管理信息系统在移民实施管理中的应用,如项目监理系统、统计报表系统、财务结算系统、移民社会经济评价系统等。

(6)Primavera Project Planner(3P)、Microsoft Project 等项目进度控制软件在移民工程中的应用。

许多工程移民项目管理单位还结合项目自身的特点,陆续开发了适合于本项目需要的移民项目管理信息系统,在移民项目管理中发挥了重要的作用,收到了良好的效果。

通常移民项目管理信息系统的功能包括:

(1)移民数据的收集和整理。

(2)移民信息的存储。

(3)移民信息的传输。

(4)移民信息的加工和处理。

典型的移民项目管理信息系统包括以下子系统：

(1)基础信息子系统。其内容包括工程项目的概况、工程影响实物指标、工程移民补偿政策、标准等。这些信息主要用于实物量及规划的分析、补偿投资的计算、移民家庭逐户补偿费用的计算等。调整移民补偿政策的信息就能方便地得出整个项目补偿投资和逐户的补偿费用。

(2)移民安置规划子系统。规划子系统主要与整个移民规划设计工作相配套,并作为移民安置规划设计的辅助手段,以提高移民规划设计的质量和效率,全面反映移民安置途径、安置去向、生产措施等规划指标。

(3)移民项目管理子系统。包括项目投资概算、进度计划、项目实施监理监测的报表系统等。

(4)移民项目社会经济和环境监理监测子系统。主要包括移民家庭房屋、收入调查、跟踪评价系统和移民项目环境监理监测系统。

(5)移民事务管理子系统。包括办公自动化系统、劳动工资管理系统、档案管理系统、人事管理系统等。

随着计算机技术的日益普及和项目单位信息技术整体应用水平的提高,移民项目管理信息化将具有良好的应用和发展前景。

2.7.3　移民项目管理信息化的标志

移民项目管理信息化的标志主要体现在下述几个方面：

(1)观念信息化。信息意识,特别是组织(企业)内部领导信息观念的提高是企业信息化的关键。只有在领导、管理人员、技术人员及全体职工对信息化重要性有充分认识的前提下,才能广泛利用信息技术开发项目管理信息资源,推动项目管理的技术创新工作。

(2)管理手段信息化。信息化要求用现代信息基础设施和先进的信息技术手段去收集、处理、开发信息,运用网络技术、通信技术、数据库技术和智能信息工具等手段进行信息活动,实现信息网络化,并开展网络管理活动(如电子政务、项目虚拟管理等)。

(3)决策信息化。利用信息手段及时、准确、全面地收集和掌握移民项目的信息资源,并依此进行科学合理的技术、管理创新决策,是项目管理者保证项目顺利实施并取得成功的法宝。

(4)信息加工处理深度化。将收集到的移民项目信息进行认真地分析研究,用发展、创新的思维进行深度加工处理,掌握项目实施的动态,及时发现并解决项目管理中存在的问题,调整项目管理的策略。

(5)组织管理信息化。信息化管理优化目标是"及时、准确、适用、完整、经济",使信息快速产生应有的经济效益、社会效益。加强信息化的管理是信息化建设中的一个重要方面,建立完善的信息管理结构及各种管理规章制度,采用现代化的信息技术,保证信息传递过程的高效率，做到信息收集不遗漏、信息处理不混乱、信息反馈不耽误。

2.7.4 移民项目管理信息化的几个重点问题

2.7.4.1 缺乏统一的移民项目信息化建设规范和技术标准

由于水利水电工程移民项目的特殊性，项目信息化的建设规范和技术标准长期得不到应有的重视。虽然水利部于2009年修订颁布了《水利水电工程建设征地移民安置规划设计规范》(SL 290—2009)，但与水库淹没影响调查、移民安置、实施管理相关的信息化管理的技术标准和规范制定滞后，如缺乏统一的水库淹没影响调查编码标准、统计标准，移民监理、监测技术标准等，造成移民项目信息采集、存储、传递和利用困难。

此外，水利水电工程移民项目信息化的重点是要解决各移民机构、相关部门、社会服务组织相互独立的业务系统间的"互联互通"，即移民项目数据、业务和系统的整合，因此急需统一的管理平台和标准体系，所以还要加快标准的建设，并发挥标准化的导向作用，通过标准化建设来避免各系统、部门之间各自为政、重复建设。

2.7.4.2 移民项目信息资源开发薄弱

目前，水利水电工程移民项目信息资源的开发和利用都很不充分，主要表现在以下几个方面：

(1)政府移民机构和项目法人决策所需的信息不全，有的根本就没有开发。

(2)有些有用的信息没有建成信息库，如已建工程、在建工程移民信息资源管理库，信息资源利用困难。许多已建的移民信息库，往往随着工程的结束而被弃之不用。

(3)不少信息的质量差，统计口径不一致。

(4)信息资源重复采集、交叉开发现象严重，浪费巨大。

(5)部门分割、行业封锁依然严重，信息交流受阻，造成人为的信息短缺。

造成这些现象的重要原因是水利水电工程移民项目信息资源的开发利用工作严重滞后，缺乏强有力的政府统一协调部门。这样的结果，即使信息系统的"路"修好了，而能够上路行驶的"信息资源之车"却没有多少。加强信息资源开发和利用，需要投入大量的人力、物力和财力。如果不能够充分认识信息资源开发和利用在信息化建设中的核心作用，是不可能高度重视和促进这方面工作的。

2.7.4.3 系统内、部门间存在"信息孤岛"，无法形成系统范围内的沟通

近年来，各级政府移民机构和项目法人在信息化建设方面取得了长足的进展，并投入了较大的人力、物力和财力进行计算机硬件设备的更新和计算机网络的建设。在我国现有的移民行政管理体制下，单个部门的建设和推进建设较快，成效也较为显著。但是，系统内部、部门之间如何实现有效的互联互通往往还没有引起人们的高度重视。

各部门应用系统的设计，如果没有很好地考虑解决系统间的"互联互通"和"信息资源共享"问题，那么就很有可能在各自行业、部门中形成一个个"信息孤岛"，这和国家发展电子政务的预期目标是相悖的。此外，如果各系统所采用的技术标准不统一，彼此之间的信息沟通就难以实现。因此，对这一问题应该引起足够的重视，否则将留下难以治愈的后患。

2.7.5　移民项目管理信息化的内容

移民项目管理信息化就其内容而言应包括决策信息化、规划设计信息化、实施管理过程信息化、移民安置效果评价信息化，以及信息化人才队伍的培养等多个方面。但总体来说，移民项目管理信息化的主要内容可概括为下述几个方面：

(1)制定、实施移民项目管理信息化标准、规范。

在信息化建设中有一个备受关注的问题——信息化的标准问题。在信息化建设的起步阶段统一标准，可以避免低水平的重复开发建设，有效地降低开发费用，为信息化工作提供技术支撑和保证。

移民项目信息化也不例外，标准也要先行。移民项目信息化标准是整个项目管理信息化建设中亟待解决的全局性问题。只有统一标准，才能达到最终的资源共享，推动信息化建设健康有序发展。

移民项目信息化标准体系中应包括信息化总体标准、移民应用业务标准、应用支撑标准、网络基础设施标准、信息安全标准、管理标准等几个方面。

其中，总体标准包括总体框架、术语、信息处理标准。这一部分标准相对而言比较齐全，基本上都有国际标准或国内标准。目前急需移民项目管理信息网络总体技术要求标准。移民应用业务标准包括基础数据和业务流程标准，应用支撑标准包括信息交换、数据库等。目前这两方面的标准缺乏，需尽快制定实施。网络基础设施标准中包括网络建设和管理标准。信息安全标准包括信息安全基础标准、物理安全标准等。管理标准中应包括软件工程、验收与监理及信息资源评价体系等标准。验收与监理是目前急需的。

为了保证移民项目信息化建设的顺利实施，对已建信息化项目实施有效的管理，目前要加强标准化的宣传工作，提高各级移民干部和技术人员的标准化意识；加强信息化标准的收集工作，如国际标准、国家标准、水利标准的收集；加快水利水电工程移民项目信息化急需标准的制定工作；在信息化过程中重视标准的运用；发挥专家在信息化标准工作中的作用，尽早使移民项目管理信息化建设走上规范的轨道。

(2)信息化队伍建设和人才培养。

在政府移民机构、移民项目规划设计、监理监测评价等与项目管理相关的组织和单位内建立信息部门和信息主管(CIO)。信息主管是全面负责信息技术和系统的企业高级管理人员。其工作职责是：统一管理企业的信息资源；负责管理企业信息技术部门和信息服务部门，制定信息系统建设发展规划；参与高层决策，从信息资源和信息技术的角度提出未来发展方向的建议，保证企业决策符合信息竞争的要求；负责协调信息系统部门与企业其他部门之间的信息沟通和任务协作。

建立一支专门从事信息工作的人才队伍，提高全体员工的信息化技能和信息化意识，鼓励全体员工参与信息资源的管理和开发。

(3)建立服务项目管理的各类信息系统与信息网络。

此项工作包括建立项目进度控制系统、办公自动化系统(OA)、财务投资管理系统、计算机辅助设计(CAD)系统、项目管理信息系统(MIS)、地理信息系统(GIS)、决策支持系统等。由移民项目主管部门或项目法人牵头建立跨部门、跨区域协调作业的项目管理计算机网络,并与国际互联网相联,以便于各类业务信息系统有效运转,加快项目管理信息的采集、传递和利用,进而实现项目管理的全面信息化。

(4)开展电子政务与移民项目行政管理。

在信息系统和信息网络建设的基础上建立与移民项目管理相关的政府网站,开展网上信息发布和信息服务,实现移民项目行政管理的透明、规范、快捷。

2.7.6 移民项目管理信息化的总体技术架构

移民项目管理信息化主要包括5个层面的技术内容,即基础支持层、业务支持层、决策支持层、信息安全系统以及运行保障系统,并且每个层面上又包括了相关的技术内容(或系统),其总体技术架构如图2-2所示。

<table>
<tr><td>决策支持层</td><td>领导查询系统</td><td>决策支持系统</td><td colspan="3">项目进度控制系统</td></tr>
<tr><td rowspan="5">业务支持层</td><td colspan="3">移民机构行政事务管理系统(OA)</td><td rowspan="7">信息安全系统</td><td rowspan="7">运行保障系统</td></tr>
<tr><td colspan="3">政府移民机构电子政务系统(EG)</td></tr>
<tr><td colspan="3">移民项目管理信息系统(PMIS)</td></tr>
<tr><td colspan="3">移民项目安置规划设计系统</td></tr>
<tr><td colspan="3">移民项目监理、监测评价系统</td></tr>
<tr><td rowspan="2">基础支持层</td><td colspan="3">软件平台(操作系统、数据库系统、地理信息系统等)</td></tr>
<tr><td colspan="3">硬件平台(计算机网络、服务器、终端、外部设备等)</td></tr>
</table>

图2-2 移民项目管理信息化的总体技术架构

2.7.6.1 基础支持层

基础支持层包括如下内容:

(1)软件平台。包括操作系统、数据库系统、地理信息系统等。

(2)硬件平台。包括计算机网络、服务器、终端、外部设备等。

2.7.6.2 业务支持层

业务支持层通常包括以下几个系统:

(1)移民项目安置规划设计系统。通常是指由承担移民项目规划设计的设计院或设计公司建立的用于编制移民投资概算、移民安置方案、移民工程项目设计的专业系统。

(2)移民项目监理、监测评价系统。通常是指由承担移民项目监理、监测评价的第三方根据移民监理的总任务,按照合同约定建立的对移民安置的进度、质量、资金、效果进行检查、监督的信息系统。目的是使移民投资尽可能发挥更大的经济效益,为移民安置目标的实现发挥监督、管理的作用。

(3)移民项目管理信息系统。此类系统通常是由政府移民机构或项目法人单位建立的用于对移民安置的进度、质量、资金、效果进行动态跟踪的信息系统。

(4)政府移民机构电子政务系统。由于各级政府在移民项目管理中的主导地位,政府移民机构电子政务是指在各级政府部门为移民项目管理在信息化建设基础之上建立起的跨部门的、综合的业务应用系统,移民公众、组织与政府工作人员都能通过政府门户网站快速、便捷地接入所有相关政府部门的业务应用、组织内容与信息,并获得个性化的服务。

(5)移民机构行政事务管理系统或办公自动化系统。OA 是改变组织的办公模式、提高办公效率的重要系统,它包括公文管理、会议管理、短信管理、电子邮件、后勤管理等功能模块。

2.7.6.3　决策支持层

决策支持层包括下述系统:

(1)项目进度控制系统。该系统是以项目管理的运行指标体系为基础,通过整合项目内各业务运行系统的数据资料和外部信息,对项目进度状态实施监控。该系统包括经济运行指标管理、外部数据采集和管理、经济运行监控、经济运行分析等功能模块。

(2)决策支持系统。该系统是以项目业务应用系统为基础,对项目管理的各业务应用系统的数据资源和外部信息进行收集、整理和分析,通过对数据进行深层次的分析,把数据转化为知识,为项目的各级决策者提供决策活动所需的有价值的支持信息,实现对移民项目决策管理的科学性和实时性。该系统包括联机分析处理、数据挖掘分析、决策支持等功能。

(3)领导查询系统。该系统是以项目管理各业务应用系统为基础,为组织内各级领导提供方便、快捷地反映移民项目进度、投资、质量、安置效果等状况的实时信息和分析统计信息,帮助各级领导及时、准确、全面地把握项目实施的现状,发现项目实施中存在的问题,为领导决策活动提供信息支持。该系统包括项目各类管理信息查询、查询管理等功能模块。

(4)信息安全系统。主要包括:①网络物理安全。②网络与通信安全。③主机与操作系统安全。④应用系统安全。⑤防病毒系统。⑥电子身份认证体系。⑦数据存储安全。⑧信息安全审计。

(5)运行保障系统。主要包括:①运行管理系统。②标准化体系建设。③政策体系。

第 3 章　移民信息管理系统

3.1　移民信息管理系统概述

3.1.1　信息系统在移民项目管理中的作用

在移民项目实施过程中,不但有大量的信息产生,而且信息变化速度也很快,用一般的方法处理,工作量大,耗时长,不利于修改与查询,也不利于各类信息的融合和各部门之间信息的相互传递。开发一套系统而又科学的移民项目管理信息系统,对移民项目的实施至关重要。因此,移民项目管理信息系统应是一个能够产生并向各级移民管理部门及监理工程师提供决策信息的综合性管理系统,它是能为管理者进行科学决策提供可靠的信息支持系统。

建立移民项目管理信息系统,利用信息技术实现对移民信息的收集、加工整理、存储、检索、传递、维护和使用过程的辅助管理,其根本目的是实现移民项目信息的系统管理、规范管理和科学管理。具体来看,有以下主要作用:

(1)由于采用移民项目管理信息系统,项目管理人员、监理人员就有可能掌握移民工程不断变化中的实时数据,及时获取移民工程建设的最新动态,给各部门提供及时的、必要的数据,通过对大量数据的处理,产生各级决策所需要的信息,使决策建立在可靠的数据基础上,减少了决策的失误。

(2)移民项目管理信息系统使移民项目管理部门从事务性工作中解脱出来,不必再花过多的精力去处理数据、编制报表等,可集中精力去考虑如何提高移民项目管理的科学含量,提高决策水平,更好地完成工作任务,使工作发生质的变化。

(3)移民项目管理信息系统的使用使项目管理基础数据更加规范化、标准化,使项目管理数据的收集更及时、更完整、更准确、更统一。该系统可将各种原始数据进行分类、整理和存储,以供查询和检索之用;可事先规定提供数据的数量、规格,以保证数据的标准化;可事先设定提供数据的范围,以保证数据能及时准确地提供给需要的部门,方便各部门的工作,并避免不相干数据对部门工作的干扰;通过事先规定数据存储要求,以保证项目资料的完整、系统又不至于重复,还可为定量与定性地分析处理问题提供全面的资料。

(4)利用预测模型和方法,根据所掌握的历史数据分析和预测移民工作未来的进展情况,为管理者进行科学决策提供可靠依据。同时,通过预测模型可对有关问题或移民工程中的专题提供参考信息、辅助决策、预警分析等。

(5)对整体计划的执行情况和主要工作环节进行监测、检查,分析计划与实际执行情况的差距及其产生的原因,及时提出纠偏措施,以达到预期目标。

通常,移民项目管理信息系统是一个由淹没实物指标管理、移民规划管理、移民计划管理、移民实施管理及移民安置效果监测评价等多个子系统构成的综合系统。移民项目管理信息系统对信息的管理和利用主要是通过建立文件数据库、实物淹没指标数据库、移民安置规划数据库、规划实施动态分析模型和监测评价模型来进行系统管理的。

(1)建立文件数据库。主要包括移民方针政策、法规制度以及与移民安置有关的各项法律规定,国家基本建设的各项制度规定,与建设监理有关的法律、法规文件以及地方各级政府制定的与移民相关的法规、制度、规定、实施办法;其他水库移民的典型经验、案例分析等。此文件库主要是方便各个层次的人员在工作时查阅和调用。

(2)实物淹没指标数据库。受淹没影响的实物指标是移民安置规划设计的基础,管理好淹没实物指标是做好水库淹没处理及移民安置工作的基本要求和前提条件。淹没实物指标数据库主要是进行实物指标数据的登记、归类和统计等,为做好移民安置规划设计和实施过程中的动态控制奠定良好基础。信息主要来源于水库淹没实物指标调查和各淹没地区的统计资料。

(3)移民安置规划指标数据库。移民安置规划是移民工程建设的依据,建立此数据库主要是为了随时查阅移民迁建、安置规划情况,以指导移民迁建工作。主要规划指标有农村移民安置规划、县城迁建规划、集镇迁建规划、工矿企业搬迁规划、专业项目复建规划、库底清理规划、环境保护规划等。此信息资料的主要来源是移民安置规划报告以及受淹没影响的各区(县、市)的分县移民安置规划报告、投资测算报告等。

(4)规划实施动态分析模型。实施动态分析模型是综合监理管理信息系统中最重要的子系统。为了对实施项目进行规范管理,主要设置的指标是:计划实物量、计划投资、完成实物量、完成投资、工程质量、进度等。这些指标随着工程进度呈动态变化,在收集、统计中,还要进行对比分析,形成可比数据,反映动态目标的控制情况。信息主要来源于现场调查和监测,包括的内容有:移民工程年度建设计划和投资计划的完成情况;各综合监理单位的现场调查资料;分析移民工程存在的问题,提出今后的建议和措施。

(5)移民安置效果监测评价模型。移民工程质量和移民安置质量的好坏,是衡量移民工作成败的标准。建立移民工程质量和移民安置质量监测评价模型的目的,就是对移民实施效果进行跟踪监测与评价。该子系统主要设置的指标是投资与工程实物量对比分析、工程质量评价、工程进度评价、移民迁建区和安置区功能配套、移民生产生活水平评价等。此信息是通过规划指标与实施指标对照分析形成的。

3.1.2 移民项目管理信息系统应用范围

3.1.2.1 在水利水电工程淹没影响调查统计分析中的应用

水利水电工程淹没影响调查是移民的基本工作,也是最重要的一环。数据量大、数据形式多样,统计、检索、报表的任务大,需要高效地管理。管理信息系统强大的数据统计、分析功能在这方面会提供强有力的支持。

3.1.2.2 在移民安置规划设计中的应用

水利水电工程建设移民安置规划设计是水利水电工程设计的重要组成部分,是确定工程设计方案的一项重要比选内容,关系到工程规模的合理选定及移民的生产、生活和有关地区国民经济的恢复与发展,必须以实事求是的科学态度,深入细致地调查研究,精心设计。

水利水电工程移民安置规划设计,就是要科学确定征地移民范围,查明受淹没、占地影响的人口和各种国民经济对象的经济损失;分析评价所产生的社会、经济、环境、文化等方面的影响;参与论证工程建设规模;进行农村移民安置,集镇、城镇、工业企业迁建,专业项目恢复改建,防护工程的规划设计;水库水域开发利用规划和水库库底清理设计;编制水利水电工程征地移民补偿投资概(估)算。

管理信息系统在移民安置规划设计中应用的目的,在于提高移民安置规划编制深度和效能,使规划更全面,成果表达更直观、更具操作性。主要支持的方面包括:实物指标调查、统计、分析功能;资产评价;补偿计算和支付统计;环境容量分析;安置点选择与居民点规划;土地利用与经济开发规划;基础设施规划设计;移民生产生活水平综合评价;补偿投资概算编制等。

3.1.2.3　在移民安置实施管理中的应用

工程移民实施任务繁重,移民安置的进展直接关系到主体工程的进度和工程效益的发挥。移民安置管理包括搬迁安置、生产开发、计划、统计、财务、物资、文件档案等多项管理内容。从具体管理环节上看,又包括资金、进度、质量控制等。因此,在移民实施管理中,通过管理信息系统可以安排实施进度、监督移民计划的实施和移民安置中的质量、进度、资金等的实际进展。

3.1.2.4　在移民监理监测和安置效果评价中的应用

移民安置区社会经济重建和恢复过程很长,某项工程实施移民后,其移民安置实施的效果如何、移民生产生活恢复和提高情况怎么样,对此要进行监理监测和效果评价,并根据其结果对移民安置工作进行改进。通过管理信息系统,可以进行以下工作:移民生产生活水平跟踪调查分析评估,资金使用;开发项目的效果评估与监测,搬迁安置与移民社会经济系统重建实施进度评估与监测;移民安置综合评估与监测等。

3.1.2.5　在工程移民综合管理中的应用

移民主管机构业务工作综合性强,内容繁杂。因此,建立相应的工程移民项目信息管理系统十分必要。这些系统主要用于机构管理、文件管理、档案管理等。

3.2　信息系统的开发目标及策略

移民项目管理信息系统的开发是一个复杂的系统工程,它不仅涉及计算机信息处理技术,而且涉及移民项目管理的体制、组织结构等多个方面,至今没有一种统一完备的开发方法。但是,每一种开发方法都要遵循相应的开发策略。任何一种开发策略都要明确以下问题:

(1)系统要解决的问题。如采取何种方式解决移民项目管理和信息处理方面的问题,对移民项目管理提出的新的管理需求该如何满足等。

(2)系统可行性研究。确定系统所要实现的目标。通过对移民项目管理状况的初步调研得出现状分析的结果,然后提出可行性方案并进行论证。系统可行性研究包括目标和方案的可行性、技术的可行性、经济方面的可行性和社会影响方面的考虑。

(3)系统开发的原则。在系统开发过程中,要遵循领导参与、优化创新、实用高效、处理规范化的原则。

(4)系统开发前的准备工作。做好开发人员的组织准备和企业基础准备工作。

(5)系统开发方法的选择和开发计划的制订。针对已经确定的开发策略选定相应的开发方法,是选择结构化系统分析和设计方法,还是选择原型法或面向对象的方法。开发计划的制订是要明确系统开发的工作计划、投资计划、工程进度计划和资源利用计划。

3.2.1　信息系统开发目标分解

在对移民项目管理当前状况进行初步调查的基础上，根据已有的系统目标、功能及存在的不足之处，结合新提出的系统任务和要求，就可以初步确定信息系统的目标了。正确分析移民项目管理信息系统的目标是系统分析的重要内容。

目标分析应遵循的原则：

(1)总体目标优先。移民项目管理的目标往往是一个多目标系统，在确定信息系统的目标时不能影响其他目标的实现，要服从移民项目管理的总体目标。

(2)目标层层分解。移民项目管理信息系统的目标具有树形层次结构，在进行目标分析时，应该将总目标和分目标采用自上而下的方式展开，做到层次清晰，从而逐步具体化。

(3)下级目标为上级目标服务。下级目标是实现上级目标的途径和方法，上级目标为下级目标指出方向，即下级目标必须是上级目标的必要条件。

(4)各级目标要讲求合理性。目标不可过高，也不能过低。确定各级目标都应充分考虑目标的合理性、可行性，以促成系统总体目标的实现。

在确定新系统的目标时，要考虑：

(1)目标的总体战略性。

(2)目标的先进性。

(3)目标的依附性。

(4)目标的适应性。

(5)目标的长期性。

需要注意的是，在进行初步调查后确定的系统目标仅仅是初步的，信息系统的最后目标必须通过系统分析阶段的详细调查，并对调查结果认真分析之后才能确定下来。

3.2.2　信息系统开发策略

在移民项目管理信息系统开发策略方面，目前主要有“自上而下”(Top-Down)和“自下而上”(Bottom-Up)，以及两者相结合的方法。

3.2.2.1　“自上而下”的开发策略

这种方法从移民项目的高层管理和整体计划入手，确定需要哪些功能去保证计划的完成，从而划分相应的业务子系统，并进行各子系统的具体分析和设计。步骤通常是：

(1)分析系统整体目标、环境、资源和约束条件。

(2)确定各项主要业务处理功能和决策功能，从而得到各子系统的分工、协调和接口。

(3)确定每一种功能所需要的输入、输出、数据存储。

(4)对各个子系统的功能模块和数据做进一步分析与分解。

(5)根据需要和可能，为将开发的子系统和数据库规定开发的先后程序。

“自上而下”的方法强调从整体出发，由整体到局部，由上到下，由长期到近期，因此采用本方法开发出来的系统具有很强的整体性、逻辑性和环境适应性。此方法要求必须有很高的开发技术、充足的经费、强有力的组织保证。因此,通常适合于开发技术力量强、实践经验丰富的组织和机构。

3.2.2.2 “自下而上”的开发策略

“自下而上”的开发策略是从现行系统的业务状况出发,先实现一个个具体的功能,逐步地由低级到高级建立管理信息系统。管理信息系统的基本功能是数据处理和管理控制。“自下而上”的方法从研制各项数据处理应用开始,然后根据需要逐步增加有关管理控制方面的功能。当组织的各种条件尚不完备时,常常采用这种开发策略。其优点是可以避免大规模系统可能出现运行不协调的危险;但缺点是不能像想象那样完全周密,由于缺乏从整个系统出发考虑问题,随着系统开发的进展,原定方案往往要做许多重大修改,甚至重新规划、设计。

通常“自下而上”的开发策略用于小型移民项目信息系统的设计,适用于缺乏开发工作经验的情况。

3.2.2.3 综合方法

在实践中,为了充分发挥以上两种开发策略的优点,往往将它们结合起来使用。例如,先利用“自上而下”的方法制订总体方案,然后在总体方案指导下利用“自下而上”的开发策略逐步实施各子系统的开发工作。

综合方法可以得到一个比较理想的,耗费人力、物力、财力较少的信息系统。

在初步调查的基础上,将移民项目目标层层分解,就可以确定移民项目管理信息系统的建设目标了。在实践中,可以根据移民管理单位的具体情况,从三种信息系统开发策略中合理选择适合本单位的开发策略。

3.3 信息系统开发方法

大量的信息系统开发实践证明,对于复杂系统来讲,没有一套科学、合理和实用的开发方法,系统开发是注定要失败的。例如,IBM 公司的 OS/360 系统,是一种复杂的操作系统,曾花费成千上万人多年的艰苦努力,最终以失败而告终。负责人 Brooks 曾做了如下生动的描述:“……像巨兽在泥潭中做垂死的挣扎,挣扎得越猛,泥浆就沾得越多,最后没有一个野兽能逃脱淹没在泥潭中的命运……程序设计就像是这样一个泥潭,……一批批程序员在泥潭中挣扎,没人料到问题竟会这样棘手。”由此可见,缺乏科学合理和实用的开发方法所付出的代价是多么巨大。

为了保证信息系统的开发质量、降低开发费用及提高系统开发的成功率,必须借助于正确的开发策略和科学的开发方法。过去几十年,人们在大量的系统开发实践中,探索和发展了许多指导系统开发的理论和方法,如结构化生命周期法、企业系统规划法、战略数据规划法、原型法、面向对象的分析及设计方法等,其中最常用且有效的方法是结构化生命周期法和原型法,以下主要介绍这两种常用的开发方法。

3.3.1　结构化生命周期法

结构化生命周期法是20世纪60年代一些西方工业发达国家吸取了以前系统开发的经验教训逐步发展起来的一种方法。其基本思想是:用系统的思想和系统工程的方法,按用户至上的原则,结构化、模块化地自上而下对生命周期进行分析与设计。该方法要求信息系统的开发工作从开始到结束划分为若干阶段,预先规定好每个阶段的任务,再按一定的准则来按部就班地完成。

3.3.1.1　结构化生命周期法的特点

(1)预先明确用户要求,根据需求来设计系统。信息系统是直接为用户服务的,在系统开发的全过程中,要以用户需求为系统设计的出发点,而不是以设计人员的主观设想为依据,正因为如此,结构化方法十分强调用户需求调查,并要求在未明确用户需求之前,不得进行下一阶段的工作,以保证工作质量和以后各阶段开发的正确性。需求的预先严格定义成为结构化方法的主要特征,这是结构化方法的优点,它使系统开发减少了盲目性。

(2)自上而下来设计或规划信息系统。从信息系统的总体效益出发,从全局的观点来设计或规划系统,保证系统内数据和信息的完整性、一致性;注意系统内局部或子系统间的有机联系和信息交流;防止系统内部数据的重复存储和处理,只有自上而下的统一设计和规划,才能保证系统运行的有效性。

(3)严格按阶段进行。对生命周期的各个阶段严格划分,每个阶段有其明确的任务和目标,而各阶段又可被分为若干工作和步骤。这种有序的安排不仅条理清楚、便于计划管理和控制,而且后面阶段的工作又是以前面阶段工作成果为依据,基础扎实,不易返工。

(4)工作文档标准化和规范化。文档是阶段工作的成果,也是本阶段或下阶段工作的依据,为了保证对通信内容的正确理解,要求文档采用标准化、规范化、确定的格式和术语以及图形、图表,使系统开发人员及用户有共同的语言。

(5)运用系统的分解和综合技术,使复杂的系统简单化。自上而下将系统划分为相互联系又相对独立的子系统直至模块,是结构化常用的方法,其目的是使对象简单化,便于设计和实施。已实施的子系统又可以综合成完整的系统,以体现系统的总体功能。

(6)强调阶段成果的审定和检验。由于生命周期阶段划分的出发点是尽量使任务单一化,以明确和减少错误的传播,因此要加强阶段成果的审定和检验,以便减少系统开发工作中的隐患。只有得到用户、管理人员和专家认可的阶段成果才能作为下一阶段工作的依据。

结构化生命周期法是一种应用较普遍、在技术上较成熟的方法,在这一领域内已经积累了不少经验。

3.3.1.2　生命周期各阶段的划分

结构化生命周期法基本思想是将系统开发看作工程项目,有计划、有步骤地进行工作,它认为虽然各种业务信息系统处理的具体内容不同,但是对于所有系统开发过程都可以划分为五个主要阶段,如图3-1所示。

各阶段的主要工作简介:

(1)系统规划阶段。主要任务是明确系统开发的请求,并进行初步调查,通过可行性

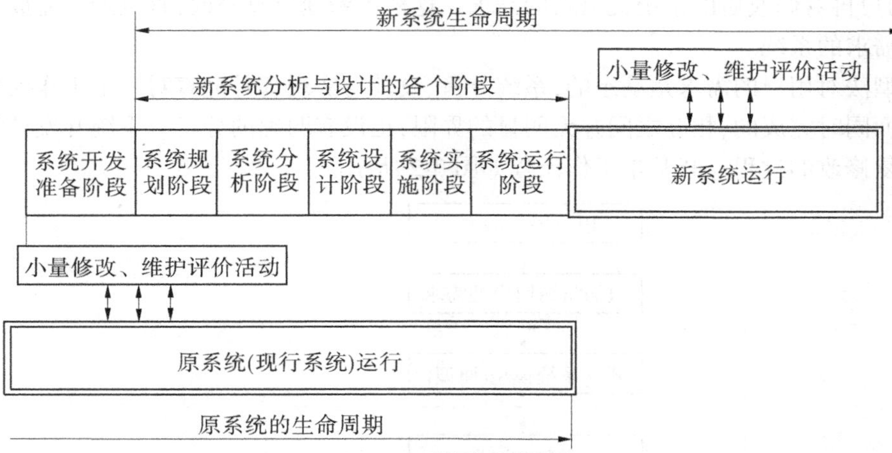

图 3-1　系统的生命周期

研究确定下一阶段的实施。系统规划方法有战略目标集转化法(SST,strategy set transformation)、关键成功因素法(CSF,critical success factors)和企业规划法(BSP ,business system planning)。

(2)系统分析阶段。主要任务是对组织结构与功能进行分析,厘清企业业务流程和数据流程的处理,并且将企业业务流程与数据流程抽象化,通过对功能数据的分析,提出新系统的逻辑方案。

(3)系统设计阶段。主要任务是确定系统的总体设计方案,划分子系统功能,确定共享数据的组织,然后进行详细设计,如处理模块的设计、数据库系统的设计、输入输出界面的设计和编码的设计等。该阶段的成果为下一阶段的实施提供了编程指导书。

(4)系统实施阶段。主要任务是讨论确定设计方案、对系统模块进行调试、进行系统运行所需数据的准备、对相关人员进行培训等。

(5)系统运行阶段。主要任务是进行系统的日常运行管理,评价系统的运行效率,对运行费用和效果进行监理审计,如出现问题则对系统进行修改、调整。

这五个阶段共同构成了系统开发的生命周期。结构化生命周期开发方法严格区分了开发阶段,非常重视文档工作,对于开发过程中出现的问题可以得到及时纠正,避免出现混乱状态。但是,该方法不可避免地出现开发周期过长、系统预算超支的情况,而且在开发过程中用户的需求一旦发生变化,系统将很难做出调整。

3. 3. 2　原型法

3. 3. 2. 1　原型法工作流程

随着计算机软件技术革命的发展,20 世纪 80 年代初产生了一种与结构化生命周期法完全不同的信息系统开发方法——原型法。原型法是针对生命周期法而发展出来的一种快速、廉价的开发方法。它不要求用户提出完整的需求以后再进行设计和编程,而是先按用户最基本的需求,迅速而廉价地开发出一个试验型的小型系统称作“原型”。然后向用户演示原型,通过用户的使用启发出用户的进一步需求,并根据用户的意见对原型进行修改,用户再对修改后的系统提出新的需求。这样不断地反复修改,直至最后完成一个满足用户需求的系统。

原型法对用户的需求是动态的,系统分析、设计与实现都是随着对一个工作模型的不断修改而同时完成的,相互之间并无明显的界限,也没有明确的分工。系统开发计划就是一个反复修改的过程。其基本工作流程如图 3-2 所示。

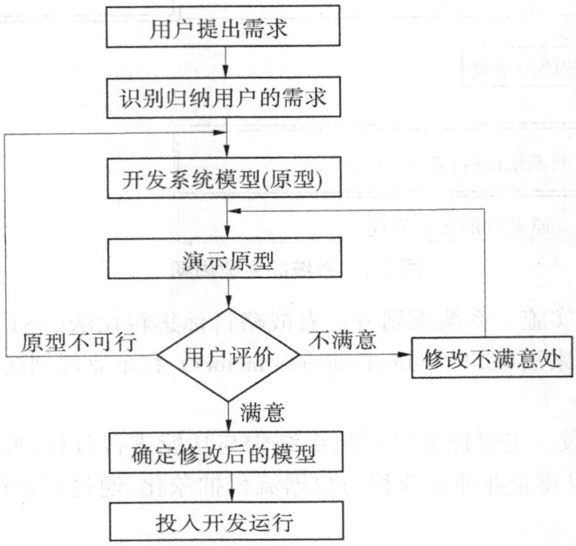

图 3-2　原型法基本工作流程

从图 3-2 可以看出,原型法在建立新系统时可以划分为四个阶段。

(1)确定用户的基本要求。此阶段主要任务是用户向开发人员提出对新系统的基本要求,如新系统的功能、界面要求等。

(2)开发新系统的原型。开发人员根据用户的要求迅速开发出新系统的原型,交由用户试用。

(3)征求用户对原型的意见。此阶段至关重要,通过用户与开发者的交流尽量使用户的要求达到最大满足。若用户对新系统原型完全不能接受,则应回到第(2)阶段。

(4)修改系统原型。开发人员根据用户对新系统模型提出的修改意见对原型进行修改、完善,再回到第(3)阶段,反复征求意见,反复修改,直到用户满意。

3.3.2.2　原型的特征

软件原型是软件的最初版本,是以最少的费用、最短的时间开发出来的,以反映最后软件的主要特征的系统。它具有以下特征:

(1)它是一个可实际运行的系统。

(2)它没有固定的生存期。一种极端是扔掉原型(以最简便的方式大量借用已有软件,做出最后产品的模型,证实产品设想是成功的,但产品中并不使用);另一种极端是最终产品的一部分即增量原型(先做出最终产品的核心部分,逐步增加补充模块),演进原型居于其中(每一版本扔掉一点,增加一点,逐步完善至最终产品)。

(3)从需求分析到最终产品都可做原型,即可为不同目标做原型。

(4)它必须快速、廉价。

(5)它是迭代过程的集成部分,即每次经用户评价后修改、运行,不断重复双方认可。

3.3.2.3　构造原型的原则

(1)集成原则。尽可能利用现成软件和模型来构造原始模型。随着软件产品的商品化,这种积木式地产生原始模型的方法是完全可行的,而且会大大减少开发费用,缩短开发周期。

(2)最小系统原则。按照最小系统原则构造一个规模较小,基本能反映用户需求的原型,经过用户评价和迭代修改后再补充、完善系统的其余部分。按照最小系统的原则构造原始模型,并不要求面面俱到,而是要求能反映用户要求的主要特征。

3.3.2.4　原型法的优点

作为一种信息系统开发的方法,原型法从原理到流程都十分简单,并无任何高深的过程。但正是这样一种简单的方法,却备受推崇,最近两年无论从方法论的角度,还是从实际应用的角度对原型法的讨论都异常热烈,在实际应用中也获得了巨大成功。特别对那些原信息处理流程是半结构化,即工作过程没有固定的程序,用户很难直接用语言表达问题,原型法有着传统方法无法比拟的优越性。原型法具有如下优点:

(1)原型法在得到良好的需求定义上比传统生存周期法好得多,它可处理模糊需求,开发者和用户可充分通信。

(2)原型系统可作为培训环境,有利于用户培训和开发同步,开发过程也是学习过程,可以缩短用户熟悉和掌握系统使用的时间。

(3)原型给用户机会以更改心中原先设想的、不尽合理的最终系统。

(4)原型可低风险开发柔性较大的计算机系统。

(5)原型使总的开发费用降低,时间缩短。

3.3.2.5　原型法的缺点

(1)文档不系统,难以维护升级。对于大系统、复杂系统,直接用原型法很难适用。

(2)开发过程管理困难。原型法整个开发过程要经过修改、评审、再修改,多次反复,要花费大量人力、物力。如果开发者与用户合作不好,盲目地进行纠错、改错,会导致系统开发进程拖延下去。

(3)用户很早看到原型,可能错认为就是新系统,使用户缺乏耐心。

(4)开发人员很容易潜意识地用原型取代系统分析。

3.3.2.6　原型法的适用范围

1. 原型法适用场合

(1)适用于需求不确定和解决方案不明确的系统的开发。如决策支持系统完整的用户需求和解决方案可以通过原型与用户反复交互来导出。

(2)适用于开发信息系统中的最终用户界面。用户事先可能说不清系统界面的具体要求,或者虽然说明了要求,开发者却把握不准的时候,原型法特别有效。

(3)规模较小,数据不一定要求集中处理,可以相对分散处理的系统。

2. 原型法不适用场合

(1)对于一个大型的系统,如果不经过系统分析来进行整体性划分,想要直接用屏幕一个一个地模拟是很困难的。

(2)对于大量运算、逻辑性较强的程序模块,原型法很难构造出模型来供人评价,因为这类问题没有那么多的交互方式,也不是三言两语就能够把问题说清楚的。

(3)对于原基础管理不善、信息处理混乱的情况,使用时有一定的困难,主要表现在:

①由于对象工作过程不清,构造模型有一定的困难。

②受用户的工作水平和他们长期所处的混乱环境影响,设计者容易走上机械地模拟原手工系统的轨道。

3.3.3　原型法与结构化生命周期法的结合

原型法和结构化生命周期法各有千秋,在管理信息系统开发过程中可以将它们结合起来使用,以便扬长避短。一方面,在用结构化生命周期法开发系统时,可将原型法单独用于某个或某几个工作阶段中,例如在总体规划阶段中,可作为可行性分析的辅助手段。管理信息系统中,用户界面的质量直接关系到最终系统的整体质量,因此对其中的关键模块的界面可通过原型化进行试用、分析和改进,以取得用户的认可和满意。另一方面,在用原型法开发系统时,均可利用生命周期法中各项成熟的技术和工具,例如数据流图、数据字典和系统流程图等。

原型法的假设比结构化生命周期法能提供更开明的策略,对于较难预先定义的问题,可以把原型的开发过程作为结构化生命周期方法的一个阶段,这样,原型法与结构化生命周期法结合,可能会产生新的面貌。这两种方法的结合方式如图3-3所示。

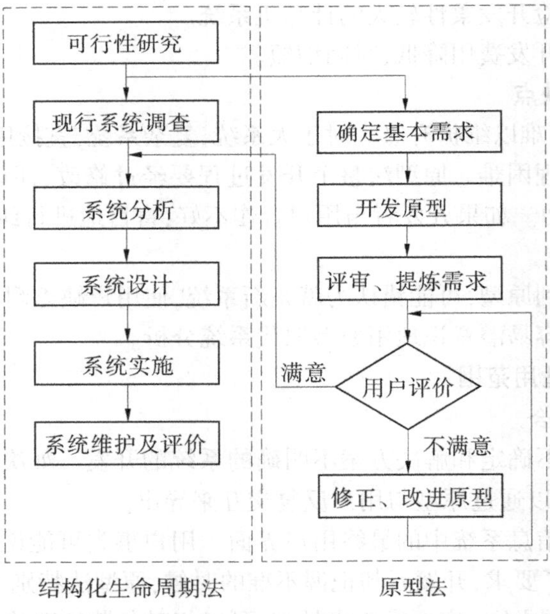

图3-3　原型法与结构化生命周期法的结合

3.4 信息系统开发方式和系统模式

3.4.1 开发方式的选择

信息系统有多种开发方式,目前采用比较多的共有四种,即委托开发方式、自主开发方式、联合开发方式和购买软件包。这四种开发方式对移民管理部门所具备的条件以及费用等要求是不一样的,因此移民管理部门要根据自身情况选择信息系统的开发方式。

3.4.1.1 委托开发

委托开发是指聘请开发团队为移民管理部门建设信息化项目,但是在开发过程中,需要移民管理部门的业务骨干参与系统的调研、分析、论证工作。需要注意的是,由于是外部团队负责开发,因此在开发过程中移民管理部门需要不断地与之交流和沟通,消除双方对移民管理项目需求认识的偏差,并及时检查开发过程是否按照移民管理部门的要求进行。

委托开发更深一步就是外包。委托开发多是进行一次性的项目开发,而外包则有可能是一个长期的项目合同,因为外包甚至需要开发者来负责信息系统的日常管理和维护。委托开发主要面向开发力量较弱、资金较充裕的移民管理部门。此种方式的优点是节省时间和人力资源,开发出的系统具有较高的技术水平,但却存在费用高、需要开发者长期技术支持的缺点。

3.4.1.2 自主开发

如果移民管理部门拥有很强的信息技术专业人才,则可以选择自主开发的方式来建设信息系统。由于是移民管理部门自己的人员来开发,所以可以节省大量的开发费用。同时,如果移民管理部门自己的人员熟悉项目的工作流程,对本部门的真正需求把握得好,就能够开发出满意度较高的信息系统。由于自主开发的人员可能是从本单位各部门抽调出来的,并非一定是专业开发人员,所以可能会造成信息系统不够优化、专业技术水平低等缺陷。同时,由于开发人员分属不同部门,系统开发成功之后,人员仍回原部门,可能会造成系统维护上的困难。一般来说,自主开发可以聘请专业人士或公司作为顾问。

3.4.1.3 联合开发

如果移民管理部门自主开发有困难,但是又有一定的信息技术人员,此时可以采取联合开发的方式。这种方式也是聘请专业开发人员,但是在开发过程中本单位的信息技术人员也参与其中。联合开发方式明显的优点是可以锻炼本单位的信息技术人员,有利于后期的系统维护工作,同时也可以节约一部分资金。缺点是外聘的专业技术人员和本单位的信息人员有可能产生互相推诿扯皮的现象或沟通不畅的情况,作为单位的高层管理者,一定要及时杜绝这种现象的产生。

3.4.1.4 购买软件包

当前,许多专业的信息系统公司已经面向某些业务开发出大量功能强大的信息系统软件。移民机构可以根据自己的需要和实际情况进行购买。这样做的优点是可以在短时间内就获得自己需要的系统,而且能节省大量的开发费用,所购买的系统专业化程度也很高。缺点是系统的专用性比较差,需要根据自身的情况进行二次开发。如改善软件功能、设计接口等。

采取不同的开发方式,对移民机构人员、资金等会提出不同的要求。移民机构在选择信息系统开发方式时,要充分考虑各种方式的优缺点,立足本单位的实际情况进行选择。

3.4.2　信息系统模式的选择

近年来,随着计算机技术和网络技术的迅猛发展,信息系统的开发模式也处于不断的发展变化之中。一些旧的开发模式渐渐被淘汰,同时产生了一些更适合目前技术水平的新模式。

3.4.2.1　C/S 模式

1. C/S 模式的结构

这种结构由两部分组成,即客户机和服务器,它们一般分别由普通微型计算机和功能更强大的计算机担任。当信息系统的用户向系统提出请求时,如果客户机可以满足请求就直接将结果反馈给用户。否则,就将用户的请求提交给服务器来处理。服务器在后台对用户的请求进行处理,然后把结果返回给客户机,客户机再将其显示给用户。

C/S 模式的好处是许多重要的资源都存储在服务器上,可以保证数据的完整性和一致性,并且此模式可以保证均衡地处理企业事务。图 3-4 是 C/S 模式的结构。

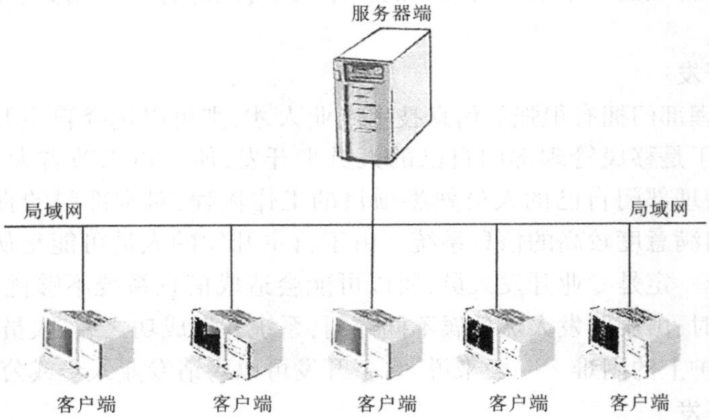

图 3-4　C/S 模式的结构

2. C/S 模式的不足

C/S 模式是 20 世纪 80 年代逐步发展起来的,但是随着技术的发展以及企业对信息系统的"总体拥有成本"提出要求,该模式表现出了一些不足,主要表现在以下几点:

(1)开发和维护成本高。随着 C/S 软件的不断升级,也对硬件不断提出要求,造成开发成本高的后果。同时,由于每个客户机都需要安装相应的应用程序,在系统升级或维护时,每个客户机都要更新,日常工作比较烦琐。

(2)兼容性差。C/S 模式由于可以使用不同的工具开发系统,所以兼容性能比较差,用一种工具开发的系统不能移植到其他平台上运行。

(3)较难推广。每台客户机可能装有不同的子系统软件,用户使用起来会觉得界面风格、操作方法不一样,因此不利于推广。

3.4.2.2 B/S 模式

B/S 模式以 WEB 技术为基础,随着 Internet 的发展,这种模式越来越多地被应用于大型的信息系统中。

1. B/S 模式的结构

B/S 模式由浏览器、Web 服务器、数据库服务器三部分组成。这种结构的核心是 Web 服务器,它的工作主要是接受远程或本地的查询请求,然后到数据库服务器去获取相关的数据,并将结果以 HTML 以及各种页面描述语言的形式传送给用户。用户使用一个浏览器来提交请求和获得结果,而不再需要各种各样的应用软件。B/S 模式的结构如图 3-5 所示。

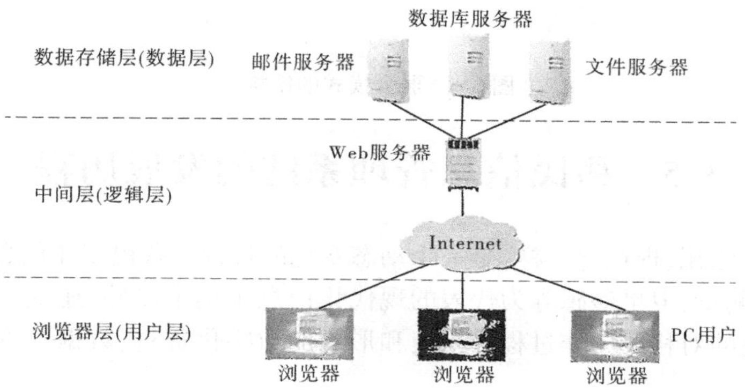

图 3-5 B/S 模式的结构

2. B/S 模式的优点

(1)对客户端要求低。客户端只需要安装浏览器,用户只要会使用浏览器软件就可以上网操作,对用户的培训非常简单。

(2)维护费用低。由于客户端只是一个浏览器,所以对系统的开发、维护、升级基本上是在服务器端运行,可以大大减少开发和维护的工作量。

(3)方便地接入 Internet。由于 B/S 模式可以直接接入 Internet,不但系统的扩展性好,而且可以共享网络上的丰富资源。

3.4.2.3 混合模式

所谓混合模式,就是把 C/S 模式和 B/S 模式结合起来。对于面向大量用户的系统模块采用 B/S 模式,而对于要处理较大数据量、安全性要求较高或者交互性强的功能模块则采用 C/S 模式。混合模式的结构如图 3-6 所示。混合模式的好处是可以充分发挥 C/S 模式和 B/S 模式的优点。

不论是 C/S 模式、B/S 模式,还是混合模式,都有自身的优势和不足。C/S 模式可以提供系统较高的安全性,保证数据的完整性和一致性,适合于建设处理数据量大、数据查询灵活的系统。而 B/S 模式适合于建设面向大量网络用户的系统。

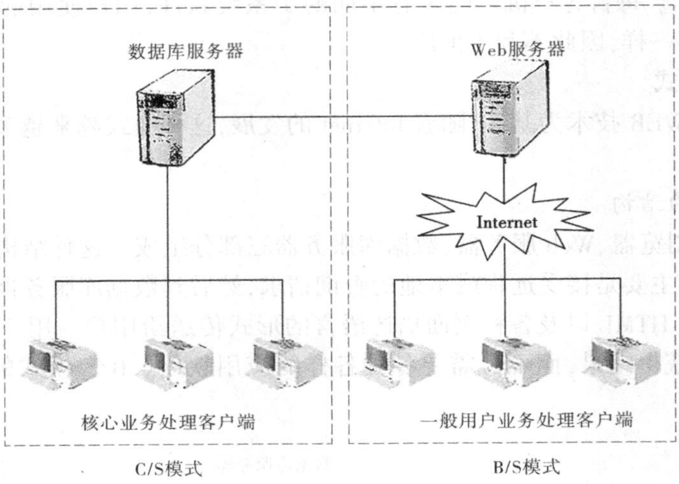

图 3-6　混合模式的结构

3.5　移民信息管理系统的发展历程

信息化与工业化、现代化一样，是一个动态变化的过程。移民工作信息化除包括以全站仪、航空摄影测量、卫星遥感等为代表的现代化信息采集手段外，还主要体现在以管理信息系统为特色的对移民工作过程中采集和形成的数字化资料、数据等进行管理和利用的过程。

信息技术从 20 世纪 80 年代初期开始在水库移民领域应用，21 世纪以后，进入蓬勃发展阶段，无论是主体设计单位、咨询机构、科研机构，还是省级移民管理机构、项目法人等都开展了大量的探索和实践，相继开发和应用了一些系统，有效地推动了我国移民工作信息化的发展。

回顾我国移民工作信息化的发展历史，一方面，随着测绘技术的发展，数据采集手段逐渐进步，从最初的皮尺测量、人工测算到应用全站仪、求积仪等自动化测算仪器进行制图和计算，最后实现通过卫星遥感影像解译来进行实物指标的判读和统计；另一方面，随着信息技术的飞速发展和全面应用，作为移民工作信息化标志的管理信息系统建设也经历了从无到有、从单项功能向功能多样、结构复杂和综合性管理发展的过程。

3.5.1　单一功能移民信息系统

从 20 世纪 90 年代开始，一些单位开始探索、尝试利用信息化手段建立具备单项功能的移民信息系统。

水电工程水库淹没处理补偿投资概估算数据库系统由水电水利规划设计总院和华东勘测设计研究院（现中国电建集团华东勘测设计研究院有限公司）于 1999 年共同开发。该系统根据当时的概（估）算规范进行开发，包含系统管理、补偿实物指标录入、概（估）算统计、汇总打印等四大模块，并预留了具体的项目扩展接口。

SX 电力枢纽工程移民管理数据库系统由华东勘测设计研究院有限公司于 2003 年开发,2004 年起应用于浙江省 SX 电力枢纽工程的移民实施管理工作中。该系统包含实物指标管理、安置管理、资金和专项管理、查询统计、汇总打印等五部分内容,并具有模块级的软件扩充接口。

SX 工程移民管理信息系统由重庆市移民局于 2006 年组织开发,以建立 SX 工程移民人口基础资料数据库,实现移民数据动态管理。系统侧重于移民后扶管理,主要通过基础资料录入、移民身份管理、移民培训管理、农村移民后期扶持与城镇移民扶助管理、移民外迁管理等实现了移民基础资料的管理和共享,各基层单位(到区县一级)可以通过互联网以 VPN 方式登录数据库。

农村移民安置管理系统由长江水利委员会长江工程监理咨询有限公司于 2006 年开发,系统从地方基层移民管理机构进行农村移民安置管理的需求出发,侧重于农村移民安置实施信息管理、安置补偿资金计算和明细查询、统计汇总等,主要模块包括数据编辑、进度控制、销号台账、明细查询、分类汇总等。

3.5.2　结合 GIS 技术的移民信息系统

21 世纪以来,国内地理信息系统(GIS)技术蓬勃发展,一些单位顺应发展,将 GIS 技术与移民规划设计相结合进行了一些有益探索。

LT 水电站 GIS 应用系统由中南勘测设计研究院有限公司于 2006 年开发,用户对象为主体设计单位和项目法人,目的是为移民规划设计提供辅助手段。该系统采用 ArcGIS 系统平台进行二次开发,设计的功能模块包括生成水库淹没范围、水位查询、断面分析、居民新址分析、土地等级评价、区域面积统计、指标统计、土石方开挖量计算等。采用的方法主要是根据高分辨率卫星遥感影像(QuickBird 数据)进行解译,制作数字化地形图,并在此基础上进行分析、决策和管理。

水库移民规划管理信息系统由中国长江三峡集团有限公司委托长江勘测规划设计研究有限公司于 2007—2009 年开发。该系统基于 ArcGIS 平台二次开发,移民实物指标数据库采用关系数据库 SQL Server 管理。主要目的是管理移民实物指标调查数据、辅助移民规划应用分析。系统功能主要包括四个方面:移民实物指标数据库管理、基础地理数据管理、移民辅助规划应用分析、三维浏览分析。该系统在金沙江流域 WDD 水电站移民实物指标调查和规划设计中得到了一定应用。

水电工程征地移民实物指标管理信息系统由华东勘测设计研究院有限公司于 2008 年开发,目的是为金沙江流域 BHT 水电站工程征地移民与环境评价及后续的移民管理提供全面数据支持。该系统数据库采用 Oracle,基于 ArcGIS 二次开发实现,包含征地移民与环境管理、征地移民与环境辅助设计、征地移民实物指标采集等子系统,在 BHT 水电站移民实物指标调查工作中得到了一定应用。

3.5.3　综合性移民信息系统

随着信息技术的快速发展和移民行业对信息化认识程度的不断提高,一些单位开始建设并推广应用综合性的移民信息系统平台。

水电工程建设征地移民管理信息系统(HPRMS)由中国长江三峡集团有限公司于2008—2018年分期开发,系统构架采用B/S体系,数据库采用Oracle,使用了面向对象软件工程技术。系统功能主要包括实物指标管理、规划成果管理、计划进度管理、安置实施管理、资金管理、独立评估、自助查询等。2011年10月以来,该系统在金沙江流域XJB、XLD、WDD、BHT水电站和巴基斯坦KLT、几内亚SAPD等大型水电站实现了应用,在国内南水北调、滇中引水等水利工程也得到了一定应用。

水库移民信息平台(SKYM Platform)由水电水利规划设计总院和华东勘测设计研究院共同研发,于2014—2016年开发完成第1版,并于2017年完成了第2版的迭代更新。该平台面向各类用户的诸多业务流程,支持PB级海量大数据处理技术,开放标准化数据交互。涵盖工作流管理、任务分配管理、用户关系管理,支持用户基于角色访问关键应用、数据和分析工具,目前已在YFG水电站、KL水电站、QJ抽水蓄能电站和市政水利工程LJ扩排挡潮工程中应用。

国内移民工作信息化经过近十年的建设和应用,有了长足的发展,积累了丰富的经验。为实现移民管理工作全过程信息化,许多移民工作相关单位从所侧重的移民业务出发,进行了有益的探索和实践,初步实现了信息资源共建共享,为移民工作各方提供了高效通用的移民信息采集、管理、服务和协同工作平台,并在国内外水电工程移民工作中均得到了一定的推广应用。

展望未来,为了适应社会和技术的快速发展和变化,作为传统行业的移民工作还需继续探索与信息技术、互联网等的更好结合,充分应用大数据、云计算等新兴技术,引导移民工作和决策向统一化、数字化和智慧化方向发展。

第 4 章　移民信息管理系统的实施

4.1　信息管理系统规划与分析

4.1.1　信息管理系统战略规划

信息管理系统的战略规划是关于管理信息系统的长远发展计划,是企业战略规划的重要部分。

4.1.1.1　信息管理系统规划的作用和内容

信息管理系统的战略规划是关于管理信息系统的长远发展的计划。信息资源是现代企业的重要资源,信息资源不但与其他资源共同投入企业管理过程,而且比其他资源起着更为重要的作用,它能够制约与影响企业生产的经营成败,关系到企业的生死存亡。所以,信息管理系统规划也是企业战略规划的一个重要部分,同时信息管理系统的建设是一项耗资巨大、历时很长、技术复杂的工程,若不经过系统的规划便草率上马,很可能导致失败和资源的浪费。信息管理系统规划的主要作用如下。

(1)通过信息管理系统规划可以合理分配和利用组织信息资源,节省信息系统的投资。

(2)制定信息系统规划的过程中,可以找出企业存在的问题,进一步识别出企业为实现其战略目标需要改进的问题和必须完成的任务。

(3)通过信息管理系统的规划,更能保证企业信息的一致性,提高企业决策的及时性和正确性。

(4)企业信息管理系统的规划可以明确信息系统开发人员的工作方向和工作进度。企业信息管理系统的战略规划应服从企业的总目标、各职能部门的分目标,还应考虑到企业信息部门的活动与发展。信息管理系统的规划应和企业战略规划保持一致,符合企业战略规划的原则,信息管理系统规划的主要内容如下。

①信息系统的目标、约束与结构。信息系统的目标应符合企业的目标,从企业的总目标到各职能部门的目标,最后落实到信息系统的目标。信息系统目标应由组织最高领导和信息系统规划委员会确定;信息系统的约束包括信息系统实现的环境,它包括组织内部环境和组织外部环境两方面。信息系统规划应明确信息系统的类型和信息系统的基本结构,如包含的一些子系统等。

②企业现行信息系统运行现状和现有资源。包括企业现行的信息系统运行和控制情况、计算机软硬件情况、信息部门人员情况及开发费用的投入情况等。

③企业管理现状。企业管理是否完善,存在哪些不足和需要改进的阻碍企业目标实现的因素,是否需要进行业务流程的重组等。

④对影响规划的信息技术发展的预测。信息技术、计算机软硬件技术的发展是制约信息管理系统实现的重要因素,进行信息系统规划时应根据以上技术的发展趋势选择新的相关的技术、设备,使开发的信息管理系统具有更强的生命力。

4.1.1.2　信息管理系统规划的步骤

信息管理系统的规划应在一个规划领导小组的领导下有计划地进行,规划领导小组最好直接在企业最高层的领导下，由各方面的人员参加：信息系统规划负责人、有关部门的主要负责人、系统分析员等。制定信息管理系统战略规划的具体步骤如下：

(1)确定规划的性质。检查企业的战略规划，确定信息管理系统战略规划的时间和规划方法。

(2)收集相关信息。收集来自企业内部和企业环境中与战略规划有关的信息。

(3)进行战略分析。对信息管理系统的战略目标、开发方法、功能结构、计划活动、信息部门情况、财务状况、所担风险程度和政策等方面进行分析。

(4)定义约束条件。根据财力资源、人力资源、信息设备资源等方面的限制，定义信息管理系统的约束条件和限制。

(5)明确战略目标。根据分析结果与约束条件，确定在规划结束时信息管理系统应具有的能力(包括服务的范围、质量等多方面)。

(6)提出未来的战略图。选择将要开发的信息管理系统方案，勾画出框图，划分子系统等。

(7)选择开发方案。对信息管理系统战略图进行分析，根据资源的限制，确定每个项目的优先权，制定总体开发顺序。

(8)提出实施进度。估计项目成本、人员要求等，并根据每个项目的优先权，制定整个时期的任务、进度表。

(9)通过战略规划。将战略规划书写成文，书写过程要注意不断征求用户和系统工作者的意见，最后提请企业领导批准，并将它合并到企业战略规划中。

4.1.1.3　信息管理系统规划常用方法

进行信息管理系统规划常用的方法有：企业系统规划法(BSP)、关键成功因素法(CSF)和战略目标集转化法(SST)。这几种信息管理系统规划方法中以 BSP 较为常用，现简要介绍 BSP 法的原理和基本步骤。

1. BSP 基本思想

BSP 是一种结构化方法，通过一整套把企业目标转化为信息管理系统战略的过程，帮助企业做出信息管理系统战略规划。BSP 采用自上而下地识别系统目标、识别企业过程、识别数据，划分子系统，然后自下而上地设计系统。BSP 工作原理如图 4-1 所示。

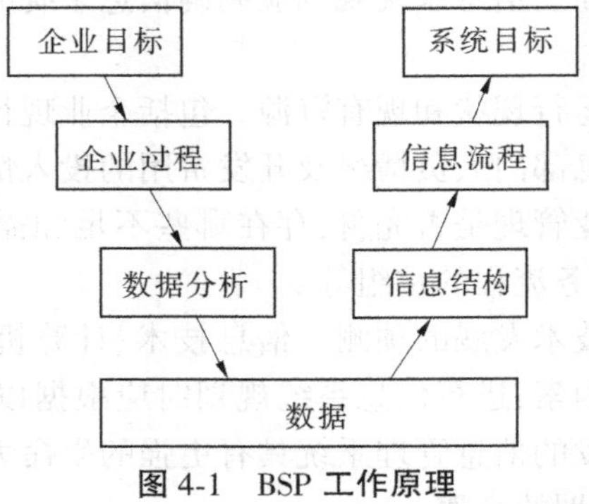

图 4-1　BSP 工作原理

BSP 法能够帮助规划人员根据企业目标制定出信息管理系统战略规划。通过规划可以确定未来信息系统的总体结构、明确系统的子系统组成。同时，BSP 法能组织数据进行统一规划、管理和控制，明确各系统之间的数据交换关系，保证信息的一致性。

2. BSP 法详细步骤

BSP 法可以看成一个将组织的战略转化为信息系统战略的过程。企业目标到系统目标是通过组织/系统、组织/过程以及系统/过程分析得到的，这样可以定义出新的系统以支持企业过程，也就把企业的目标转化为系统的目标，识别企业过程是 BSP 法的重要任务。BSP 法详细步骤如图 4-2 所示。

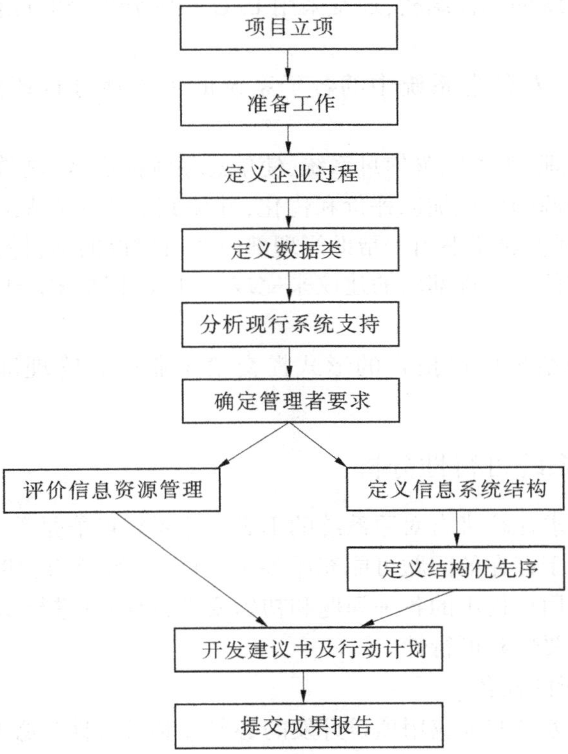

图 4-2　BSP 法详细步骤

项目立项：所研究项目得到组织最高领导的支持，并且立项。

准备工作：人员组织、经费准备、研究计划的制订等工作。

定义企业过程：该过程是 BSP 法的核心，企业过程为逻辑上相关的一组决策和活动的集合，这些决策和活动是企业资源所需要的。定义企业过程一方面依靠组织现有的有关资料，另一方面依赖于分析者与组织管理人员进行交流和讨论。

整个企业的管理活动由许多企业过程所组成。识别企业过程可对企业如何完成其目标有深刻的了解，还是构成信息系统的基础，按照企业过程所建造的信息系统，在企业组织变化时不必改变，或者说信息系统相对独立于组织。

定义数据类:数据类是指支持业务过程所必需的逻辑上相关的数据。对数据进行分类是按业务过程进行的,即分别从各项业务过程的角度将与该业务过程有关的输入数据和输出数据按逻辑相关性整理出来归纳成数据类。

分析现行系统支持:对目前存在的企业过程、数据处理和数据文件进行分析,发现缺陷和冗余部分,对未来的行动提出建议。

确定管理者要求:通过与管理人员的交流,确定系统服务目标、范围,以及管理者对信息的要求等。

定义信息系统结构:通过对企业过程和与之相关的数据类的分析和研究,采用适当的方法确定企业信息系统的总体结构,通常采用 U/C 矩阵分析企业过程和数据类的关系并划分子系统。

定义结构优先序:对信息系统中的各子系统的重要性进行评价,确定开发的优先顺序。

评价信息资源管理:为了完善信息系统,使信息系统能有效、高效率地开发,应对与信息系统相关的信息资源的管理加以评价和优化,并使其适应企业战略的变化。制订开发建议书和开发计划:开发建议书用于帮助管理部门对所建议的项目做出决策,并考虑按项目开发的优先顺序和信息管理部门的建议来完成。开发计划确定开发进程、工作规模和开发所需的资源等。

BSP 分析所得的结果应以报告的形式提交给企业最高管理部门,报告应该完整、规范。

4.1.2　信息管理系统可行性分析

开发新系统的要求往往来自对原系统的不满。原系统可能是手工系统也可能是正在运行的信息系统。由于存在的问题可能充斥各个方面,内容分散,甚至含混不清,这就要求系统分析人员针对用户提出的各种问题和初始要求,对问题进行识别,通过可行性分析来确定开发系统的必要性和可行性。

4.1.2.1　可行性分析的任务

可行性分析的任务是明确应用项目开发的必要性和可行性。必要性来自实现开发任务的迫切性,而可行性则取决于实现应用系统的资源和条件。这项工作需要建立在初步调查的基础上,在项目目标已确定且对系统的基本情况有所了解的情况下,系统分析人员就可以开始对项目进行可行性分析。如果领导或者管理人员对信息系统的需求很不迫切,或者条件尚不具备,就是不可行的。

可行性分析的内容应包括以下几项。

1. 管理可行性

首先,管理的科学化是实现信息系统的先决条件,如组织本身管理混乱、规章制度不健全、原始数据不全等,这些都是信息系统实现的障碍;其次,管理人员尤其是组织主管领导对开发应用项目的态度是实现信息系统的关键。主管领导不支持的项目肯定是不行的,另外由于信息系统的实施可能会触及部分管理人员的利益或给他们的工作提出更高的要求,管理人员必定会产生抵触情绪,此时就有必要等一等,积极做工作,创造条件。

2. 技术可行性

技术上的可行性指在现有技术条件下是否可能实现。如对计算机硬件的要求、对通信功能的要求等。考察技术上的可行性，主要根据现有的技术设备以及准备投入的技术力量和设备，分析系统在技术上实现的可能性。在设备条件方面，主要考虑计算机的存储容量、运算速度等是否能够满足信息系统在数据处理方面的需要。如果信息系统采用网络结构，还应考虑相应的网络软硬件。在技术力量方面，应着重考察开发人员的水平，以及系统投入运行后的维护管理人员的技术水平，如果缺乏足够的技术力量，或者单纯依靠外部力量进行开发，是很难成功的。

3. 经济可行性

经济可行性主要是预估费用支出和对项目的经济效益进行评估。在费用支出方面，应考虑以下几个方面：

(1) 设备费用。购买计算机硬件、软件、机房配套设施等的费用。

(2) 软件开发成本。指开发计算机信息系统软件的成本。常用的软件成本估算法有程序代码行成本估算法和工作量成本估算法两种。

(3) 系统运行维护费用。包括系统运行维护阶段所需要的人员的工资和培训费用，还应包括系统运行维护阶段所需要的材料和消耗品，如电、打印纸等的费用。

(4) 信息系统经济效益评价包括直接经济效益和间接经济效益。直接经济效益是可以用钱衡量的效益，如信息系统的运行之后所节约的开支、资金周转加快等。而间接经济效益是不能拿钱来衡量的，如信息系统提供了更多更高质量的信息、提高了取得信息的速度、提高了决策者的决策时效和正确性等。信息系统经济效益评价如图 4-3 所示。

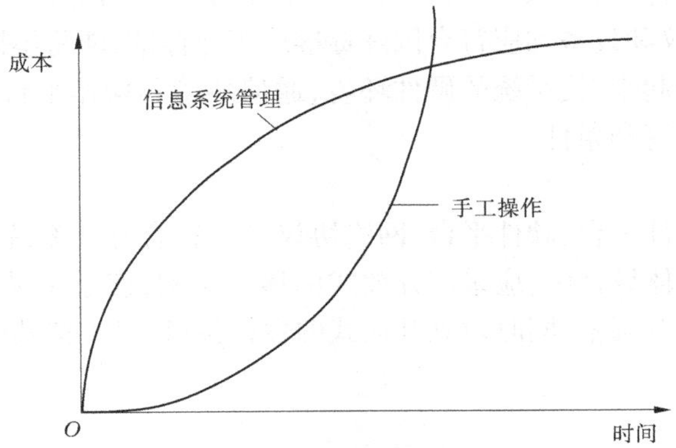

图 4-3　信息系统经济效益评价

总之，需要从以上三个方面来判断项目是否具备开始进行的各种必要条件，这就是可行性分析，经过初步调查，明确各方面因素将可行性分析结果用可行性报告的形式编写出来，形成正式的工作文件。

4.1.2.2　可行性分析报告

对系统可行性分析报告的结论有以下几种形式：

(1) 项目可以进行，可以马上投入开发。

(2) 需要等到某些管理或技术条件成熟后才能进行。

(3)需要增加某些资源才能进行。

(4)项目不可行。

可行性分析报告中除包括可行性分析的结论外,通常还应包括系统的概述、项目的目标和系统方案三方面的内容。系统的概述尽量简明扼要地说明与本项目有关的情况及因素,特别是和信息系统有关的内容。项目的目标是经过分析,并且已经明确的、定量的目标。而系统方案描述新系统概貌、系统配置要求等的方案。

可行性分析是从技术、经济和管理三个方面分析所提出的系统方案是否可行。可行性分析报告是系统开发是否必要和可行的直接依据,故应交信息系统负责人和企业领导审批之后,才能开始详细调查。

4.2　信息管理系统设计

4.2.1　移民信息管理系统设计原则

4.2.1.1　先进性

系统的总体设计应具有先进性和超前性,符合国家最新标准,选用国际领先水平的编程技术,确保开发软件和使用软件能适应计算机应用的发展,具备跨平台性和可移植性。布线、主机和网络系统有优良性能,处理和传输能力应留有充分余量,保证各种设备间的良好互联,确保系统具有较长的生命期。

4.2.1.2　通用性

系统所采用的硬件平台、软件平台、网络协议等均应是国内外厂商都支持的国际标准协议,系统选用的协议和设备均应符合国际标准或工业标准,能将不同应用环境和不同的网络优势有机地结合起来,使系统的硬件环境、通信环境和操作平台之间协调统一,为信息的互通和应用创造有利条件。

4.2.1.3　可扩展性

系统所采用的硬件平台、软件平台、网络协议等应符合开放系统的标准,能够与其他系统实现互联。在总体设计中,应采用开放式的体系结构,使系统易于扩充,使相对独立的子系统易于进行组合调整,同时建立开放式的数据接口,以支持其他厂商的应用软件在工程管理系统中运行。

4.2.1.4　可维护性

整个系统应运行稳定,易于维护,将系统的执行文件和数据文件分离,使系统能检测文件系统的完备性,并提供数据库文件备份和恢复的功能模块。

4.2.1.5　经济性

项目管理信息化建设应综合考虑系统建设的性价比,在避免投入不足的同时应充分考虑利用现有各种软硬件资源,力争用较少的投资完成体系目标,达到较佳的经济效益。

4.2.1.6　安全性

系统应具有十分安全可靠的安全保密体系,能确保数据和文件安全,不被非法读取或更改,能对关键数据提供多重保护。

4.2.1.7　用户友好性

系统的用户界面应做到美观大方,易学、易操作,符合用户日常工作交流的需要,使用户操作轻松愉快,系统提示和帮助信息应准确及时。

4.2.2　信息管理系统总体结构设计

系统开发阶段的第一步是要设计信息系统的总体结构,也就是根据系统分析的结果,结合企业的实际情况,对信息系统进行总体、宏观的设计。这部分涉及信息系统的总体结构和可利用的资源的大致设计,其主要内容有:划分子系统、网络设计、设备配置和计算机处理流程设计。本部分内容技术性比较强,但是作为企业的高层管理人员或者信息化项目的负责人,有必要了解系统开发的整个过程,并在各项工作中起到指导作用。

4.2.2.1　划分子系统

子系统划分就是将移民项目管理信息系统划分为若干个相对独立的子系统,以方便设计、开发和管理。在系统分析阶段进行移民机构组织结构和功能分析、项目业务流程和数据流程分析时,就应提出子系统划分的初步构想。在系统开发阶段,首要的任务就是将原来的构想转换为现实。划分子系统虽已经有一套成型的方法,但这些方法并不总是能被系统开发人员所接受和采用。有时,他们会根据个人的工作经验、习惯、对问题的看法等来重新划分子系统。

划分子系统有一些通用的标准和原则,可以用下面的原则来考察系统设计人员对子系统的划分是否合理:

(1)各子系统之间的关联度是否足够低。人们总是希望各个子系统和模块相对独立,这样就能减少各部分之间的数据调用和控制联系。那些联系紧密的模块要集中在一起,这对于在系统实施阶段进行编程、调试、调用以及将来的维护都能提供方便。各子系统之间的关联度越低,一个子系统中产生的错误对其他子系统的影响就越小。因此,关联度低是评判子系统划分好坏的标准。

(2)各子系统之间的数据传输量要小。也就是尽量减少各子系统之间数据的依赖性,将联系较多的功能或模块列入同一个子系统内。需要对各子系统之间数据传输量的大小提出要求,并安排系统设计人员按照要求划分子系统。

(3)数据冗余是否尽可能地小。数据冗余的大小直接影响到系统的运行效率。在划分子系统时,要将相关联的功能数据划分到同一个子系统中去;否则,各子系统之间就会造成大量的数据冗余,大量的原始数据需要不断被调用,大量的计算工作需要重复进行,而且系统要保存大量中间数据。这样不但给系统开发造成困难,还大大地降低了系统的运行效率。

因此,需要安排系统设计人员计算信息系统的数据冗余度,以判定子系统是否能满足运行效率的要求。如果不能满足要求,则需要责成系统设计人员修改或者重新进行子系统划分。

(4)子系统的划分是否考虑到管理决策的需要。随着现代管理思想不断发展并应用到企业中去,在划分子系统时不但要考虑系统对移民项目一般业务的支持,还要考虑如何能够更好地支持项目的管理和高层决策,需要考察系统设计人员在划分子系统时是否对这一点有足够的关注。

(5)子系统划分是否考虑分期实现的需要。移民机构信息化项目是一个浩大长期的工程,由于资金、人力的限制,或者项目单位希望系统能够边建设、边使用、边完善,就需要考察设计人员对子系统的划分是否考虑到分阶段、分步骤实现的需要。

(6)子系统划分要考虑组织变革的需要。为了适应管理思想的变革和市场竞争的需要,移民机构可能会不断改变自己的组织结构,因此需要考察子系统的划分是否考虑到组织结构不稳定的特点,否则将来组织结构发生变化时,信息系统很可能就不适应组织结构的要求了。

(7)子系统划分是否有利于充分利用移民机构各类资源。对于组织的高层管理人员,需要保持组织在尽量低的成本状态下运行。因此,在建设信息系统时,需要充分利用组织已有的各类资源。因此,要考察系统设计人员划分的子系统是否达到了这个要求,比如是否考虑了组织已存在的各类设备资源在系统开发中如何搭配使用,是否考虑到组织信息资源如何分布和使用,以使信息系统减少对外部资源的依赖。

4.2.2.2 网络设计

网络设计是信息系统总体设计的第二步。对于一般的移民机构来说,所面临的问题往往不是如何设计和开发一个新型网络,而是要根据机构自身资金、需求等具体情况去考虑如何配置和选用适合于本机构的网络产品。开发新型网络,资金、技术投入大,风险高,只有那些实力雄厚的网络开发企业或者国际顶尖的研究机构才能完成。目前,有许多适合于普通企业的成熟网络产品,出于成本和风险的考虑,移民机构要做的就是如何选择网络产品。

移民机构选择网络产品的工作可以从以下几方面展开:

(1)选择网络结构。选择网络结构是移民机构进行网络设计首要的一步工作,需要根据移民机构的实际情况来选择,比如单位的需求、资金状况、地理分布等。选择网络结构需从实际出发,不可贪大求全。

(2)安排网络与设备分布。根据系统划分的结构,给出布置网络和系统设备的大体方针以指导网络设计人员的工作。要考虑哪些地方需要什么样的设备,采用哪些网络产品以及这些网络产品如何将企业的信息设备连接起来和哪些设备需要联网等。这些问题敲定以后,就可以批准预算去采购这些设备了。

(3)联网和布线。选择好网络结构与设备分布之后,接下来的工作就是根据系统分析的成果以及单位各部门分布的地理空间特点来安排工作人员进行网络布线。

(4)企业网络设计的最后一项工作是根据移民机构的业务要求,确定网络各节点的级别、权限,选择适当的网络软件以及确定网络的管理方式等。

一般来说,中小型的移民机构用局域网就可以完全覆盖起来,然后可以通过网关与外部网络联系起来。对于分布于不同地理位置的大型项目法人,如原国务院南水北调工程建设委员会办公室、三峡工程建设委员会,可以分别用局域网在内部相连,然后通过 Internet 或 VPN 专网将分布在不同地理位置的部门连接起来。

4.2.2.3 设备和网络配置

先前的子系统划分和网络设计如果能够满足移民机构的要求,就应该考虑将它们变为现实了。移民机构需要完成以下工作：

(1)选配设备。所选设备包括微型计算机、服务器、外部设备、网络设备等。单位可以参考系统开发人员的建议，他们很清楚信息系统需要什么样的设备，但是单位必须能够判断开发人员选择的设备确实是企业需要的，并且在企业信息化项目的预算范围之内。为企业信息系统选配设备要从企业管理业务需求的角度出发，而且要考虑技术的可能性和设备的可靠性，不能一味追求高性能、高存储容量或者为了追求新产品的时尚而购买最新设备，一切应本着能用、够用并具有一定拓展空间的原则。可以参考系统分析阶段得到的数据，来决定哪些设备对企业是必需的，哪些设备会造成资源的浪费。

(2)选择网络。在网络设计阶段，已经选择了网络结构，策划了网络和设备的分布，制订了联网和布线方案，后续就是选择具体的网络产品、协议、传输介质以及带宽和网络传输范围的时候了。此外，还需要考虑一些其他指标，比如网络的访问规则、通信方式等。这些指标跟网络结构和网络协议是有密切联系的。同时，要根据所选择的网络结构和协议来选择网络配件，这些配件包括接口、网桥、网关、中继器、路由器、集线器等。

为了完成这些工作，需要召集系统开发人员共同商讨，看看他们对选择网络有哪些想法和建议。让专门的人员将大家的建议收集起来，做成一个清单，并经过大家讨论确定最终的选择。

在确定了选择何种网络之后，就要为系统选择软件和硬件设备了。

(3)选择软硬件。当前，计算机以及与之相关的技术飞速发展，更新换代非常快。软硬件产品鱼龙混杂，要想选择适合于本企业信息系统的设备并不是一件容易的事情。一旦选择到不合格产品或者不适用于本企业信息系统的软硬件，不但会造成浪费，还可能对企业的生产经营活动造成损失。选择经验丰富的开发人员负责这项工作可以降低风险。

在设备和网络配置工作中，选配设备、选择网络、选择软硬件等是必须考虑的问题。

4.2.3　输入/处理/输出设计

系统的输入/输出是系统的环境与界面，在管理信息系统中，输入/处理/输出是构成系统的三大要素。原始数据通过输入界面输入系统，进行处理后，将有关信息通过输出界面输出给管理决策人员，因此输入/输出是用户与计算机的通信接口。处理正确、友好方便而精美，输入/输出界面是系统设计的重要一环。

4.2.3.1　输入设计

一个信息管理系统输出信息的正确性和有效性在很大程度上取决于输入信息的正确性与及时性。如何及时、有效、正确、快速地输入信息是关系到设计信息管理系统成败的重要一环。输入的作用是提供原始数据（例如手工凭证、报表等，包括数据项目、精度、范围和数据项间的关系）、系统运行状态等信息。

输入设计包括输入数据的内容（包括数据项名、数据类型、精度或位数）、输入方式、记录格式、正确性校验、确定输入设备和介质等。

1. 输入方式设计

输入方式设计首先要确保输入数据的正确性，方法简单、有效、迅速、易于校正和改错。设计输入方式时，要考虑数据收集的方式，尽量利用已有的设备和资源，避免大量数据重复从键盘输入。

数据输入方式有联机输入方式和脱机输入方式。联机输入方式适合于随机发生并需要立即处理的数据,有键盘输入,数/模、模/数输入(如条码输入、扫描仪输入、传感器输入),网络数据传送、语音输入、光笔输入等。脱机输入方式适合于不需要立即必须处理的数据,有磁/光盘输入。

2. 记录格式设计

记录格式是人机之间的衔接方式,数据的人工记录格式与计算机录入格式是输入设计的主要内容之一。格式设计得好,则容易控制工作流程,使数据冗余减少,增加数据输入的正确性,并且容易进行数据校验。

1) 输入格式设计的原则

(1) 保证数据的精度。

(2) 尽量减少手工的填写量。

(3) 原始单据格式的设计要清晰明了,便于录入,尽量与系统录入界面相一致,使输入时容易对应。同时,在计算机中用代码保存输入项尽量用真实数据和其对应代码同时表示,以便输入时可直接观察代码输入,不必经录入员通过大脑将数据转化成代码后再进行输入。例如,记账凭证的会计科目栏中有"001 现金",这样在输入时只要键入"001"并在屏幕上显示"现金"就行了。若在记账凭证的会计科目栏中只有"现金",则要录入员将"现金"翻译成"001"再输入,显然很不方便,虽然可通过列表或用首音字母进行选用,但都没有第一种方法好。因此,在很多报名表设计时,都考虑了这个问题。每一单据要有单据号,在计算机文件中要有记录,以便今后与原始单据核对。输入凭证上要标明传票传送的路径、录入员和凭证保存的单位或负责人。

2) 常用的记录格式设计技术

(1) 使用块。用块的方式把一部分框起来,使之引人注目。

(2) 使用阴影。对于不需要编码员完成的部分使用阴影表示,并注上说明。

(3) 使用选择框。对取值固定的数据项,以选择项的形式填入。

(4) 使用颜色。用颜色区分不同的数据。

(5) 设立数据域。对于数据,应留出足够的宽度以容纳可能出现的最大数。

(6) 划分。注明装订线。

(7) 说明。对关键部分加入适当的说明。

3. 正确性校验

常见的数据输入错误有数据内容、数据多余或不足、数据的延误。为了保证输入数据的正确性,必须从数据收集开始,经整理到录入计算机为止的整个过程对数据进行严格的检查。

数据校验方法有以下几种:

(1) 重复校验。也称为程序校验。数据重复,由计算机对它们进行比较。

(2) 视觉校验。也称人工校验。数据输入后由打印机打印出来,由人工校验。

(3) 分批汇总校验。也称为合计数校验。常用于财务报表或统计报表,添加一列小计字段,若计算机计算的小计值与原始报表中的小计值一致,则认为输入正确。

(4)控制总数校验。先由人工计算数据的总值,在输入过程中由计算机计算累计值,然后将两者进行比较校验。

(5)数据类型校验。校验是数值型数据还是字符型数据。

(6)格式校验。校验数据项的位数和位置是否符合预先规定。例如,姓名字段宽度为7列,姓名最多为3个汉字,而最后一列必为空。

(7)逻辑校验。根据数据的逻辑进行校验,例如,月份不超过12月,时间不超过24时。

(8)界限校验。校验数据是否在规定范围内。如铅笔单价1~5元,超出范围为错。

(9)记录计数校验。校验记录个数与预定是否一致。

(10)平衡校验。检查相反项目是否平衡。如会计中的借、贷是否平衡。

此外,还有匹配校验、代码自身校验等。特别要指出的是:必须制订严格的校验制度,并且认真严格地执行。

4. 输入设备与介质设计

输入设备的选择应考虑到数据的来源环境、校正及改错的难易程度、所要求的数据输入的精度等。输入设备一般有软盘、键盘和光阅读器等。

4.2.3.2 输出设计

与输入一样,输出是管理信息系统必不可少的组成部分。能否为用户提供准确、及时、适用的信息,是评价管理信息系统优劣的标准之一。任何一个管理信息系统都必须通过输出才能为用户服务。从系统的角度来说,输入和输出是相对的,各级子系统的输出就是下一级系统的输入。根据输出的目的,输出可分为中间输出和最终输出两类,中间输出是指子系统对主系统或另一个子系统之间的数据传送,最终输出即输出报表或图。

1. 输出设计的内容

(1)输出信息名称及功能。

(2)输出的内容。

(3)输出周期。多长时间输出一次。

(4)输出期限。每次输出的限期。

(5)输出的方式。批输出或实时输出。

(6)输出的媒体。打印纸或显示画面。

(7)保密的要求。

(8)输出数据项的名称、位数(精度)。

2. 输出格式设计

(1)输出格式就是输出信息在输出媒体上的表现形式。

(2)输出格式必须符合国家或上级定的标准化要求。

(3)必须尽可能满足用户对输出格式的要求。

(4)必须注意使用方便、格式清晰美观。

(5)满足系统发展和项目增减的需要。

3. 输出设备

输出设备的选择应考虑到数据输出量与频度。常用的输出设备有打印机、显示器、绘图仪等，根据系统需要、现有设备和资金而定。

4.2.4 编写系统设计报告

系统设计的各种工作要以系统设计报告的形式表达出来。系统设计报告是系统设计阶段的最终成果，它提出的新系统的物理模型，是下一步进行系统实施的基础。系统设计报告主要由以下几部分构成。

4.2.4.1 前言

前言是对系统相关方面的内容所做的一些概括性说明。主要包括以下几项：

(1)系统摘要。主要内容包括项目名称、系统需要达到的功能、系统目标等。

(2)系统建设背景。系统开发方的情况，比如开发经验、技术水平等；系统投资方、使用方的情况，比如企业的经营状况等。

(3)系统开发和运行环境。比如企业的软硬件资源、系统的运行环境、开发工具的资料、所用网络协议等。

(4)术语说明。

(5)参考资料。

4.2.4.2 系统总体结构设计

系统总体结构设计是为将要实施的系统设计一个蓝图，这部分需要把以下内容描述清楚：

(1)划分子系统。要列出划分子系统的方案，并说明为什么要采取这种方案。

(2)网络设计。说明系统需要的网络类型、协议等。

(3)设备和网络配置。选择企业信息系统需要的软硬件设备和网络设备，并把它们配置起来。

(4)计算机处理流程图。将计算机处理流程图作为系统总体结构设计的一部分，并附于系统设计报告之后。

4.2.4.3 系统详细设计方案

系统详细设计方案主要有以下内容：

(1)信息系统代码设计。包括代码设计的原则、系统所选用的代码、代码选择的依据、代码校验的方法等。

(2)系统输入、输出设计。包括输入内容设计、输入方式选择及依据、输入格式设计、数据校验的方法、输出设计的格式等。

(3)数据库设计。包括数据库设计的目标、设计数据库的概念模型、数据库的功能和性能指标、物理结构设计等。

4.2.4.4 系统实施计划

(1)说明。主要内容有系统的名称、各子系统名称、程序的命名规则、所使用的开发工具及需要的设备等。

(2)详细实施计划。包括分解任务和工作、系统开发进度、成本、预算等。

系统设计报告是企业信息系统实施的最重要依据。因此，与系统实施有关的各方面内容都要在此报告中描述清楚。

4.3　信息管理系统实施

4.3.1　信息管理系统实施概述

开发一个信息管理系统，最后一个阶段是系统实施阶段。前两个阶段，开发人员为系统设计了系统的逻辑模型与物理模型，这两个阶段是极为重要的，它们确定了系统的目标、系统的基本功能以及提出了计算机上实现的设计方案，包括系统功能由哪些模块来实现，系统的输入、输出及文件设计，最后提出每个模块的设计任务书。它可以指导程序员如何来编写程序。但到目前为止，系统还未进入实施阶段，甚至连一条计算机程序也未编写。

系统实施中应做好的工作如下：

(1)购买与安装计算机硬、软件及其附属设备。

(2)机房的建造。

(3)编写程序与调试程序。

(4)系统调试。

(5)数据的准备与录入。

(6)系统转换与交付使用。

(7)系统维护。

(8)人员培训。

(9)文件资料的整理与存档。

(10)系统评价。

这一阶段工作，从重要性来说不如前两个阶段，因为只有前两阶段的基本问题确定之后，才能对系统投入大量的人力与物力。这一阶段工作对系统开发人员特别是高级开发人员来说，主要是做好组织、计划和协调工作。他们组织大量的开发人员去编写大量的程序，组织开发人员与业务人员准备好系统转换的大量数据，组织人员进行系统的调试工作，并且与众多使用系统的用户合作，组织好用户的人员培训、系统的转换与交付用户使用，最后组织人员整理好文档，写出系统评价报告。这个阶段工作任务繁重，参加人员多而杂，特别是开发人员与用户之间要通力合作，搞好人际关系，排除阻力与困难。

4.3.2　编写程序与调试程序

编写程序的根据是系统设计任务书。系统设计任务书对一个模块的要求做了明确的规定，包括名称，输入、输出数据，文件或数据库的格式以及模块处理功能的描述等。程序员通过模块设计任务书来接受编写程序的任务，完成程序编写任务之后，程序员应填上编写(包括调试)的时间、占用的磁盘空间及程序运行的时机并附上程序说明书(包括算法、框图以及源程序清单)。整份资料应存档备查。以后在模块修改时，应当附上模块修改说明书。其内容包括修改原因、修改处、修改者以及修改日期等。

对于大型软件系统，过去单纯地要求正确性，而现在的基本要求是可维护性、可靠性、可理解性和效率。可维护性有三重含义：对于系统运行过程中暴露出来的隐含错误应能够得到迅速、及时的排除；当环境发生变化时，系统能够得到方便的修改和扩充；当计算机的软件或硬件更新换代时，系统能够得到方便的调整和移植。可靠性的含义是：不仅计算机能在正常的环境下工作，当发生意外时，也能很容易对系统加以处理，使损失减到最少。可理解性就是程序应当便于维护人员阅读、理解。效率是指计算机资源应能充分利用。

编写程序应根据结构化要求进行，人们称之为结构化程序设计（structured programming）。如果编写程序不遵循正确的规律，就会给系统的调试、维护和扩充都带来一系列困难。

4.3.3 系统的安装

4.3.3.1 计算机系统的安装与调试

购置计算机系统的基本原则是：能够满足管理信息系统的要求，并具有一定的扩充余地。此外，计算机系统还应有合理的性能价格比。另外，为了防止由于突然停电造成事故，应安装备用电源设备，如功率足够的不间断电源（UPS），一般应能提供一个工作日的容量。

4.3.3.2 通信网络系统的安装与调试

典型的管理信息系统应该是一个用通信线路相互连接起来的各种设备所组成的计算机网络。两种基本类型的通信网络是局部区域网络和广域网络。局部区域网络（LAN）可以实现一座大楼内部或彼此相近的几座大楼之间的内部联系。广域网络可用于远程设备之间的通信。常用的通信线路有双绞线、同轴电缆、光纤电缆以及微波或通信卫星等。安装好的网络系统要进行网络速率和误码率的测试，看是否满足信息系统的需要。

4.3.4 系统调试

信息系统实施过程中，编制程序的工作主要是由专业的信息系统开发人员来完成的。将程序输入到计算机之后要进行调试和验证，以发现其中隐藏的错误，这是保证信息系统质量的重要手段。

系统调试也称系统测试，它包括模块测试（单调）、子系统测试（分调）以及系统测试（联调）。最后还有用户验收的过程。测试的工作量很大，技术要求高，牵涉人员多，因此必须做好测试的准备工作，编好测试计划，协调好一切测试的人员与时间，做好测试记录，写出测试报告。

什么是“测试”，不少人对它的理解是片面的或错误的。有人认为“测试的目的是说明程序能正确地执行它应有的功能”，或者“测试是说明程序中不再含有错误”等。正确的理解恰好相反，“测试”是假定程序中存在错误，因而想通过测试来发现尽可能多的错误，测试的目的就是发现程序中的错误。如果通过测试能尽可能多地发现程序中的错误，这便是成功的测试。从上述概念出发，如何去设计测试用的数据、测试用的程序以及由谁去参加测试工作等问题，对测试工作有很大影响。

4.3.4.1 模块调试

模块调试的主要工作是对每一个模块的内部功能进行全面调试。模块测试的对象是单个程序,是最小的调试单位。一般来说,程序模块调试包括语法调试和逻辑调试。

一般的编程工具都有程序编译器,很多语法错误可以用编译器来发现并纠正。因此,语法调试一般在编程过程中就能完成。程序中某个功能模块的运算方法和逻辑处理等错误需要人工检查。应该将工作重点放在如何组织开发人员进行逻辑调试上。

一是需要安排开发人员准备测试数据,它们可以是人工模拟出来的,也可以是真实的业务数据。提醒开发人员在准备数据时要包括三种类型,即合理数据、临界数据和不合理数据。二是需要在调试人员和程序员之间建立起沟通的桥梁,一旦发现逻辑错误,可以很快传递给程序员去寻找症结所在。对修改后的程序要重新调试。

4.3.4.2　分调

分调主要是对每个子系统的各个功能模块进行联合调试,以发现各模块外部功能、接口和各模块功能之间的调用关系是否存在错误。

模块调试任务结束之后,就要着手组织人员进行分调了。可以要求程序员和系统测试人员参与分调工作。分调是针对一个子系统的程序调试,比模块调试更高一级。分调所发现的问题很可能影响到一个子系统的使用,应引起足够重视。

4.3.4.3　联调

所谓联调,就是对信息系统进行整体调试。这项工作是在模块调试和分调工作都完成的基础上进行的。联调是信息系统实施阶段的最后一项工作。联调的主要工作是检查各个子系统之间的数据通信和数据共享等,看看各个子系统之间的数据传送是否准确,是否有数据冗余和冲突,系统内是否存在逻辑错误等。由于联调涉及各子系统之间的接口和调用关系,可以参照信息系统总体设计中"评价子系统划分好坏的标准"来制定分调程序的调试标准。联调时必须有系统设计人员参与,以保证能及时找出系统不协调的原因。在进行系统联调时,有时候也会邀请信息系统的使用者一起参与进来,让使用者来实际使用系统,发现其中的问题并提出修改意见。

程序调试是系统实施中很重要的一步,需要按照模块调试、分调、联调的顺序一步步展开,对于调试中发现的问题要及时提交编程人员修改。调试的目的就是要保证系统性能与设计要求相一致。

4.4　系统的运行管理

4.4.1　系统的运行与切换

4.4.1.1　系统运行前的准备工作

一个信息管理系统包括它的子系统,拥有大量的数据,有的数据在老系统中就已经存在,因而在系统实施中存在数据的收集、校对、整理、修改、格式的编辑以及大量的数据录入等工作。在管理信息系统的开发工作中,这是一项重要的、细致的、工作量很大的工作,必须引起重视。某些准备工作可以在系统分析阶段后期逐步开始,有关的业务部门应抽调人员配合工作,承担起大部分的数据整理工作,它本身是一个企业(组织)管理的基础工作。数据经过整理,并且按照文件或数据库的要求编辑成一定的格式,然后由数据录入人员录入计算机。

在一个新旧系统转换的过程中,大量的初始数据必须在短时间内录入,要求操作精确、时间集中。因此,要集中人力做好录入工作。开发小组应合理地调配人力,有条不紊地、按时按质地做好数据的准备与录入工作。

另外一个非常重要的问题是要对用户进行培训,要制订出切实可行的培训计划。培训内容主要是计算机基本操作和应用系统操作等方面的知识。

4.4.1.2　系统的转换与运行

一个新的信息管理系统经过系统调试,并且验收合格,就可交付使用,使系统进入正常的工作状态。因为一个企业(或组织)的管理工作是连续进行的,信息管理系统也必须连续地进行工作,不能因为设计一个新的信息管理处理系统而使企业的管理有一些中断。这就是一个老的管理信息系统与新的信息管理系统的交替过程,也是老的信息管理系统逐渐地退出,由新的信息管理系统来代替的过程,称为系统的转换。系统转换的最终目标是将新系统的控制权全部交付给用户。一般来说,系统转换不可能在一个短时间内完成,通常新老系统有一个平行的工作过程,一般为3~6个月。

系统转换有三种不同方式:直接转换方式、平行转换方式和分阶段逐步转换方式,如图4-4所示。

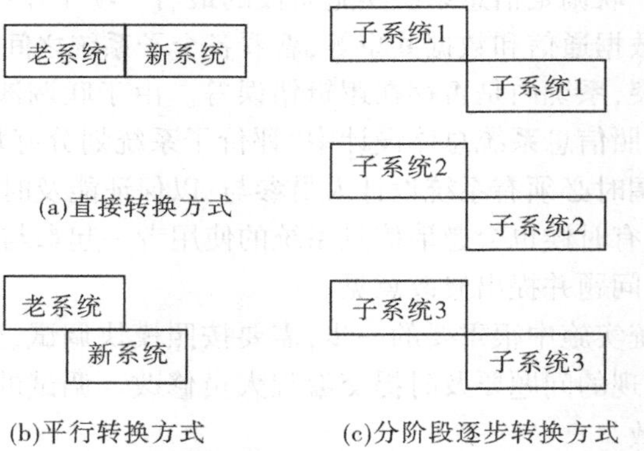

(b)平行转换方式　　(c)分阶段逐步转换方式

图4-4　系统转换的三种不同方式

(1)直接转换方式。在某一时刻,旧系统停止使用,新系统立即开始工作,中间没有过渡阶段。

这种方式简单,最省费用,但有很大的风险。因为新系统还没有真正地担负实际工作,很可能出现某些意想不到的问题,最坏的情况是可能使系统崩溃。因此,一般不采用直接转换方式。对一些小的系统,或者在正式运行之前可以进行多次真实测试的作业,可以使用直接转换方式。

(2)平行转换方式。平行转换方式安排了一个新旧系统并存的时期,这样不仅可以保持业务工作的不间断,而且可以将两个平行的系统互相校对,以此来发现新系统在调试中未能发现的问题。一旦发现新系统有问题,必须及时修正,此时老系统还在正常地工作。通过两个系统并行,让新系统的操作人员有一个全面熟悉并掌握系统的过程。平行转换的时期一般为3~6个月,甚至长达1年。平行转换方式的主要问题是转换期配备了双套人员,往往加重了企业业务部门的负担。

(3)分阶段逐步转换方式。分阶段逐步转换方式避免了上述方式的缺点。整个管理系统可以按子系统或功能,逐个做好转换工作。这个工作必须有计划地进行,根据各子系统开发进度的先后次序逐个进行。

这种方式最大的问题是子系统之间、功能与功能之间的接口问题。一个子系统的运行往往与其他子系统有关,所以各子系统转换次序必须有一个先后顺序,一般先转换相对独立的子系统或者"前工序"的子系统,"后工序"的子系统必须放在最后转换。因此,合理地解决这些接口问题才能做到分阶段逐步转换。

4.4.2　系统运行、管理和维护

新系统正式投入运行后,为了让信息管理系统长期高效地工作,必须加强对信息管理系统运行的日常管理。信息管理系统的日常管理绝不仅是机房环境和设施的管理,更主要的是对系统每天运行状况、数据输入和输出情况,以及系统的安全性与完备性及时地如实记录和处置。这些工作主要由系统运行值班人员来完成。

4.4.2.1　系统运行的日常维护

这项管理包括数据收集、数据整理、数据录入和处理结果的整理与分发。此外,还包括硬件的简单维护及设施管理。

4.4.2.2　系统运行情况的记录

整个系统运行情况的记录应当能够反映系统在大多数情况下的状态和工作效率,对于系统的评价与改进具有重要的参考价值。因此,管理信息系统的运行情况一定要及时、准确、完整地记录下来。除了记录正常情况(如处理效率、文件存取率、更新率),还要记录意外情况发生的时间、原因与处理结果。

4.4.2.3　系统程序和数据的维护

系统刚建成时所编制程序和数据很少能一字不变地沿用下去。系统人员应根据外界环境的变更和业务量增减等情况及时对系统进行维护。维护的内容包括:

(1)程序的维护。程序的维护指改写一部分或全部程序。进行程序维护时通常都充分利用旧有程序,在变更通知书上写明新旧程序的不同之处。修改后还要填写程序修改登记表。

(2)数据文件的维护(主文件的定期更新不算在内)。数据维护是指对数据有较大变动的维护,如安装/运行新的数据库等。所以,有许多维护工作是不定期进行的,必须在现场要求的时间内维护好。维护时一般使用企业所提供的文件维护程序,也可以编写一些专用的文件维护程序。

(3)代码的维护。当有必要变更代码时(如订正、新设计、添加、删除等),应由代码管理部门(最好由现场业务经办人和计算机有关人员等组成)讨论新的代码系统。确定之后用书面厘清后再贯彻。代码维护困难不在于代码本身的变更,而在于新代码的贯彻。为此,除代码管理部门外,各业务部门都要指定负责代码管理的人员,通过他们贯彻使用新代码。这样可以明确职责,有助于防止和订正错误。

(4)硬件维护。指硬件人员对硬件设备的保养、定期维修。

4.5 系统运行管理制度的建立及人员培训

4.5.1 系统运行管理制度的建立

信息系统是一个企业的重要资源，也是企业能够正常、高效运转的保证。信息系统在运行过程中常常由于操作人员的失误而发生故障，同时系统软、硬件在运行过程中也可能产生错误，给企业造成损失。为了保证信息系统正常运行，需要对其进行科学的管理。一个合理的系统运行管理制度是信息系统正常运行的有力保障。信息系统的运行管理制度总体来说包括以下几方面的内容。

4.5.1.1 系统的人员管理制度

在知识经济社会中，掌握专业知识的人是企业最重要的资源，要管理好企业信息系统，首先要对操作和使用企业信息系统的人员进行良好的管理，这就需要制定严格的信息系统人员管理制度。

(1)在人员管理中，要规定各类人员的构成，如系统维护人员、系统使用人员以及每类人员的内部组织结构等。

(2)对每类人员的职责、主要任务进行明确、详细的规定，并且规定完成这些任务的时间，对不能按期达到目标或不愿意达到目标的人员施加调离等惩罚。

(3)为信息系统人员制定考核标准和激励机制。考核的标准可以从以下几方面展开：

①工作能力。如能否按期完成工作任务、工作中的差错情况、相关用户的满意度、工作效率的高低等。

②创新能力。如是否乐意接受新事物、能否很快接受信息系统的改变、能否在系统使用过程中提出新建议和新思想。

③协作能力。如能否与团队内其他人员密切协作完成工作、与同事关系是否融洽等。

④工作态度。如能否准时上下班、是否有责任心等。

⑤学习能力。是否能在工作中不断学习从而提高工作能力和业务水平，是否有在工作中获得职位提升的强烈愿望。

(4)由于信息系统是一个不断发展变化的动态系统，随着业务的拓展或者技术的进步，系统常常要进行调整或升级。因此，要制定人员的定期培训制度，提高员工操作、管理信息系统的能力。

4.5.1.2 信息系统安全运行管理制度

信息系统的安全运行要从两个方面来做工作：一方面跟信息系统的使用人员有关，另一方面与信息技术有关。

(1)信息系统的安全运行，首先要在物理意义上得到保证。以下是保证信息系统安全运行的一般守则：

①防止硬件失窃。对企业信息系统来说，硬件失窃是一种非常严重的威胁。由于硬件上承载着企业数据，所以硬件失窃所造成的损失往往是硬件价格的数倍乃至数十倍。所以

应该对能接触到硬件的人员进行登记，如有可能，还应该对其带入带出物品进行检查。

②每类人员只使用与工作有关的功能模块，并在规定的操作权限内使用信息系统。非工作人员或外来人员使用信息系统必须经过审查，而且在监督下进行。

③由专人负责信息系统的管理、维护和升级。

④全程监控信息系统的运行状况。

⑤记录信息系统的运行数据。

⑥员工不可进行与工作无关的操作。

⑦不运行权限之外的软件或程序，不运行来历不明或与工作无关的软件。

⑧要制定人员调离的安全管理制度。例如，当人员调离时应立即更换系统口令，封禁调离人员账号等。

(2)由于大部分信息系统是连接在网络上的，为保证信息系统的安全运行，还要制定相关的管理制度以防范来自网络的攻击。

①企业信息系统必须有网络通信安全管理制度。

②必须有病毒防治管理制度。每天都有成千上万的新病毒在网络上产生并传播，因此企业信息系统需要及时检测、清除计算机病毒。

③防止信息间谍恶意破坏、攻击或盗取数据的管理制度。随着经济的发展和竞争的加剧，信息间谍进入某些信息系统盗取数据的行为越来越活跃，某些国家甚至专门培训人员侵入信息系统窃取商业情报。针对这种情况，需要企业在加强信息系统自身抵御入侵能力的同时，制定按期检查的制度，如定期检查企业信息系统的账号登录记录，检查信息系统的通信接口是否被改动，还要检查通信线路是否被窃听等。

4.5.1.3　信息系统的内部控制制度

企业信息系统内部控制制度在企业会计和审计活动中占有比较重要的地位，其内容与本部分有所重叠。内部控制制度包括以下几方面的内容：

(1)组织控制。这部分内容类似于上面讲过的信息系统人员管理制度。组织控制的目标是使信息化系统的职能部门设置、权责分工、人员使用以及考核等能够保证信息系统的人员正确、有效地履行各自的职责。控制的内容包括系统职能部门与用户部门职责分离，系统职能部门内部人员的职责分离，信息系统职能部门内部要具备独立的控制、监督职能。

(2)操作控制。操作控制的目的在于通过标准化、制度化的操作规程来减少发生差错的机会以及防止未经授权而使用文件、程序或数据等的机会。操作控制的内容就是为每一个工作人员制订操作计划、业务运行规程，同时制定机房守则、数据文件控制标准等。

(3)硬件控制。硬件控制的目标是保证信息系统的物理安全，如计算机设备的防火、防震、防潮和防止过热，制定突然断电等意外情况的应急措施和防止自然灾害的措施等。

(4)系统安全控制。系统安全控制的内容与上面讲到的信息系统安全运行管理制度在内容上是基本一致的，可借以参考。

可以看出，企业信息系统内部控制虽然对于其财务、审计等业务至关重要，但是其内容与前两部分是基本一致的。

信息系统在建成并投入使用之后，保证其正常运行对于企业的日常运作非常关键。为了控制信息系统的运行，必须建立规范的管理制度，并严格遵守这些制度。

4.5.2　人员及岗位培训

企业信息系统的成功开发与应用,不仅依赖于优良的计算机硬件环境、先进的开发技术与平台、良好的项目实施计划,还有很重要的一点是依赖于项目开发与应用过程中的人员培训。

企业的主体是人,操作信息系统的也是人,因此能否培养一批有较高信息系统使用、管理和维护水平的人员,是决定企业信息化水平和信息系统效用发挥程度的重要因素。

4.5.2.1　人员培训的层次

(1)培训专业技术人才。如果机构是自主进行信息系统建设,或者机构内有专门的信息技术人才参与到系统开发中去的话,首先要对这些人员进行培训,使他们不但熟练掌握计算机技术,更要熟悉先进的企业管理理论,了解企业的管理经验,并熟悉企业的业务流程。这些培训工作在信息系统开发前就必须完成。

专业技术培训可以通过多种方式,如聘请专家做报告、现场实习参观、企业各个职位的上岗培训等;在进行这些培训的过程中,为了使信息人才能跟上信息技术的不断发展,还需要让他们不断参加有关的信息技术讲座。

(2)培训高中级管理人员。组织中的高中级管理人员不但要关心、支持并参与企业的信息系统建设,而且要担负起决策和协调的职责,因此必须对组织中的高中级管理人员进行培训,使其在掌握现代管理理论的基础上,再学习一定的计算机知识。对高中级管理人员的培训可以采取先进企业实地考察、听专题报告或讲座,以及参加学校培训等形式。

(3)对业务人员的培训。业务人员是信息系统最主要的使用者,对业务人员的培训是信息系统实施能否成功的关键。首先可以通过学校或社会性质的计算机培训,使业务人员掌握基本的计算机知识、汉字输入方法等,其次由信息系统开发方负责培训系统操作方法等。在培训时,也可以采用帮带的方法,即先培训一部分业务骨干,然后由点到面,全面展开。为了激励员工的学习积极性,可以将培训内容与员工的绩效考核联系起来。

4.5.2.2　人员培训的时机

一般来说,人员培训工作越早越好,较早地对企业人员进行培训,不但可以使用户在培训后更有效地参加信息系统的测试,及时发现系统存在的问题,而且通过对用户的培训,系统分析人员可以对用户需求有更清楚的了解,从而使得设计出的系统更贴近用户的实际需求。

对用户的初步培训是在系统分析结束、编程工作开始之后,因为这个时候,主要的工作由编程人员来进行,而系统分析人员就空闲下来,可以对用户进行初步培训,培训内容包括基本的计算机知识、信息意识等。

编程结束后是系统实施阶段,之后系统就要投入试运行。这个时候要对信息系统的操作人员和运行管理人员进行培训,否则将影响项目的进度。

4.5.2.3　人员培训的内容

企业人员的分工不同,对其进行培训的内容也不同。

1.业务人员培训内容

业务人员的培训内容主要有:

(1)系统总体概况。

(2)计算机使用与操作的基本知识。

(3)汉字输入方式。

(4)信息系统操作方式。

(5)系统数据库的使用(如数据分类、检索方式等)。

(6)信息系统投入使用后给业务带来的变化。

(7)系统运行与操作的注意事项。

在对业务人员进行培训时,由于业务人员的素质有高有低,接受新鲜事物的能力也分高下,所以要根据业务人员的不同特点,进行有针对性的教育,反复耐心讲解,直到他们能够熟练操作企业的信息系统。

2. 管理人员培训内容

管理人员培训的内容除要包含对业务人员培训的基本内容外,还要增加以下内容:

(1)利用信息系统进行管理的必要性教育。

(2)数据收集的渠道和方法。

(3)数据统计功能的使用。

3. 系统管理人员培训内容

系统管理人员一般对计算机技术有比较专业的知识,对其进行培训的内容主要有:

(1)系统设计思想。

(2)系统设计的结构。

(3)系统设计所用软件工具,如编程语言等。

(4)系统运行管理培训,如系统可能出现的故障及排除故障的方法。

(5)系统维护与升级培训。

根据企业人员的不同职能,选择有针对性的培训内容,在满足工作需求的基础上,最大程度地节约企业的培训成本。

对用户的培训结束之后,系统便可进入试运行和实际运行。

第 5 章　实物指标数字化采集系统

5.1　系统开发关键技术简介

5.1.1　Android 系统简介

Android 的英文原意为“机器人”，同时也是 Google 于 2007 年 11 月宣布的基于 Linux 内核的开源移动设备操作系统，Android 操作系统最初是由安迪 · 鲁宾(Andy Rubin)开发制作，于 2005 年 8 月被 Google 公司收购。Android 平台由操作系统、中间件、用户界面和应用软件组成。Android 平台相较于其他操作平台(iOS、Symbian、Windows Mobile 等)具有如下优势：

(1)开放性。Android 设计之初首先提倡的就是建立一个标准化、开放式的移动软件平台，所以 Android 操作系统是直接建立在开放源代码的 Linux 操作系统上进行开发的，这样使得更多的硬件生产商加入到 Android 的开发阵营，也有更多的 Android 开发者投入到 Android 的应用程序开发中，这些都为 Android 平台带来了大量的新的应用。

(2)平等性。在 Android 操作系统上，所有的应用程序不管是系统自带的还是由应用程序开发者自己开发的，都可以根据用户的喜好任意替换，如文本编辑器，既可以使用 Android 内部提供的，也可以单独开发。

(3)无界性。在多个应用程序之间，所有的程序都可以方便地进行互相访问，不会受到程序的限制，开发人员可以将自己的程序与其他程序进行交互，例如，通讯录的功能本身可以由 Android 提供，但是开发人员也可以直接调用通讯录的程序代码，并在自己的应用程序上使用。

(4)方便性。Android 使用 Java 作为开发语言，所以对熟悉 Java 的开发人员没有任何难度。在 Android 操作系统中，为用户提供了大量的应用程序组件(如 Google Map、图形界面、电话服务等)，用户直接在这些组件的基础上构建自己的开发程序即可。

(5)硬件的丰富性。由于平台开放，所以有更多的移动设备厂商根据自己的情况推出了各式各样的 Android 移动设备，虽然在硬件上有一些差异，但是这些差异并不会影响数据的同步与软件的兼容性。

5.1.1.1　Android 系统架构

Android 平台的系统架构采用了分层结构的思想，分层的优势是架构清晰、层次分明、协同工作。也就是说下层能为上层提供统一的服务，隔离本层及下层的差异，下层的变化不会影响到上层。从 Android 系统架构(见图 5-1)来看，Android 操作系统从上至下可分为四层，分别是应用程序层(APPLICATIONS)、应用程序框架层(APPLICATION FRAMEWORK)、系统运行库(LIBRARIES)和 Linux 内核层(LINUX KERNEL)。

每层功能简要介绍如下：

(1)应用程序层。

Android 应用程序层是 Android 体系结构的最顶层，该层是面向操作系统用户的。在应用程序层中，所有的应用程序都是采用 Java 语言编写的，比如浏览器、电话、音乐视频播放器、短信等。

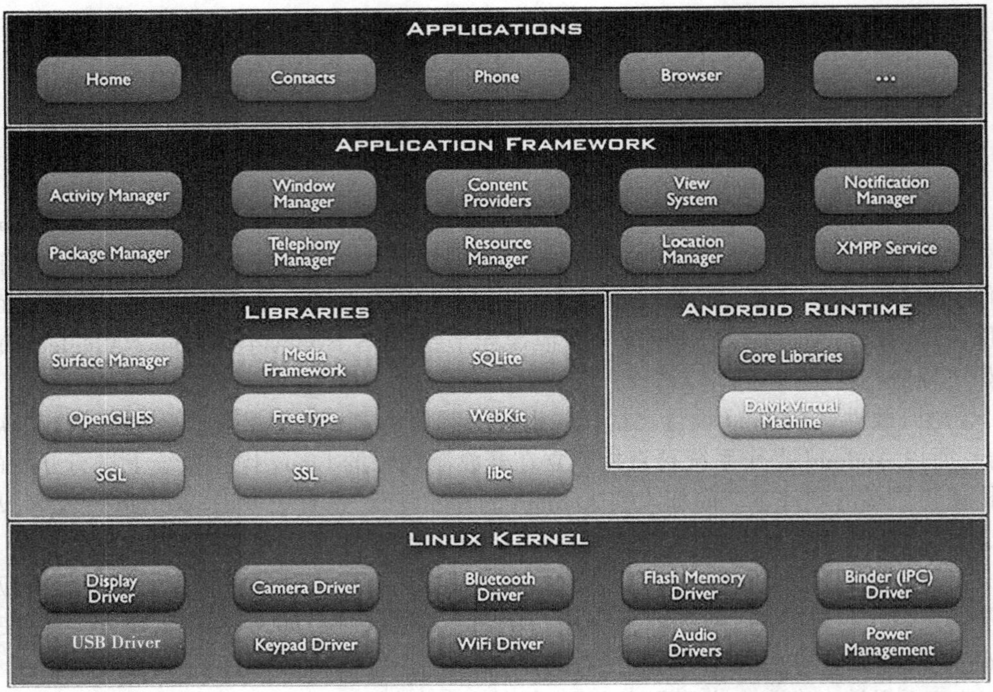

图 5-1 Android 系统架构

(2)应用程序框架层。

Android 应用程序框架层是编写 Google 发布的核心应用时所使用的 API 框架，开发人员可以使用这些框架来开发自己的应用。其中包含的是各类应用管理模块如窗口管理模块、Activity 管理模块、内容供应模块、资源管理模块等。支撑应用的服务和系统包括：视图(View System)，基本视图可组成程序的界面，包括文本框、按钮、网格、列表等；内容提供器(Content Provider)，应用间共享数据的桥梁，通过内容提供器可共享数据和访问其他应用的资源；资源管理器(Resource Manager)，提供支持访问代码以外的资源文件，例如图片、字符串文本和界面文件；通知管理器(Notification Manager)，在状态栏中显示提示消息，主要是帮助无界面的组件进行交互；活动管理器(Activity Manager)，它可以用来管理应用的生命周期，包括处理 Activity 栈；窗口管理器(Window Manager)，对所有具有窗口的应用程序进行管理操作；包管理器(Package Manager)，管理 Android 操作系统内的应用程序。

(3)系统库和系统运行库。

Android 顶层虽然运用了 Java 来编写应用程序，但并不使用 Java 虚拟机来执行 Java 程序，而拥有自己的运行过程，其中包括了系统库和系统运行库两部分。系统运行库 Android Runtime 也包括了两部分，一部分由 Java 所需调用的功能函数组成；另一部分由 Android 的核心库组成，如 android. net，android. media 等，与传统的 Java 不同的是，每一个 Android 程序都具有一个自有进程。系统库 Library 是更底层的 Android 函数库，它还包括界面管理、媒体函数库、SQLite、OpenGL ES 等，Android 系统的媒体库是以 Packet Video 公司的 OpenCore 为基础发展而成的,此外还集成了 2D 绘图方面的绘图引擎 SGL、轻量级数据库 SQLite 和 Webkit 引擎。

(4) Linux 内核层。

Linux 内核层采用的是 Android 平台开放性的基础。其采用了 Linux2.6 版本的内核,其中包括显示驱动、Flash 内存驱动、Bilder(IPC)驱动及电源管理驱动等。Linux 内核层使得硬件层和软件层之间建立了一个抽象层,是应用程序开发人员不需要关心的硬件层。

5.1.1.2 Android 应用程序的组成及工作机制

Android 应用程序由一些松散联系的组件构成,遵守着一个应用程序清单(Android-Manifest),这个清单描述了每个组件以及它们如何交互,还包含了应用程序的硬件和平台需求的元数据(metadata),这些组件包括 Activity、Broadcast Receiver、Service、ContentProvider、Intent 和 Notification。然而并不是每一个 Android 平台上的应用程序都需要所有组件来构成,有时候 Android 平台上的应用程序可能只包含部分组件。在 Android 系统中,Activity、Service、BroadcastReceiver、ContentProvider 被称为四大组件,使用它们时需要在 Android-Manifest.xml 配置文件中声明。除此之外,还有 Intent 和 Notification,下面分别对这 6 个组件做简单的介绍。

1. Activity

Activity 是 Android 中最基础的一个构成组件,它提供与用户的交互界面。在一个应用程序中,一个 Activity 的扩展相当于一张界面。一个应用程序通常包含多个 Activity,每当应用程序的界面切换时,系统会将上一个 Activity 保存到 Activity 栈中。Activity 使用 Views 去构建 UI 来显示信息和响应用户的行为。大部分的应用会包含多个屏幕界面,对应的程序中将包含多个 Activity 类。Activity 从创建到关闭,一共可能经历四种状态:活跃态、暂停态、结束态和销毁或未启动态,这些状态就组成了 Activity 的一个生命周期(如图 5-2 所示)。

2. Broadcast Receiver

Broadcast Receiver 是用户接收广播通知的组件。广播是一种同时通知多个对象的事件通知机制,Android 中的广播通知可以来自系统或者普通的应用程序。例如电池电量低时,系统会发送一个广播。每一个应用程序可以拥有任意数量的广播接收器,这些广播接收器并没有实际的用户界面。

3. Service

Service 是 Android 系统中的服务组件,它与 Activity 的不同之处在于 Service 并没有提供与用户进行交互的用户界面,其运行在系统后台,不能自己启动。当应用程序并不需要进行某种前台显示或者数据处理时,就可以启动一个 Service 来完成。例如当一个应用的数据是通过网络获取的,不同时间的数据是不同的,这时候就可以通过 Service 在后台定时更新。对于一个应用程序来说,它包含的每个 Service 一般由 Activity 或其他 Context 对象来启动,当启动 Service 之后,该 Service 将会在后台运行,即使启动这个 Service 的 Activity 等其他组件的生命周期结束了,该 Service 仍然会继续运行,直至自己的生命周期结束。

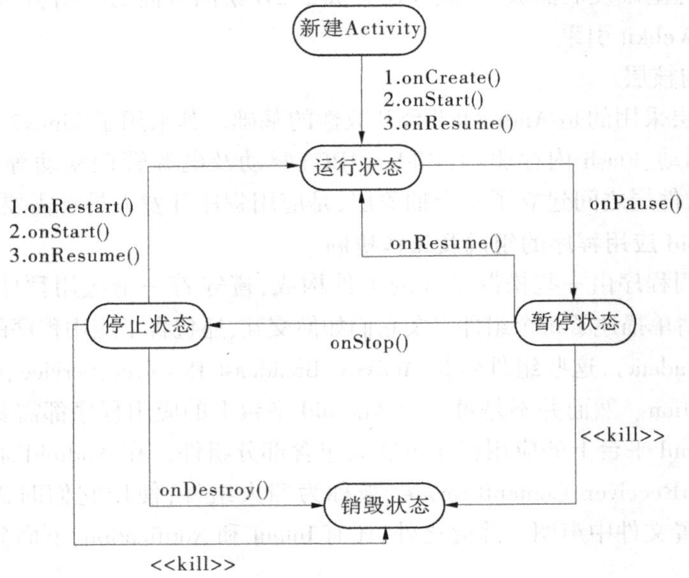

图 5-2　Android Activity 生命周期

4. ContentProvider

Android 中每一个应用程序都有自己的用户 ID 并且运行在自己的进程中。这样做的优点是可以保护系统及应用程序不被其他异常的应用程序所影响。但是这种机制带来了应用程序彼此之间无法共享资源。Content Provider 就满足了这种情况下的程序间数据共享需要,它是跨应用程序共享数据的唯一方式。Content Provider 专门有一个 Content Provider 类,该类实现了一组标准的方法,从而能够让其他的应用存取此 Content Provider 类中的各种数据。

5. Intent

前文所述的 Android 四大组件之间是相互独立的,如果需要相互调用,协调工作就需要 Intent 组件来进行。例如某个 Activity 希望打开浏览器查看某一网页的内容,那么这个 Activity 就只需要发出一个 Intent 给系统,系统就会根据 Intent 请求的内容类别,查询各个组件注册时的过滤器,找到浏览器的 Activity 来实现网页的浏览工作。

6. Notification

由于存在像 Service 和 Broadcast Recevier 这样的没有界面的组件,Notification 就是用来提示用户有需要注意的事件发生的最好途径。

5.1.1.3　Android 开发环境搭建

开发的水利水电工程征地移民实物指标数字化采集系统使用的硬件设备主要是安装有 Windows 操作系统的台式电脑,在其上搭建 Android 开发环境主要步骤如下。

1. 搭建 Java 开发环境

由于开发 Android 程序主要用到 Java 语言,因此首先需要下载 Java JDK(Java Development Kit),安装并配置好 Java 开发环境。JDK 是 Java 语言的开发包,包含一系列 Java

开发工具和运行时环境(Java Runtime Environment,JRE)。本系统构建使用 Java JDK 1.6 版本。

2. 搭建集成开发环境

安装 JDK 之后,还需要一款 IDE 工具,本系统构建使用 Eclipse IDE for Java Developers 3.6 版,下载后解压到合适位置即可使用。

3. 配置 Android SDK

下载并解压 Android SDK,更新 PATH 环境变量,运行 SDK Manager.exe 后安装所需要的开发平台。

4. 安装 Android ADT 插件

ADT(Android Plug-In for Eclipse)提供了 IDE 与 Android SDK 工具间的无缝连接,在 Eclipse 中以插件的形式安装。

5. 创建 AVD(可选)

在开发 Android 应用程序时,需要随时用到 Android 设备用于测试,在没有真实 Android 设备的情况下,需要利用 SDK 或者 Eclipse 工具创建 AVD(Android Virtual Device, Android 虚拟设备,也叫模拟器)。AVD 可以运行大部分 Android 应用程序,但是一些依赖于硬件的功能实现(如 NFC)或者测试兼容性的时候,则需要尽可能使用真实设备。

5.1.2　关键技术介绍

5.1.2.1　Android 定位服务开发

随着智能设备的普及,GPS 功能逐渐成为现在所有智能设备中必备的一项功能。在 Android 操作平台中,定位方面有着比较系统的组成,让基于位置服务的应用程序开发变得非常容易。Android 系统中定位方式主要有三种:第一种是基于网络的定位,第二种是系统集成 GPS 模块定位,第三种是系统 A-GPS 定位。由于水利水电工程大多位于高山峡谷,地形复杂且人口稀少,大部分地区都是移动运营商通信服务的盲区,所以依赖现有通信网络的定位技术以及 A-GPS 技术难以有效应用,野外地理信息数据的采集更多依靠电子设备的 GPS 模块与卫星直接通信获取数据。本书开发的水利水电工程征地移民实物指标数字化采集系统使用平板电脑设备集成 GPS 模块进行定位,并采集调查对象的坐标等地理信息资料。

1. GPS 模块定位简介

GPS(global positioning system)是全球定位系统的简称。它是 20 世纪 70 年代由美国军方研制的空间卫星导航定位系统。GPS 系统是利用 GPS 定位卫星,在全球范围内提供准确的定位、测量和高精度的时间标准功能的系统。

整个 GPS 卫星系统是由美国发射升空的 24 颗定位卫星组成的。这 24 颗 GPS 卫星分布在 6 个轨道平面上,距离地面 12 000 km,以 12 h 的周期环绕地球运行,使得任意时刻地面上任意点都可以观测到 4 颗以上的卫星。GPS 定位功能需要 GPS 接收硬件的支持,该硬件具有接收 GPS 信号接收的支持功能。GPS 系统无时无刻不向地球发射信号,这些信号中包括了发送的时间和卫星的位置等参数信息,GPS 模块会接收到多个卫星发送来的信号,当地面的 GPS 接收模块接收到这些重要的信息后,将这些信号进行筛选,选出同一时间发出的信号后，根据它们到达的先后顺序和时间差就可以算出手机到每个GPS卫星的距离，再根据这些距离和距离公式，列出方程，算出手机的位置。在计算的过程中，一般多加入一颗卫星进行计算，其目的是减少卫星时间和手机本地时间之间的误差。

2. GPS 定位的特点

（1）GPS 定位具有高精确度的特点。应用实践证明，GPS 相对定位精度在 50 km 以内可以达到 6～10 m，100～500 km 可达到 7～10 m。

（2）观测时间短。随着 GPS 系统的不断完善，软件不断更新，目前，20 km 以内相对静态定位仅需 15～20 min；快速静态相对定位测量时，当每个流动站与基准站相距在 15 km 以内时，流动站观测时间只需 1～2 min，然后可随时定位，每站观测只需几秒钟。

（3）可提供三维坐标，经典大地测量将平面与高程采用不同方法分别施测，GPS 可同时精确测定测站点的三维坐标。

（4）目前 GPS 水准可满足四等水准测量的精度。

（5）操作流程简单，随着 GPS 接收机的不断改进，自动化程度越来越高，操作方法简单；有的接收设备体积小巧，极大地提升了便携性。

（6）功能多、应用广。GPS 系统不仅可用于测量、导航，还可用于测速、测时，测速的精度可达 0.1 m/s，测时的精度可达几十毫微秒。

5.1.2.2 Android 存储机制

1. ContentProvider 和嵌入式数据库 SQLite3

1）ContentProvider

ContentProvider 支持在多个应用之间存储和读取数据。这也是跨应用共享数据的唯一方式。在 Android 系统中，没有一个公共的内存区域供多个应用共享存储数据。

Android 提供了一些主要数据类型的 ContentProvider，比如音频、视频、图片和通讯录等。可在 Android. Provider 包下面找到一些 Android 提供的 ContentProvider。可以获得这些 ContentProvider，查询它们包含的数据，当然前提是已获得适当的读取权限。

一个 ContentProvider 类实现了一组标准的方法接口，从而能够让其他的应用保存或读取此 ContentProvider 的各种数据类型。也就是说，一个程序可以通过实现一个 ContentProvider 的抽象接口将自己的数据暴露出去。外界根本看不到，也不用看到这个应用暴露的数据在应用当中是如何存储的，不论是用数据库存储还是用文件存储，还是通过网上获得，这都不重要，重要的是外界可以通过这一套标准及统一的接口和程序里的数据交互，可以读取程序的数据，也可以删除程序的数据，当然，中间也会涉及一些权限的问题。下边列举一些较常见的接口：

query（Uri uri，String [ ] projection，String selection，String [ ] selectionArgs，String sortorder）：通过 Uri 进行查询，返回一个 Cursor。

insert（Uri uri，ContentValues values）：将一组数据插入到 Uri 指定的地方。

update（Uri uri，ContentValues values，String where，String [ ] selectionArgs）：更新 Uri 指定位置的数据。

delete（Uri uri，String where，String [ ] selectionArgs）：删除指定 Uri 并且符合一定条

件的数据。

2)Android 数据存储机制

ContentProvider 仅仅定义了一组标准的方法接口,从而能够让其他的应用保存或读取此 ContentProvider 的各种数据类型。但是对于实际数据存储的方式,ContentProvider 并未规定。实际上,ContentProvider 只是提供了一种标准方式供应用软件将私有数据开放给其他应用软件,而应用如何存储和获取数据则依赖于底层实现。在 Android 中,可供选择的存储方式有 SharedPreferences、文件存储、SQLite 数据库方式和网络。

(1)SharedPreferences。这是 Android 提供的用来存储一些简单配置信息的一种机制,例如,一些默认的欢迎语、登录的用户名和密码等。其以键值对的方式存储,使得程序可以很方便地读取和存入。下面是 SharedPreferences 的一个例子,使用 XML 语法。

```
<? xml version='1.0' encoding='utf-8' standalone='yes'? >
<map>
<string name="PASSWORD">Password</string>
<string name="NAME">Bitliu</string>
</map>
```

(2)文件存储。和普通 Java 中实现 I/O 的程序类似,在 Android 中,其提供了 openFileInput 和 openFileOutput 方法读取和写入文件。同时,Android 引入了资源文件的概念,用于存储应用程序所需的一些资源,例如图片、音乐、字符串等。

Android 支持字符串、位图和若干其他类型的资源。每一种资源定义文件的语法、格式及保存的位置取决于其类型。可以在项目 res/目录下的适当子目录下创建和存储资源文件。Android 使用资源编译器访问资源所在的子目录和格式化的文件。表 5-1 列出了每一种资源的文件类型。

资源最终会被编译进 APK 文件。Android 创建包装类 R,可以用它定位资源。R 包含一些与资源所在目录同名的子类。这些子类包含所有在资源文件中定义的资源的标识。这些资源标识可以在代码中直接引用。下面是资源引用语法:

R. resource_type. resource_name 或者 android. R. resource_type. resource_name

resource_type 是 R 类中保存指定类型资源的子类。resource_name 是定义在 XML 文件中的资源名或者被其他文件类型所定义的资源文件名(无扩展名)。每种类型的资源都依据其类型,被添加入某一指定的 R 子类。应用程序引用已被编译的资源时可以不带包名(比如 R. resource_type. resource_name)。

(3)SQLite3。SQLite 是一个非常流行的嵌入式数据库,它支持 SQL 语言,并且只占用很少的内存就有很好的性能。此外,它还是开源的,任何人都可以使用它。它的优点就是高效,Android 运行时环境包含完整的 SQLite。最新的 Android 版本使用 SQLite 第 3 版,即 SQLite3。

SQLite 和其他数据库最大的不同就是对数据类型的支持。创建一个表时,可以在 CREATE TABLE 语句中指定某列的数据类型,可以把任何数据类型放入任何列中。向数据库插入数值时,SQLite 会检查它的类型。如果该类型与关联列的类型不匹配,SQLite 会尝试进行类型转换。如果不能转换,则该值作为本身类型存储,故 SQLite 被称为“弱类型”(mainfest typing)。此外,SQLite 不支持一些标准的 SQL 功能,特别是外键约束、嵌套,还有一些 Alter Table 功能。除此之外,SQLite 是一个完整的 SQL 系统,拥有完整的触发器、事务等。

表 5-1 资源对应的文件类型

目录	资源类型
res/ anim	XML 文件编译为桢序列动画或者自动动画对象
res/drawable	. png,. jpg 文件被编译为 Drawable 资源子类型
res/ layout	资源编译为屏幕布局器
res/values	XML 文件可以被编译为多种资源 注意:不像其他 res 下的目录,这个目录可以包含多个资源描述文件。XML 文件元素类型控制着这些资源被 R 类放置在何处。 这些文件可以自定义名称。这里有一些约定俗成的文件: · arrays. xml 定义数组。 · colors. xml 定义可绘制对象的颜色和字符串的颜色。使用 Resources. getDrawable()和 Resources. getColor()都可以获得这些资源。 · dimens. xml 定义尺寸。使用 Resources. getDimension()可以获得这些资源 · strings. xml 定义字符串(使用 Resources. getString()或者更适合的 Resources. getText()方法获得这些资源。Resources. getText()方法将保留所有用于描述用户界面样式的描述符,保持复杂文本的原貌。 · styles. xml 定义样式对象
res/xml	自定义的 XML 文件。这些文件将在运行时编译进应用程序,并且使用 Resources. getXML()方法可以在运行时获取
res/raw	自定义的原生资源,将被直接拷贝入设备。这些文件将不被压缩进应用程序。使用带有 ID 参数的 Resources. getRawResource(方法可以获得这些资源,比如 R . raw. somefilename

SQLite 由以下几个组件构成:SQL 编译器(SQL Complier)、内核(Core)、后端(Back-End)和附件(Accessones)。SQLite 通过虚拟机和虚拟数据库引擎,使调试、修改和扩展 SQLite 的内核变得更加方便。

ContentProvider 需要实现的 query、insert、delete、update 接口,在 SQLite 里都可以实现。实际上,无论是系统还是应用的 ContentProvider 基本都使用 SQLite3 作为存储实现。在获取了 root 权限后,可以发现,其实每个 ContentProvider 的实例都对应着一个 SQLite3 数据库,里面包含若干张表。

2. Android 应用访问储存

对于应用开发来说,尽管可以直接对 SQLite3 进行操作,但是既然 Android 提供了 ContentProvider 这么好的组件,就没有任何理由不去使用它。而 ContentProvider 与底层实现无关的特性,无疑是开发应用涉及数据存储问题时的最好选择。ContentProvider 的使用详细介绍如下。

1) ContentResolver 和 Cursor

使用 ContentProvider 首先需要获得一个 ContentResolver 的实例,可通过 Activity 的成员方法 getContentResovler( )进行:

```
ContentResolver cr = getContentResolver( )
```

ContentResolver 实例的方法包括找到指定的 ContentProvider 并获取 ContentProvider 的数据。ContentResolver 的查询过程中,Android 系统将确定查询所需的具体 ContentProvider,确认它是否已经启动并运行它。Android 系统负责初始化所有的 ContentProvider,不需要用户自己去创建。实际上,ContentProvider 的用户都不可能直接访问到 ContentProvider 实例,只能通过 ContentResolver 代理访问。

ContentProvider 返回的数据结构是类似 JDBC 的 ResultSet,在 Android 中,是 Cursor 对象。Cursor 是行的集合,使用 moveToFirst( )定位第一行。Cursor 是一个随机的数据源。所有的数据都是通过下标取得的。下面是 Cursor 的一个例子:

```
if(cur. moveToFirst( )= false)
{
//为空的 Cursor
return;
}
//访问 Cursor 的下标获得其中的数据
int nameColumnIndex = cur. getColumIndex(People. NAME);
String name = cur. getString(nameColumnIndex);
//循环 Cursor 取出主要的数据
while(cur. moveToNext( ))
{
//光标移动成功
//把数据取出
}
```

2)使用 ContentProvider 查询数据

通过上面的分析,可见要想使用一个 ContentProvider,需要以下信息:

(1)定义这个 ContentProvider 的 URI。

(2)返回结果的字段名称。

(3)这些字段的数据类型。

如果需要查询 ContentProvider 数据集的特定记录(行),还需要知道该记录的 ID 值(类似于数据库的键名)。构建查询就是输入 URI 等参数,其中 URI 是必需的,其他是可选的。如果系统能找到 URI 对应的 ContentProvider,将返回一个 Cursor 对象。如果需要查询的是指定行的记录,需要用_ID 值,比如 ID 值为 21,则:

```
Uri myPerson = ContentUris. withAppendedId(People. CONTENT_URI,21);
```

或者:

```
Uri myPerson = Uri. withAppendedPath (People. CONTENT_URI,"21")
```

二者唯一的区别是一个接收整数类型的 ID 值,一个接收字符串类型。

下面是 ContentProvider 查询的函数原型:

Cursor c = getContentResolver(). query(uri, projection, selection, selectionArgs, sortOrder);

3) 使用 ContentProvider 编辑数据

可以通过 ContentProvider 实现以下编辑功能:增加新的记录;在已经存在的记录中增加新的值;批量更新已经存在的多个记录;删除记录;创建自己的 ContentProvider。各编辑功能详细介绍如下:

(1) 增加记录。要想增加记录到 ContentProvider,首先要在 ContentValues 对象中设置类似 map 的键值对,在这里,键的值对应 ContentProvider 中的列的名字,键值对的值,是对应列期望的类型。然后调用 ContentResolver. insert() 方法,传入这个 ContentValues 对象和对应的 ContentProvider 的 URI 即可。返回值是这个新记录的 URI 对象。这样可以通过这个 URI 获得包含这条记录的 Cursor 对象。比如:

```
ContentValues values = new ContentValues();
values. put (People. NAME, "Abraham Lincoln");
Uri uri = getContentResolver(). insert (People. CONTENT_URI, values);
```

(2) 在原有记录上增加值。如果记录已经存在,可在记录上增加新的值或者编辑已经存在的值。首先要获取原来的值对象,然后清除原有的值,最后像上面增加记录操作即可:

```
Uri uri = Uri. withAppendedPath(People. CONTENT_ URI, "23");
UriphoneUri = Uri. withAppendedPath (uri, People. Phones. CONTENT_DIRECTORY);
values. Clean();
values. put (People. Phones. TYPE, People. Phones. TYPE_ MOBILE);
values. put (People. Phones. NUMBER, "1233211067");
getContentResolver(). insert (phoneUri, values);
```

(3) 批量更新值。批量更新一组记录的值,比如 NY 改名为 New York。可调用 ContenResolver. update() 方法。

(4) 删除记录。如果是删除单个记录,调用 ContentResolver. delete() 方法,URI 参数,指定到具体行即可。如果是删除多个记录,调用 ContentResolver. delete() 方法,URI 参数指定 ContentProvider 即可,并带一个类似 SQL 的 WHERE 子句条件。这里和上面类似,不带 WHERE 关键字。

(5) 创建自己的 ContentProvider。创建 ContentProvider,需要首先设置存储系统。大多数 ContentProvider 使用文件存储或者 SQLite 数据库,不过也可以使用其他任何方式存储数据,ContentProvide 是与底层实现完全无关的。创建 ContentProvider 必须继承 ContentProvider 类,需要实现如下方法:

query(); insert(); update(); delete(); getTypeQ; onCreate(); query()。

因为 ContentProvider 可能会被多个 ContentResolve 对象在不同的进程和线程中调用,因此实现 ContentProvider 必须考虑线程安全问题。作为良好的编程习惯,在实现编辑数据的代码中，必须调用 ContentResolver. notifyChange( ) 方法，通知那些监听数据变化的监听器。在实现子类的时候，还有一些步骤可以简化 ContentProvider 的使用，比如定义 public static final Uri 常量，名称为 CONTENT_ URI，例如：

```
public static final Uri CONTENT _URI =
Uri. parse ("content://com. example. codelab. Transportationprovider")
```

5.2　移民实物指标数据采集流程设计

5.2.1　移民实物指标调查工作流程

水利水电工程移民是水利水电工程建设的重要组成部分，是一个集多阶段规划设计、移民实施管理及后期扶持管理于一体的十分复杂的系统工程。不同的设计阶段，实物调查工作要求的内容和深度不同：项目建议书阶段，应基本查明工程建设征（占）地范围内人口、土地、房屋、城（集）镇基础设施、工业企业及主要专业项目等实物数量。人口、土地应全面调查，房屋、城（集）镇市政及公用设施、工业企业及重要专业项目等可抽样调查。可行性研究报告阶段，应进行全面调查，查明工程建设征（占）地范围内各项实物的数量和质量。初步设计阶段，必要时应按规定程序批准后，按可行性研究报告阶段的要求，对工程建设征（占）地范围内的实物进行补充调查或复核。技施设计阶段，必要时应对初步设计阶段的实物进行补充调查或复核，对确认的实物成果进行分解。

基础资料整理工作，对水库工程控制流域范围以内的地类地形图、建设项目用地专题图、数字正射影像图、DEM 数据、其他专题图、社会经济数据等进行数据处理转换与入库。

分方案量图工作主要为项目建议书阶段的分方案，即对水位方案比选提供辅助支持，对地理空间数据进行操作，以土地利用数据和等高线数据为基本操作对象。可以得到正常蓄水位线，5 年一遇、20 年一遇洪水淹没线等中期成果，最后实现所有淹没影响区和枢纽区的土地征用、征收具体数据。

安置规划部分主要依托实物指标调查得到的数据，完成建立移民安置区有关规划资料的数据库图形及属性信息，按照一定的计算方法进行安置人口容量分析，辅助进行移民安置方式、去向与移民信息数据库的数据平衡，辅助开展征地移民安置补偿费用概（估）算编制工作。

概（估）算部分，在实物指标调查和安置规划阶段完成后，根据实物指标调查数据和安置规划数据进行补偿概（估）算阶段，保障移民的合法权益以及项目的投资效益，是项目决策的关键部分。

实物指标调查工作的内容主要是合理确定征地移民调查范围，收集征地区域的社会经济资料，调查各项实物指标，提出调查成果，对调查成果进行汇总分析，编写调查报告，其业务流程见图 5-3。在实际的移民实物指标调查过程中，各类实物的调查流程和技术手段均有所不同，下面对土地调查、人口和房屋调查、工业企业调查、专业项目调查等进行分析。

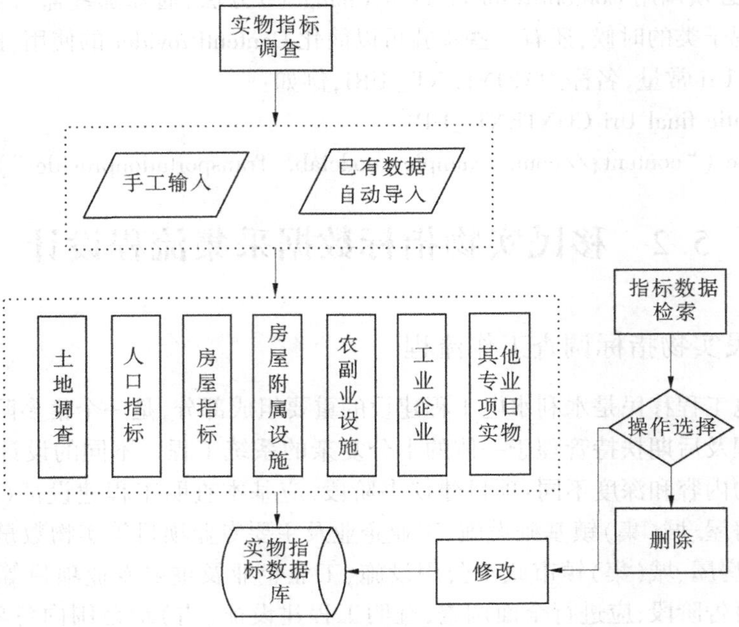

图 5-3 实物指标调查业务流程

5.2.1.1 土地调查

土地调查方式和流程目前主要根据设计阶段的不同、设计要求精度的不同以及从国土部门收集到的土地利用数据的精度和时效性采用不同的调查方法。在项目前期阶段，如果能够从国土部门收集到新近更新过的，而且满足设计深度要求精度的土地利用数据，则借助 ArcGIS 等地理信息系统软件进行编辑、分析、汇总统计工作；如果在后期实施阶段，对土地数据调查的精度要求很高，而国土部门的土地利用现状数据精度或时效性均不能满足要求，则要采用原始的现场持图调查方法，由外业工作人员携带测量仪器和设备，以及纸质地类地形资料图到外业进行实地调查，将调查得到的数据记录在表格之中，然后交由内业人员对数据进行处理存入数据库。由于地类繁多、地块分散、调查难度大，土地调查过程中经常还会出现反复调查的情况，此时需要将重新调查的数据再次交由内业人员，由内业人员进行更新处理。

5.2.1.2 人口和房屋调查

调查方式上，调查区域一般是双向划分：一是将调查区域根据地理地图分为不同的相同大小的调查图幅，二是在此图幅基础上按照行政区划进行调查。根据上述划分，可将人口和房屋调查人员分为若干小组进行调查。由于一个小组通常担任多个行政区划的调查任务以及调查进度的不同，工作人员具有非常大的流动性；调查技术手段上，白天时间段内，外业工作人员需携带平板电脑，对管辖区内的家庭户逐户逐项调查。待外业调查结束后，各组外业工作人员将数据汇总至内业工作人员处，内业工作人员对数据进行统一管理入库。

5.2.1.3 工业企业调查

工业企业应按不同属性、类型、行业，逐个进行调查登记。重点调查企业名称、所在地点、行业分类、权属关系、经济成分、建设日期、设计规模、高程范围、占地面积；全厂员工人数及户口在厂人数，各类房屋结构与面积，主要设施设备名称、结构、数量；固定资产、近 3 年年产值，年利税、年工资总额；主要产品种类及产量，原材料、原材料来源地，并收集厂区平面布置图（标有高程）、设计文件等。目前的调查方式主要以收集资料为主，同时填写相关调查表格，调查信息需要人工甄别、筛选，信息入库采用人工方式。

5.2.1.4　专业项目调查

专业项目调查的工作方式则兼有人口和房屋调查及土地调查两种情况，同样需要携带 GPS 定位仪、照相机等辅助调查设备，信息采集到入库是半人工、半自动方式。

5.2.2　移民实物指标数据分析

5.2.2.1　移民实物指标数据分类

根据《水利水电工程建设征地移民实物调查规范》（SL 442—2009）、《水利水电工程移民档案管理办法》（档发〔2012〕4 号）、《水利信息化顶层设计》，分析归类得出水库移民调查数据分类情况，见表 5-2。

5.2.2.2　移民实物指标数据特征分析

实物指标是用实物单位计量的总量指标，是研究生产力平衡、物质平衡的必要指标，它是计算物质价值指标的基础。其计量单位的确定是根据事物的属性和特点而采用的指标单位，包括：

（1）自然单位。指事物的自然属性状况来度量的计量单位，如树木以“棵”为单位，人口以“人”为单位等。

（2）度量衡单位。指按照统一的度量衡制度来度量其数量的计量单位，主要是描述无法用自然属性单位来表述其数量的，如水电站装机容量以“kW（千瓦）”为单位，铁路线路长度以“km”为单位等。

（3）标准实物单位。指把被研究对象按照统一折算标准来进行度量的计量单位。

水利水电工程移民实物指标数据就是指建设水利水电工程产生征地处理范围时，征地范围内的人口、土地、构筑物、建筑物、矿产资源、文物古迹、其他附着物、具有社会人文性和民族习俗性的建筑、场所等的数量、质量、规模、权属和其他属性等各项指标。

本书的实物指标调查数据采集只是整个工作流程中的一个部分，同时是最重要的一部分。它为研究建设征地对当地经济、社会的影响，论证工程规模提供基础资料，是后续移民安置规划设计、投资概（估）算的数据基础和事实依据，是整个移民工作的关键部分。做好对移民数据的归纳、分类和分析则是有效组织和管理调查数据的前提，也是建立信息化数据采集存储系统数据库设计的基础。

由前文 3.2.1 可知，水利水电工程移民工作需要大量多样的数据来辅助进行工作，实物指标数据作为移民工作的重要部分，其特点是类型多样、种类繁杂。本书根据长期以来前人积累的实际工作经验并参考相关文献，对移民实物指标数据进行归纳分类，见表 5-3。

表 5-2 水库移民调查数据分类

数据名称		数据类型		数据内容	保存时限
地理信息数据库	基础地理信息数据库	图形数据	矢量数据	水库控制流域范围以内的 1:5 000 地类地形图	随时更新、长期保存
			栅格数据	数字正射影像图、遥感影像图、DEM	
		属性数据		编码、坐标、周长、面积、土块编号、断面所属区域、行政区划相关信息、有关测量管理信息等	
	土地利用现状数据库	矢量图形数据		水库控制流域范围以内施工布置区重点研究区域 1:2 000 土地利用现状图、工程施工征地区 1:2 000 土地利用现状图、主要移民安置区 1:2 000 土地利用现状图等	定期更新、长期保存
		属性数据		土地利用现状及变更的信息	定期更新、长期保存
	土地利用规划数据库	矢量图形数据		土地利用总体规划图、专项规划图	
		属性数据		土地利用规划布局、红线相关信息	
	农用土地分等定级数据库	矢量图形数据		农用土地分等定级图	定期更新、长久保存
	用地数据库	属性数据		分等定级编码、级别、相关属性	随时更新、长期保存
		矢量图形数据		农地转用、征用、建设项目用地专题图层	
		属性数据		农地转用、征用、建设用地编码、用地面积、建筑面积、用地单位、费用、补偿方案等相关信息	
专题数据库	库区社会经济数据库	属性数据		库区资源、人口、经济及发展规划等社会经济基本资料	随时更新、永久保存
	分区数据库	属性数据		分级别（县、乡、镇、村）分时间全库逐级登录数据	随时更新、永久保存
	淹没规划、数据库	属性数据		淹没实物指标、年度计划指标等、规划指标（农村移民安置、工矿企业迁建、专业项目复建改建等）	随时更新、永久保存
	法律法规会议文件数据库	属性数据		存储中央、地方、部门现行有关水库移民的法律法规文件等，各类补偿、补助和规划标准等	随时更新、永久保存

表 5-3 实物指标数据分类

实物指标调查对象											
调查类别	农村调查							城镇调查		工业企业调查	专项项目调查
调查项	人口	房屋	附属设施	土地	水利设施	农副业设施	文教卫生设施	城镇基本情况	同农村调查	生产规模、固定资产和职工、户口在厂人数等实物的数量与质量	交通、电力、通信、广播、文化、宗教等
空间数据		★		★	★	★	★		★	★	
属性数据	★	★	★	★	★	★	★	★	★	★	★
多媒体数据	★	★	★		★	★	★		★	★	★

(1)从调查内容类型上看,实物调查可分为农村、城镇、工业企业和专业项目等四部分。

农村调查内容应包括人口、房屋及附属建筑物、土地、水利设施、农副业设施、文教卫生服务设施、其他项目[零星林(果)木、坟墓、电话和有线电视]等项目。

城(集)镇调查内容应包括用地、人口、房屋及附属设施、机关事业单位、工商企业、基础设施、镇外单位等项目。

工业企业调查内容应包括企业名称、性质、注册资金,企业位置、分布高程等基本情况,占地面积、职工及家属人数、房屋面积、基础设施和设备等实物数量,以及企业主要产品、年产量、年产值、年工资、年利润和年税收等主要技术经济指标。

专业项目调查内容应包括交通工程设施、输变电工程设施、电信工程设施、广播电视工程设施、水利水电工程设施、管道工程设施、国有农(林、牧、渔)场、文物古迹、风景名胜区、自然保护区、水文站、矿产资源及其他项目等。

(2)从调查数据的类型上看,实物指标数据可分为空间数据、属性数据和多媒体数据。

空间数据:与地理空间位置相关,借助图形图像来描述,如房屋、土地的空间位置。

属性数据:用来描述实物指标数据的各种属性,一般包括数字、文本文件、日期类型等,如人口数量、调查日期。

多媒体数据:在现场调查过程中产生的文件签字照片、房屋等设备设施的现状照片以及视频等。

5.2.3　面向移动设备的数据采集流程设计

5.2.3.1　面向移动设备的数据类型

实物指标调查过程中需要采集的数据来源不同、结构不同,包括移民工程相关的各个方面。通常在进行数据采集时相应地需要多种数据采集方式相互配合,充分发挥各种采集方式的特点,将整个数据调查过程高效、准确地完成。所以,有必要对移动终端的设备的特性和实物指标调查所需数据进行具体分析,形成面向移动终端的数据采集对象。移动环境下的智能设备主要具有以下特性:

(1)移动性。移动设备小巧轻便,可经常处在移动环境中,适合野外作业。

(2)位置依赖性。移动终端一般自带 GPS 接收器,便携式平板电脑集成的 GPS 模块可实时获取空间信息,并记录用户需要的地理信息。

(3)采集信息异构性。可以完成和处理多媒体异构信息,如照片、视频、音频等。

由此可知,移动终端设备可完成野外地图应用和实物指标数据采集工作。野外地图的应用主要是把内业处理好的地理空间信息带到野外作为移动空间信息辅助野外任务的一种方式。简单的地图浏览应用使得获取调查对象的空间信息变得可能,同时为野外决策提供直观辅助。结合 GPS 的使用,可以增添导航支持,不仅可以快速获取作业人员所需要的空间信息,同时使得作业人员在外执行任务时能够实时了解自己所在的空间位置和环境,在作业人员返回驻地进行分析和处理后,为下次野外调查工作做出相应调整和准备。实物指标数字化采集系统不仅可以帮助作业人员快速获得移民户的基本财产数据(如人口、房屋、附属设施、零星树木等),而且借助移动式便携设备集成的 GPS 模块和照相机模块可以同时采集地理信息数据和多媒体数据。另外,便携式移动设备可以满足实物指标调查"流动作战"的工作方式需求。

移动终端采集数据具有高效、准确、方便灵活的特点,故移动终端的方式尤其适用野外工作环境下的空间数据(土地、房屋位置等)、人口房屋等属性数据以及视频等多媒体信息的采集。由此可见,移动方式数据采集满足表 5-3 中实物指标数据调查的需求。

5.2.3.2　移动环境下数据采集流程

在对水利水电工程移民工作流程及实物指标数据仔细分析后,参照上述分析,建立了由数据获取阶段、数据处理阶段、数据传输阶段及数据存储阶段组成的面向水利水电工程移民工程移动终端实物指标数据采集存储流程,见图 5-4。该流程将整个实物指标调查过程分为移动端数据采集、数据传输、数据存储与内业分析三个互相承接的过程,明确了 GPS 技术、多媒体采集与存储技术、智能移动设备数据采集的关系,为进一步通过这些方法来获取实物指标数据指明了方向。

移动端部分首先根据对实物指标的分类,明确调查对象及类型;然后根据不同类型的数据采用 GPS 空间数据获取方法、基础资料现场调查、多媒体数据现场拍摄等多种方式对数据进行获取;最后对不同类型的数据进行处理。

实物指标数字化采集系统能够实现数据采集与数据入库一体化,这也是移动方式的数据采集不同于原始数据采集方式的特点之一。使用便携式移动终端设备现场采集征地移民基础调查数据、地理信息数据和多媒体数据,能够极大地提高野外工作的效率,采集

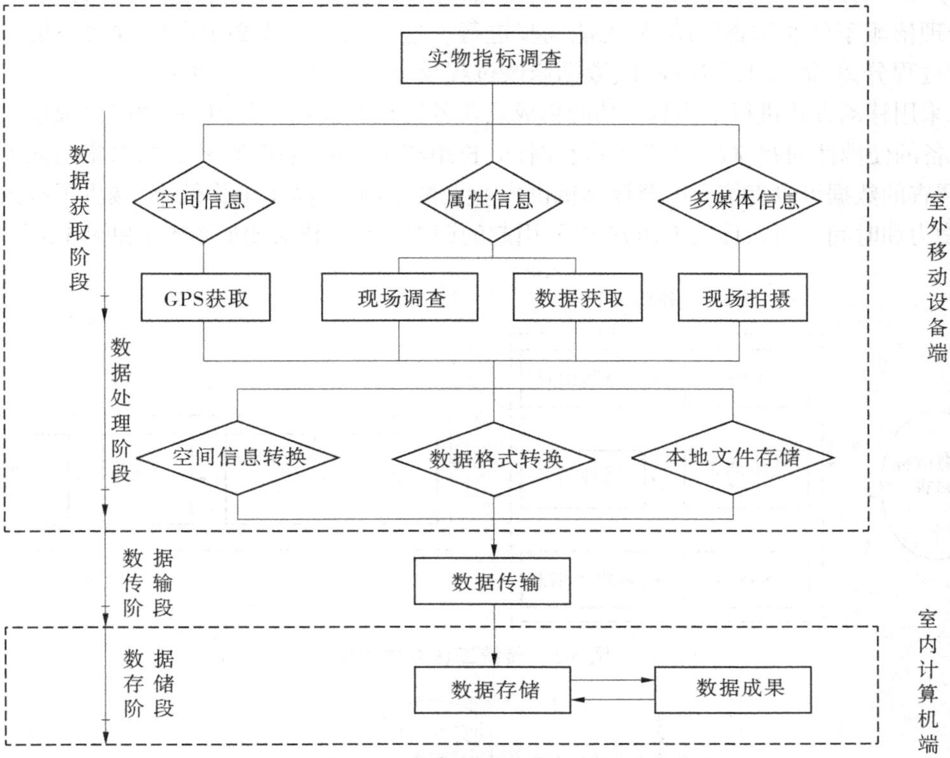

图 5-4　面向移动设备的实物指标数据采集流程

到的数据保存在移动终端中，在外业工作完成后，将数据直接导入计算机，交由内业工作人员对数据进行统一管理，用于数据统计汇总分析、数据成果可视化等。

该流程具有如下显著特点：

(1)结构清晰，概念清楚，根据前人的工作经验，充分考虑移民工作内容的各个环节，始终以数据流向为向导。

(2)任务明确，根据不同调查对象的数据特点进行不同的数据采集方法，思路清晰。

(3)双重兼顾，既注重了实物指标的采集过程，又注重了对采集数据的处理、传输和存储，使得整个实物指标数据采集、传输、存储一气呵成，更具合理性和科学性。

(4)具有技术上的先进性，结合了 GPS 技术、多媒体采集技术、数据获取与存储技术共同完成作业。GPS 技术提供了实时、全天候的定位导航服务，高精度自动测量获取地理空间信息。多媒体信息采集与存储技术可以实时采集调查对象的照片和视频资料，并通过采集系统内部程序与调查对象相关联。数字化采集方式使现场数据获取与入库同步进行，既提高了效率，也降低了错误发生的概率。

(5)整个过程与“由表及里、由外而内、循序渐进”的人的认知过程相符合。

5.2.3.3　与传统工作流程的对比

在传统工作模式下，外业数据采集是以人工为主、设备为辅，经过采集的数据不能直接作为成果提交给内业，还需内业人工导入系统，内业与外业工作的配合属于线性处理事务方式。一方面,外业调查依赖多种设备,操作的便捷性受到限制;另一方面,内业对数据的处理依赖于外业调查的结果,无法同步进行。这种工作方式必定产生数据采集与数据入库过程分离、需人工多次操作、数据修改过程反复、工作效率低下的问题。

采用移动方式进行采集具有功能集成及业务流程非线性的特点,其功能集成解决了调查设备的便携性问题,减轻外业人员长时间、长距离工作的负担,野外数据采集与入库一体化,调查的数据可以直接导出至计算机供内业人员使用,提高了工作效率,减少了投入的人力、物力和时间。引入移动工作方式后,引起的调查流程变化对比如图 5-5 和图 5-6 所示。

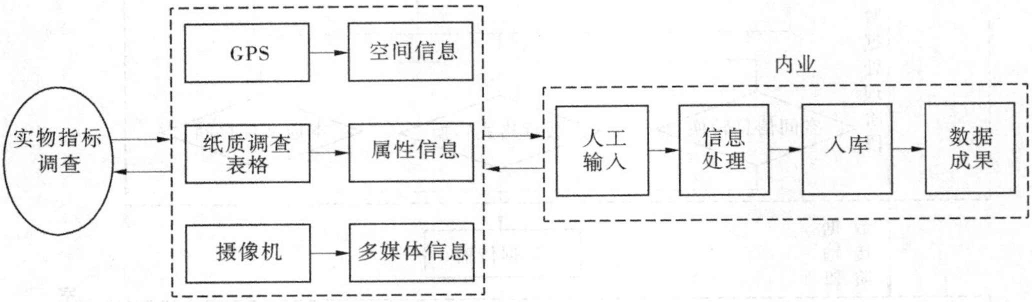

图 5-5　传统工作方式流程

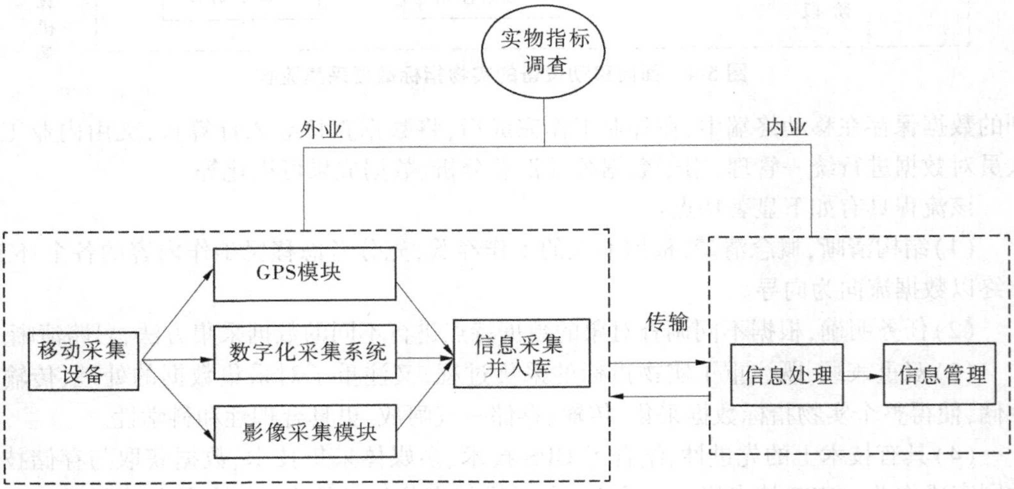

图 5-6　移动方式工作流程

由图 5-5、图 5-6 可以看出,相对于传统方式,本书设计的水利水电工程移民实物指标数据采集流程具有以下特点:

(1)移动端多功能集成,减少调查设备携带负担及工作人员的操作过程。

(2)采用实物指标数字化采集系统,“数据采集与入库同步”使内业工作流程明显减少,去除了数据人工导入和入库的流程,工作负担明显减轻,工作效率显著提高。

5.3　系统设计与实现

5.3.1　系统开发与运行环境

目前,移动设备的操作系统百花齐放,各有优势,从用户体验及系统成熟度考虑,Android 操作系统具有开源的特点,使用主流的 Java 语言作为程序开发语言,且市场占有率很高,开发成本较低,用户体验良好,满足移民工作中对移动设备的要求,因此本书移动端的开发选择 Android 操作系统作为开发平台。

结合实际情况和具体需求,系统开发环境见表 5-4。

表 5-4　系统开发环境

硬件环境	设备名称	ONDA-V819-3G
	CPU/中央处理器	ARM 架构 MTK 四核处理器
	GPU/显示核心	PowerVR544MP
	RAM/内存	1GB-DDR3
	Storage/存储容量	16 GB
	Screen/显示屏幕	7.9 英寸(1 英寸 = 2.54 cm)IPS 超广视角屏
	Resolution/屏幕分辨率	1 024×768(4:3)
	Carema/摄像头	前置 30 万像素,后置 200 万像素
开发环境	运行系统	Android 4.2
	开发工具	Eclipse 3.6
	开发语言	Java

5.3.2　系统总体设计

移民实物指标数据采集是后续数据统计汇总分析、移民安置规划、移民项目概算的数据基础和事实依据,移民安置的合理性和投资概算的准确程度很大程度上取决于实物指标数据调查数据的全面性、时效性、准确性,因此可以说移民实物指标移动终端数据采集系统是水利水电工程移民实物指标调查系统极为重要的一部分,它为水利水电工程移民工作提供了重要的数据采集技术支撑及数据成果展示平台,移民实物指标移动终端采集系统依托于移民实物指标调查系统。

传统的实物指标调查系统多采用纸质调查表进行现场填表调查,调查过程中需要手工计算,调查结果还要手工输入计算机的数据处理软件,不仅烦琐而且容易出错;在外业调查工作中,使用预先开发的实物调查数据库软件直接将调查数据入库虽然能够省去填写纸质调查表的步骤,但是笔记本电脑需要稳定的电源,而且要携带 GPS、照相机等辅助设备，不适应野外工作对设备便携性的要求；开发实物指标数字化采集系统，装载集成了GPS模块和摄像模块的平板电脑，在野外实物调查过程中实现“数据调查与入库同步”，极大地提高了工作效率，减少了人工多次输入数据可能带来的误差，提高了实物数据采集的准确性，满足了移民实物指标调查工作便捷、高效、多种类型数据集成的需求。

水利水电工程建设征地移民实物指标调查一般分为土地、房屋、人口、工业企业和专业项目5类，每一大类下又有若干调查项目，其数据类型和规模各有特点，其中房屋和人口数据显著的特点就是数据类型多，既要采集常规属性、数量数据，又要采集影像等多媒体数据和地理信息数据，而且根据移民人数的多少，数据量往往很大。但是房屋和人口数据的另一个特点是项目分类有限，数据比较规则，在有限的项目类型中，基本可以涵盖房屋和人口调查的方方面面，便于专门软件的设计以及使用。

本书对于水利水电工程建设征地移民实物指标数字化采集系统的开发，首先选择征地移民实物调查中的房屋和人口数据进行研究，使地理信息数据和多媒体影像数据同步采集并与调查对象自动关联，以期实现多类型数据采集与入库一体化。

实物指标数字化采集系统总体框架及业务流程如图5-7所示。

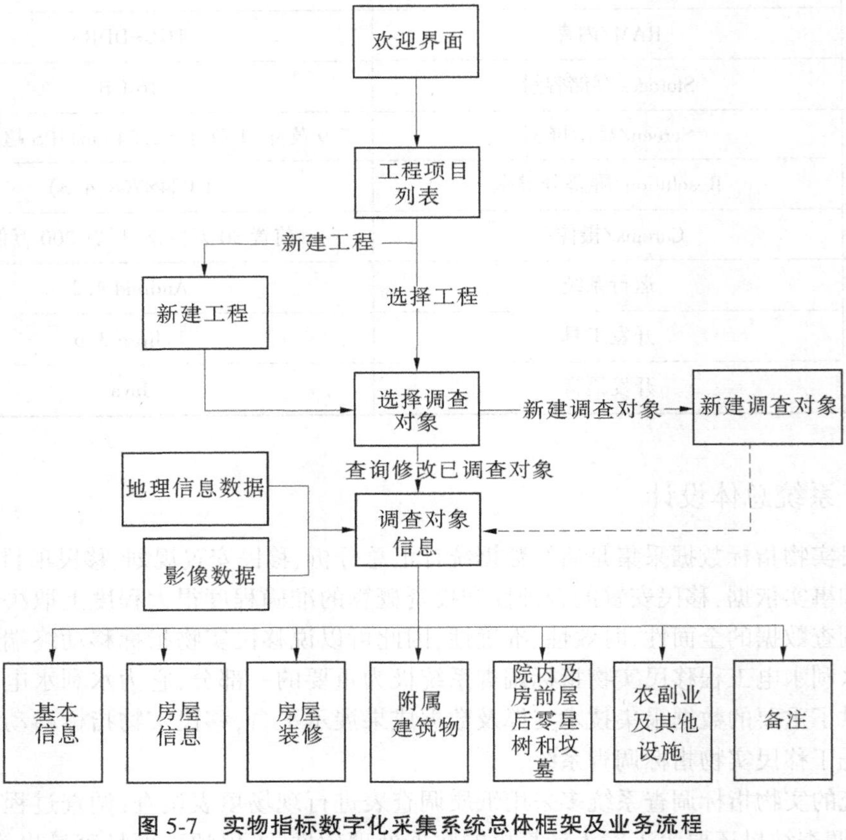

图5-7　实物指标数字化采集系统总体框架及业务流程

5.3.3　系统功能模块设计

根据数据采集的流程对象以及工作的深度,从功能上分解,涉及三大部分的内容,包括数据采集模块、辅助采集模块、数据存储与导出模块,系统功能模块见表 5-5。

表 5-5　系统功能模块

功能模块	功能名称	功能介绍
数据采集模块	人口调查	人口应按农村的农业人口、非农业人口和城(集)镇的农业人口、非农业人口分别计列,另外重点调查人口性别、民族、文化程度、从业状况等影响移民安置规划方案的人口信息。人口调查计量单位为户、人
	房屋调查	房屋应按产权、用途和建筑结构进行分类,建筑面积按照国家现行有关标准和规定计算。计量单位为平方米(m^2)
	附属物调查	调查移民户附属建筑物设施,例如围墙、厕所、晒场、畜舍等设施,根据调查对象的计量特性,采用相应单位准确计量
	农副业调查	调查移民户豆腐坊、榨油坊、养殖业等经营项目的产品、生产规模、年产量、产值、利润、税收、从业人数等指标,作为安置规划的标准和补偿的依据
辅助采集模块	多媒体数据	对照片、视频等多媒体数据的采集功能
	地理信息数据	实时定位野外工作人员的工作位置,并根据需要随时记录调查对象的经纬度坐标
数据存储与导出模块	移动端本地存储	将外业工作人员采集的空间数据、属性数据、多媒体数据存储在移动设备上的 SQLite 数据库中
	数据导出	将 SQLite 数据库中保存的数据导出为 Excel 能识别的 csv 文件,以便于内业编辑

5.3.4　系统实现

5.3.4.1　系统类图设计

类图(class diagram)是最常用的 UML 图,它显示出类、接口以及它们之间的静态结构和关系,它用于描述系统的结构化设计。系统类图设计见图 5-8。

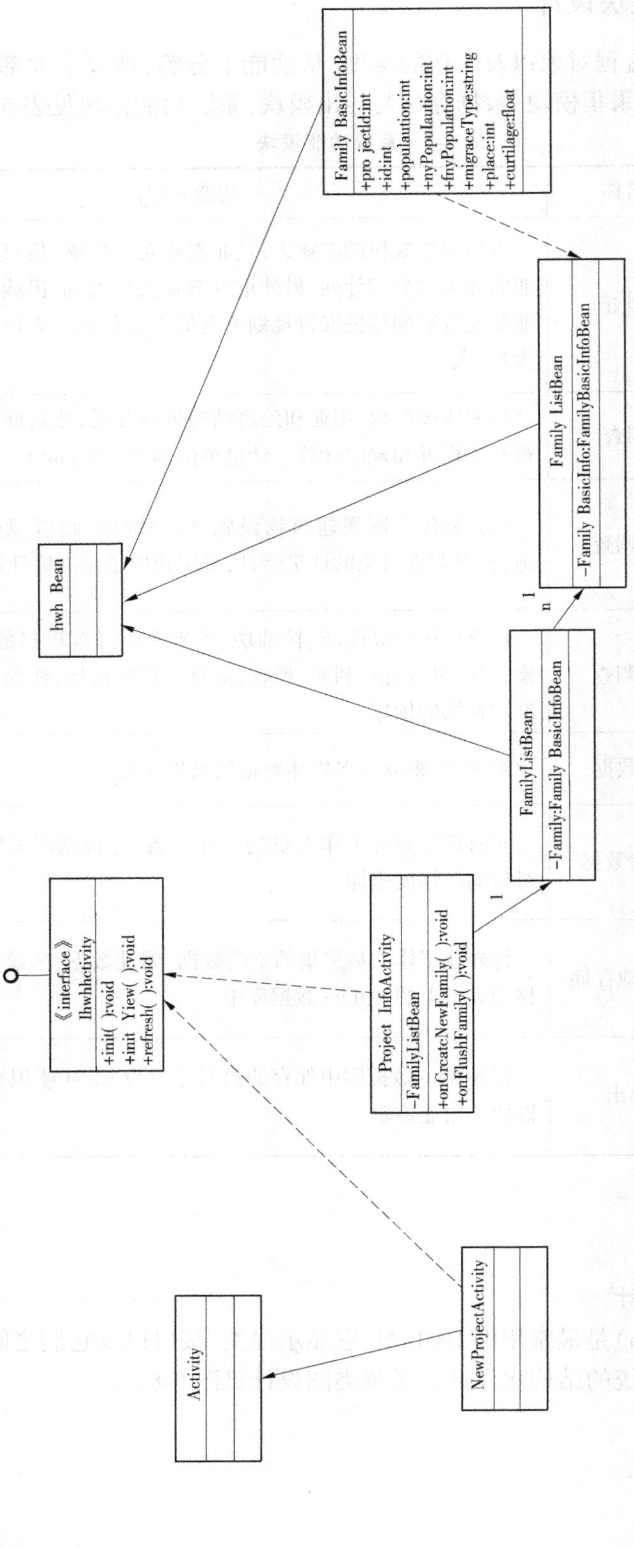
Family BasicInfoBean
+pro jectId:int
+id:int
+populaution:int
+nyPopulaution:int
+fnyPopulation:int
+migraceType:string
+place:int
+curtilage:float
Family ListBean
-Family BasicInfo:FamilyBasicInfoBean
hwh Bean
1
n
FamilyListBean
-Family:Family BasicInfoBean
1
《interface》
Ihwhetivity
+init( ):void
+init Yiew( ):void
+refresh( ):void
Project InfoActivity
-FamilyListBean
+onCreateNewFamily( ):void
+onFlushFamily( ):void
NewProjectActivity
Activity

图 5-8 系统类图设计

5.3.4.2 信息数据结构声明

程序各数据结构均以 bean 的形式进行声明,继承 Serializable 接口实现序列化。所谓的 Serializable,就是 java 提供的通用数据保存和读取的接口。任何类型只要实现了 Serializable 接口,就可以被保存到文件中,或者作为数据流通过网络发送到别的地方,也可以用管道来传输到系统的其他程序中。例如地址信息数据结构声明如下:

```
public class AddressBean extends hwhBean implements Serializable{
  private static final long serialVersionUID = 1L;
  private String Province;//省
  private String City;//市
  private String County;//县
  private String Country;//乡
  private String Village;//村
  //private String Street;//街道
  //private String No;//号码
  private String group;//村民小组
  public AddressBean(){
  }
  public String getProvince(){
      return Province;
  }
  public void setProvince(String province){
      Province = province;
  }
  public String getCity(){
      return City;
  }
  public void setCity(String city){
      City = city;
  }
  public String getCounty(){
      return County;
  }
  public void setCounty(String county){
      County = county;
  }
  public String getCountry(){
      return Country;
  }
```

```
    public void setCountry(String country) {
        Country = country;
    }
    public String getVillage() {
        return Village;
    }
    public void setVillage(String village) {
        Village = village;
    }
    /*
    public String getStreet() {
        return Street;
    }
    public void setStreet(String street) {
        Street = street;
    }
    public String getNo() {
        return No;
    }
    public void setNo(String no) {
        No = no;
    }
     */
    public String getGroup() {
        return group;
    }
    public void setGroup(String group) {
        this.group = group;
    }
}
```

5.3.4.3　本地数据的保存

本地数据存放于 SQLite 数据库中。SQLite 是一个轻量级的、嵌入式的关系型数据库,它遵守 ACID 的关联式数据库管理系统,是主要针对嵌入式设备专门设计的数据库,由于其本身占用的存储空间较小,所以目前已经在 Android 操作系统中广泛使用,而且在 SQLite 数据库中可以方便地使用 SQL 语句实现数据的增加、修改、删除、查询、事务控制等操作,最新版本的 SQLite 数据库为 SQLite3。程序采用 SQLiteOpenHelper 进行数据库的操作,这样的好处是当程序版本升级时,可在继承自 SQLiteOpenHelper 类的 onUpgrade 方法中直接更新数据库的相应信息,从而实现数据库的结构升级。每个实体 bean 均定义一个对应的 DB 接口，方便数据读取与保存的操作。数据库操作如下：

```
public class HwhSqlHelper extends SQLiteOpenHelper{
    public static final String DB_NAME = "hwh.db";
    public static final int VERSION = 1;
    private static List<Table> tables = new ArrayList<Table>();

    static {
        tables.add(new ProjectTable());
    }

        public HwhSqlHelper(Context context, String name, CursorFactory factory,int
version) {
        super(context, name, factory, version);
   }

public HwhSqlHelper(Context context) {
        super(context,DB_NAME,null,VERSION);
   }

    @Override
    public void onCreate(SQLiteDatabase db) {
          for(Table table :tables) {
     table.onCreate(db);
     }
     }

@Override
public void onUpgrade(SQLiteDatabase db, int oldVersion, int newVersion) {
    for(Table table :tables) {
      table.onUpgrade(db, oldVersion, newVersion);
    }
  }
}
```

5.3.4.4 空间信息的获取

征地移民实物调查工作需要采集调查对象的地理信息，即经纬度坐标。空间信息的获取由平板电脑上集成的 GPS 模块来实现。这里使用百度地图定位 SDK 来实现。Java 页面代码如下：

```
package com.example.try_lbs_baidu;
```

```
import android.app.Activity;
import android.os.Bundle;
import android.util.Log;
import android.view.View;
import android.widget.Button;
import android.widget.TextView;

import com.baidu.location.BDLocation;
import com.baidu.location.BDLocationListener;
import com.baidu.location.LocationClient;
import com.baidu.location.LocationClientOption;

public class GPSActivity extends Activity {
    private TextView mTv = null;
    public LocationClient mLocationClient = null;
    public MyLocationListener myListener = new MyLocationListener();
    public Button ReLBSButton=null;
    public static String TAG = "msg";

    @Override
    public void onCreate(Bundle savedInstanceState) {
        super.onCreate(savedInstanceState);
        setContentView(R.layout.activity_main);

        mTv = (TextView)findViewById(R.id.textview);
        ReLBSButton=(Button)findViewById(R.id.ReLBS_button);

        mLocationClient = new LocationClient(this);

        mLocationClient.registerLocationListener(myListener);

        setLocationOption();//设定定位参数

        mLocationClient.start();//开始定位

        //重新定位
        ReLBSButton.setOnClickListener(new Button.OnClickListener() {
            public void onClick(View v) {
```

```
                // TODO Auto-generated method stub
                if (mLocationClient != null && mLocationClient.isStarted())
                    mLocationClient.requestLocation();
                else
                    Log.d("msg", "locClient is null or not started");
            }
        });

    }

    //设置相关参数
    private void setLocationOption(){
        LocationClientOption option = new LocationClientOption();
        option.setOpenGps(true);
        option.setAddrType("all");//返回的定位结果包含地址信息
        option.setCoorType("bd09ll");//返回的定位结果是百度经纬度,默认
值 gcj02
        option.setScanSpan(5000);//设置发起定位请求的间隔时间为 5 000 ms
        option.disableCache(true);//禁止启用缓存定位
        option.setPoiNumber(5);     //最多返回 poi 个数
        option.setPoiDistance(1000); //poi 查询距离
        option.setPoiExtraInfo(true);
        mLocationClient.setLocOption(option);
    }

    @Override
    public void onDestroy() {
        mLocationClient.stop();//停止定位
        mTv = null;
        super.onDestroy();
    }

    /**
     * 监听函数,有更新位置的时候,格式化成字符串,输出到屏幕中
     */
    public class MyLocationListener implements BDLocationListener {
        @Override
        //接收位置信息
```

```
        public void onReceiveLocation(BDLocation location) {
            if (location == null)
                return ;
            StringBuffer sb = new StringBuffer(256);
            sb.append("time : ");
            sb.append(location.getTime());
            sb.append("\nreturn code : ");
            sb.append(location.getLocType());
            sb.append("\nlatitude : ");
            sb.append(location.getLatitude());
            sb.append("\nlongitude : ");
            sb.append(location.getLongitude());
            sb.append("\nradius : ");
            sb.append(location.getRadius());
            if (location.getLocType() == BDLocation.TypeGpsLocation){
                sb.append("\nspeed : ");
                sb.append(location.getSpeed());
                sb.append("\nsatellite : ");
                sb.append(location.getSatelliteNumber());
        } else if (location.getLocType() == BDLocation.TypeNetWorkLocation){
                sb.append("\naddr : ");
                sb.append(location.getAddrStr());
            }
            sb.append("\nsdk version : ");
            sb.append(mLocationClient.getVersion());
            sb.append("\nisCellChangeFlag : ");
            sb.append(location.isCellChangeFlag());
            mTv.setText(sb.toString());
            Log.i(TAG, sb.toString());
        }
        public void onReceivePoi(BDLocation poiLocation) {
            if (poiLocation == null) {
                return;
            }
        }
    }
}
```

5.3.4.5　界面与逻辑的分离

所有非界面类操作均由后台 service 完成，前台发送任务 Task 到后台 Service，Service 完成相关任务后通知前台进行界面刷新操作，从而保证了 UI 与逻辑的完全分离。所有 Activity 类都实现 IhwhActivity 接口，并在系统启动后将所有实现该接口的 Activity 在 Service 中注册。

IhwhActivity 接口定义如下：

```
public interface IhwhActivity {
    void init();//初始化
    void initView(); //界面初始化
    void refresh(Object... param); //刷新
}
```

Task 任务定义如下：

```
public class Task {
  public static final int BEGINPROGRAM = 0;//任务 ID 定义
  public static final int CREATEDB = 1;//任务 ID 定义
  public static final int GETPROJECTLIST = 2;//任务 ID 定义
  public static final int CREATENEWPROJECT = 3;//任务 ID 定义
  private int taskId;
  @SuppressWarnings("rawtypes")
  private HashMap taskParams;
  private Context ctx;//Activity 的 Context
  private long delayTime;//任务延迟执行时间
  private long taskTime;//任务产生时间(毫秒)

  @SuppressWarnings("rawtypes")
  public Task(int taskId, HashMap taskParams, Context ctx) {
    super();
    this.taskId = taskId;
    this.taskParams = taskParams;
    this.ctx = ctx;
    setTaskTime(System.currentTimeMillis());
    setDelayTime(0);
  }
  public int getTaskId() {
  return taskId;
  }
  public void setTaskId(int taskId) {
    this.taskId = taskId;
```

```
    }
    @SuppressWarnings("rawtypes")
    public HashMap getTaskParams() {
        return taskParams;
    }

    @SuppressWarnings("rawtypes")
    public void setTaskParams(HashMap taskParams) {
        this.taskParams = taskParams;
    }
    public Context getCtx() {
        return ctx;
    }

    public void setCtx(Context ctx) {
        this.ctx = ctx;
    }

    public long getDelayTime() {
        return delayTime;
    }

    public void setDelayTime(long delayTime) {
        this.delayTime = delayTime;
    }

    public long getTaskTime() {
        return taskTime;
    }
    public void setTaskTime(long taskTime) {
        this.taskTime = taskTime;
    }
}
```

5.3.4.6 Fragment **技术的使用**

Fragment 是 Android3.0 后的一项重要技术:碎片化技术。通过该技术可以在不修改代码的情况下实现 Andorid 平板电脑与 Android 手机的完美兼容,从而使本研究开发的“水利水电工程建设征地移民实物指标数字化采集系统”不仅可以运行在 Android 平板电脑上,也可以运行在 Android 系统的手机设备上,进一步减少了系统使用的成本,便于大范围推广使用。在本系统中使用该技术实现资料输入界面在手机与平板间的兼容。

Fragment 表现 Activity 中用 UI 的一个行为或者一部分。可以组合多个 fragment 放在一个单独的 activity 中来创建一个多界面区域的 UI,并可以在多个 activity 里重用某一个 fragment。把 fragment 想象成一个 activity 的模块化区域,有它自己的生命周期,接收属于它的输入事件,并且可以在 activity 运行期间添加和删除。

Fragment 必须总是被嵌入到一个 activity 中,它们的生命周期直接被其所属的宿主 activity 的生命周期影响。例如,当 activity 被暂停时,那么在其中的所有 fragment 也被暂停;当 activity 被销毁时,所有隶属于它的 fragment 也被销毁。然而,当一个 activity 正在运行(处于 resumed 状态)时,人们可以独立地操作每一个 fragment,比如添加或删除它们。当处理这样一个 fragment 事务时,也可以将它添加到 activity 所管理的 back stack——每一个 activity 中的 back stack 实体都是一个发生过的 fragment 事务的记录。back stack 允许用户通过按下 Backspace 按键从一个 fragment 事务后退(向后导航)。

将一个 fragment 作为 activity 布局的一部分添加进来时,它处在 activity 的 viewhierarchy 中的 ViewGroup 中,并且定义有它自己的 view 布局。通过在 activity 的布局文件中声明 fragment 来插入一个 fragment 到 activity 布局中,或者可以写代码将它添加到一个已存在的 ViewGroup。然而,fragment 并不一定必须是 activity 布局的一部分,也可以将一个 fragment 作为 activity 的隐藏的后台工作者。

第6章　移民地理信息系统

水库移民地理信息系统结合水库移民的业务需求,从软件工程以及信息系统支持的角度,探索水库移民信息系统的技术需求,进行软件的设计和实现。考虑到水库 GIS 系统中涉及大量的空间数据,需要在客户端进行 GIS 地图的显示、查询、编辑,通过 ARCSDE 提供的数据开发引擎实现空间数据库的管理;而其余的数据表则通过 SQL Server 实现;采用 C#为客户端开发语言,进行系统客户平台的实现。移民地理信息系统有助于实现有效地组织、管理水库移民工作的各种数据,为水库移民管理提供高效的查询和分析功能,辅助移民安置规划策略等,提高水库移民工作的科学性、准确性。

6.1　移民地理信息系统分析

6.1.1　系统业务需求分析

水库移民工作的发展是伴随着水利水电工程建设的发展而发展的,移民安置工作越来越被重视,没有移民安置规划,不得审批工程设计文件、办理征地手续,不得施工。水库移民工作已成为水利水电工程发展的制约因素。GIS 信息系统结合空间数据和基础地理数据,在空间分析以及各种数值模型分析的基础上,进行移民信息管理,具有重要的意义。从业务辅助和水库移民信息管理上来说,随着各行各业标准化的发展,水库移民信息管理工作也朝着这一方向不断发展,力求做到标准规范和公平科学,因此对其进行业务需求整理,需要结合水库移民工作的过程,主要包括环境管理、人口管理、经济统计、水库移民安置征地分析、资金补偿统计管理等业务工作。这些业务中,部分属于数据管理,部分属于规划管理,部分属于后评估管理。具体来说,包括以下部分:

(1)水库移民工作涉及水库移民管理中的各个方面,这些方面既包括人,也包括环境,还包括社会。数据是水库移民工作的重要信息支撑,需要数据进行收集、管理和统计;并能实时获取变化的数据,与已存在的数据进行比较,从而保证水库移民信息数据的时效性、准确性和统一性。

(2)水库移民所涉及的数据不仅有结构化的数据,还有非结构化的数据,如文本档案和图形图像等,这些图形图像数据也能反映水库移民的一些基本信息,在水库移民管理的工作中会起到辅助的作用。因此,在系统中,需要对这些数据进行处理和分析,能显示、查询和分析这些水库移民的非结构化数据。

(3)水库移民管理的工作是随着时间的变化而变化的,因此数据应该具有时间属性,而不是一成不变的,水库移民数据的时空属性应该在水库移民的数据管理中得到体现。

(4)水库的移民安置要以水库移民的人口信息、土地信息以及其余的设备硬件等信息为基础,不仅要考虑到国家相关规划,还要考虑到移民和安置区域的城市发展规划等因素。基于 GIS 的空间数据库的建设,应该包含相关的经济模型、移民安置模型等数值模型,从而真正实现基于 GIS 的水库移民系统辅助进行规划分析的功能。

6.1.2 系统功能需求分析

在综合分析水库移民工作业务的基础上,综合考虑水库移民信息管理的特点,从水库移民信息管理的使用者、管理对象、管理目标等方面进行考虑,归纳水库移民管理信息系统的功能。从总体上说,它应该具有如下功能:

(1)从系统管理上来看,系统应该具有基本的用户管理功能,能根据既定的水库移民系统管理员、移民行政官员、技术员等不同的角色分配不同的操作权限,保证系统的用户安全。针对不同的操作需求,给予不同的权限,系统主要的用户包括管理员和一般用户,用户管理功能用例如图 6-1 所示。

(2)从 GIS 功能上来看,应该具有基本的 GIS 图形显示、分析、查询等功能,以显示水库移民中涉及的结构化数据和空间非结构化等数据,实现水库移民的信息显示的图形化。能通过基本的 GIS 功能进行空间数据的显示,用不同的图层树对空间信息中的图层进行添加、删除、移动;能够通过点选查询、框选查询对空间地图上显示的数据进行查询;通过 GIS 地图迅速对区域内的居民点、水库状况等进行查看分析。

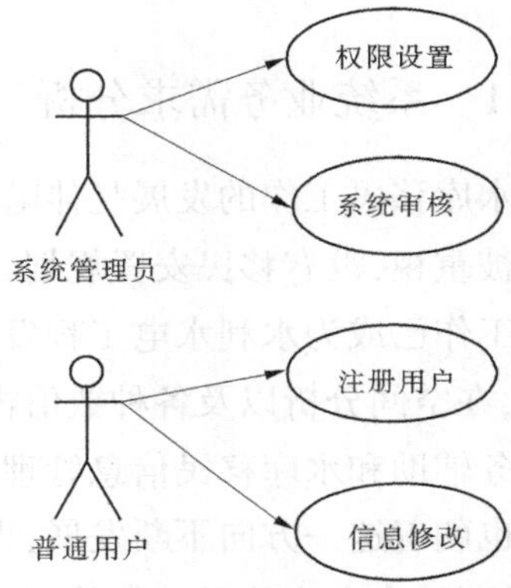

图 6-1 用户管理功能用例

(3)从数据管理上来说,系统应该具有强大的水库移民信息数据管理功能,能将水库移民工作涉及大量的空间、非空间数据进行统一管理,管理中细化到每一个移民的身份信息、补助信息、当前状态和未来可能的状态等信息;具体到每一个村镇、地区等的数据管理;针对这些数据进行管理,需要构建完整可靠的基础数据库、地理空间数据库以及与决策相关的数据库等数据库体系。

(4)从辅助决策支持上来看,系统应该能结合水库移民管理,从规划到设计、实施、评估,以及移民的安置等后期扶持的全部过程,进行数值模拟分析和辅助,系统应能提供针对性的水库影响区范围分析,以分析出需要安置的人口数,并进行移民安置模型分析,以分析出对需要安置的人口进行安置需要的土地数、经济投入等状况,并基于各种指标运算和复杂的分析功能,为水库移民全程提供辅助决策,提高移民安置规划编制深度和效能,使规划更全面,成果更直观、更具操作性。

(5)为了满足系统业务的需要,数据是本系统最重要的组成部分,而完成数据的收集监测则是获取数据的有效手段。系统面对的是水库,水库的水位、流量等水文数据随着季节、时间的变化而时刻变化,对其进行影响分析时,需要实时获知水库的水文、气象状况;同时对于水库影响范围内的人口变动等数据要进行实时的监控管理,符合水库管理实时性的需要。由于相关数据用于系统计算,在系统收集到数据后,应该对监测收集的数据进行有效性检查,以保证数据的正确性。

6.1.3　数据流分析

基于水库移民地理信息 GIS 的业务和功能需求分析,本系统的主要业务部门是进行水库移民管理的移民局,本系统的终端使用人员是移民管理工作人员,包括技术员和工作员;系统的数据由参与系统建设的各个调查单位和监测单位的数据服务人员组成,这里统称为数据员。数据员在系统部署前或系统部署后实时进行数据的管理和更新,并存入数据库以备使用;工作人员通过客户端进行移民管理操作,形成操作需求,发送至服务端,服务端调用相关函数和数据库的数据,反馈服务器计算或模拟结果。系统数据流如图 6-2 所示。

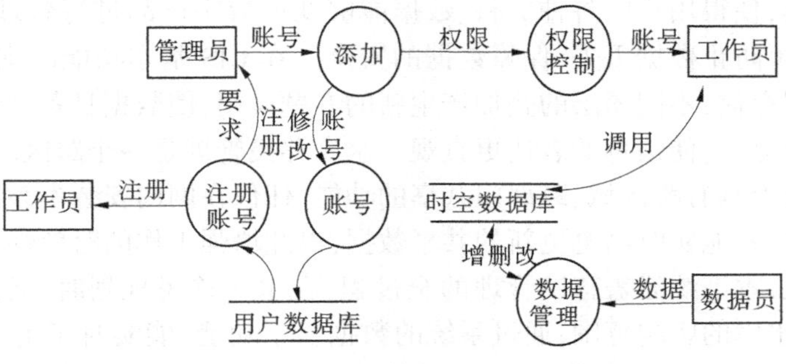

图 6-2　系统数据流

系统在图 6-2 所示的数据流的架构下,其实现主要由具有基础数据的关系型数据库和具有空间数据管理的 GIS 数据库完成,而完成移民全过程的辅助决策则由辅助模型完成,全系统涉及的用户及其操作用例如图 6-3 所示。

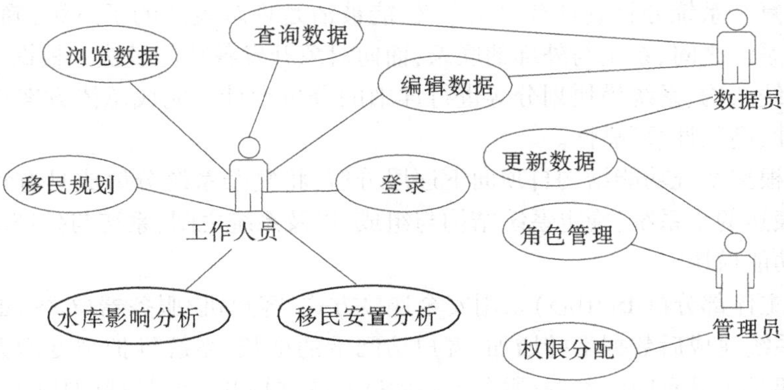

图 6-3　用户及其操作用例

6.2 移民地理信息系统设计

6.2.1 总体设计

6.2.1.1 系统目标

水库移民地理信息 GIS 支持系统是辅助水库移民管理的信息系统，基于 GIS 空间信息显示、查询和分析功能，将水库管理的对象、范围的基本信息在地图上进行显示，并提供系统的移民信息查询、分析和管理维护。该系统是面向对象的系统，具有严格的权限设置，能通过对用户及权限的设置，限制用户对数据的访问记录、修改权限，维护了大量数据的保密性。同时，通过水库移民地理信息 GIS 支持系统提供一套完整的地图/遥感图像数字化方案及工具，使得用户的各种资料、数据能够变成数字产品进行管理、应用。对数据库的定期备份，可防止数据丢失，保障数据的安全。在 GIS 基本功能的支持下，能够对各种数据进行分层存储，不同图层的叠加产生新的专题应用，使数据具备站体特征。通过二维或三维的图形显示，使信息的表达更直观。水库移民管理是一个跨区域的问题，因此本系统在目标设定上具有跨区域、跨部门共享的功能，任何在网内安装本系统的用户都可以进行数据的共享，并能实时浏览更新的共享数据，以此增强工作的时效性。

最重要的是，本系统涵盖移民管理的全过程，在水库移民规划时，通过本系统的 GIS 分析，能分析出水库的影响范围；通过系统的数据显示功能，能实时了解水库周围区域的人口、环境、社会经济因素以及资源概况，并在经济分析模型的辅助下，确定移民的数目、来源、安置以及后续支持；通过本系统的数据管理和分析，管理人员能在丰富海量的数据库中快速检索到所需要的数据，并能进行数据的统计分析、报表制作，同时输出相应的结果，及时发现相关问题并解决问题，确保水库的稳定发展和移民的长治久安。

6.2.1.2 设计原则

水库移民地理信息支持系统采用结构化分析设计方法，根据系统功能结构自顶向下逐层分解，将复杂系统分解成具有独立意义、能被清楚理解表达的子系统，确定系统结构与组成，以及系统之间、系统与外部的联系，面向对象开发各功能模块。根据需求分析，对关键技术、系统架构、系统模块划分等进行详细的分析设计。完成总体方案设计，并考虑系统的安全性、高效性、可靠性。

清晰性：根据系统功能结构自顶向下逐层分解，将复杂系统分解成具有独立意义、能被清楚理解表达的子系统，确定系统结构与组成，以及系统之间、系统与外部的联系，面向对象开发各功能模块。

经济性：主体部分（GIS 中心）采用安全连接方式、客户机/服务器（C/S）的系统结构，同时考虑到系统建成后数据量的增加、客户访问量的增长、系统维护难度增大等因素，其网络基本构架又应具有向浏览器/服务器（B/S）系统结构开放和扩展的功能。

简易性：系统桌面设计一些常用或者修改按钮，方便系统员设计与查询。

针对性：本系统就水库移民地理信息相关领域进行探究与设计，在领域中可有专项辅助。

6.2.1.3　设计框架

1. 系统结构层次

水库移民地理信息系统的总体结构为B/S,所采用的开发框架为ArcSDE框架形式,所应用的数据库支持为SQL Server,基于ASP.NET-WEB的开发工具,实现系统目标和功能,其层次框架如图6-4所示。本系统分为四个层次,包括用户层、应用层、传输层、服务层。其中,应用层是操作系统的应用主体,包括普通用户和管理员用户两个类别;应用层是在客户端实现的软件终端;传输层是链接应用层与服务器的中间层,包括广域互联网和局域网等不同的传输级别;服务层是本系统的核心,负责向应用层提供服务,包括提供基本功能的WebGIS服务、数据服务以及相关的水库移民模型计算服务等。

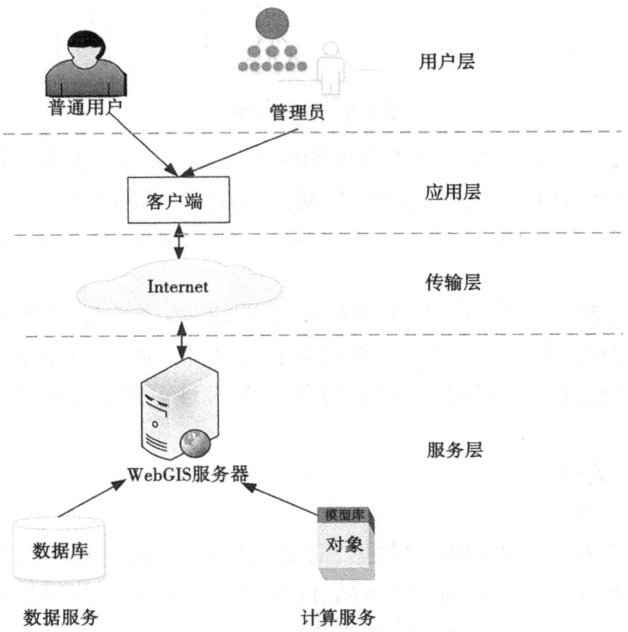

图6-4　系统层次框架

2. 系统功能模块

以系统需求和系统目标为指导,根据水库移民中的水库规划安置等操作流程,将本系统的功能模块划分为用户管理功能模块、水库水文气象数据监测模块、水库移民时空数据GIS管理模块、水库移民规划安置分析模型模块。系统的功能模块如图6-5所示。

系统基于GIS引擎和模型库为基本的分析计算中心,在数据库的支持下进行水库移民的管理运转。系统的功能模块解释如下:

(1)用户管理。对系统用户进行不同角色和权限管理,包括用户的增删、权限分配的数据管理;用户登录时的验证管理以及用户登录后的依据权限分配的页面管理等部分。

(2)数据监测管理。水库移民管理GIS系统是在实时数据的基础上进行的,数据监测管理是结合SQL数据库和GIS数据引擎库以及库区水文气象数据监测站等部分组合而成的数据库管理模块,这是系统数据的来源。其管理的数据库涉及移民信息数据,区域

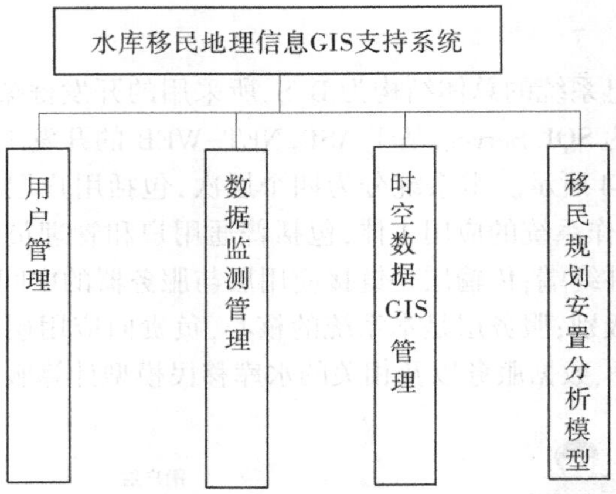

图 6-5　功能模块

经济社会地理数据,水库水文水质气象数据的输入、删除、编辑、查询、统计等。

(3)时空数据 GIS 管理。是对数据库数据,在 GIS 引擎的支持下,进行数据的 GIS 空间展示,包括基本的 GIS 浏览、空间查询、量算,以及缓冲计算分析和地图专题图制作等功能。

(4)移民规划安置分析模型。是系统的计算模块,该模块提供系统辅助决策的计算功能,能提供完善的移民规划应用模型,准确分析水库规划后的土地淹没状况、淹没区居民信息状况、淹没区搬迁人口状况、移民人口的安置区域分析、移民移动路径分析等各种计算分析。

6.2.1.4　系统平台选择

1. 数据库平台选择

水库移民系统涉及大量的结构化数据,需要进行大量的查询操作,应采用大型的关系型数据库。微软的 SQL Server 可靠、性能高,能很好地满足水库移民信息数据查询和显示的需求,因此本系统选用 SQL Server 为数据库平台。

2. 开发平台选择

在当前基于 GIS 的管理信息系统的应用开发中,比较流行的开发工具是 Visual C++、VisualBasic 等。本系统基于 ARC ENGINE 进行 GIS 基本功能的开发,相关模型软件选用 Microsoft 的. net 环境下的 C#语言进行开发。

6.2.2　数据库设计

水库移民信息系统的数据结构丰富、类型多,可以分为四类:环境数据库、基础数据库、移民信息库以及模型数据库等。其中,基础数据库是水库建设后所涉及的行政区划数据、基础地理数据等;环境数据库包括移民区的水文环境数据、气象环境数据等;移民信息库包括水库建设范围内所包括的所有移民的户口信息数据状况;模型数据库是本系统的模型数据库系统,包括模型参数等数据。数据库结构如图 6-6 所示。

6.2.2.1　基础数据库

基础数据库包括行政区域数据,为各级行政区域省、市、县、镇、行政村、村民小组等级

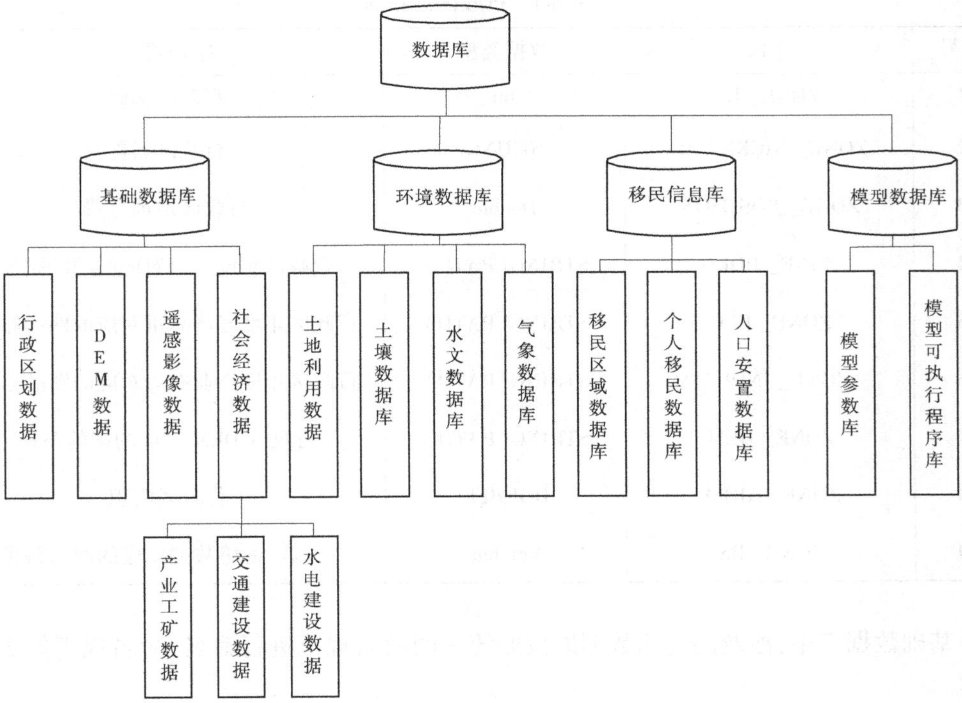

图 6-6 数据库结构

别。分别对应涉及的各区域的 SHP 图、遥感图、DEM 图,以及区域内的产业布局状况图、交通建筑状况图、社会经济发展状况图。其中,所涉及的各个图按照历史和时间进行编排,通过路径的方式与行政区域进行匹配,所有基础数据均在既定的 SHP 矢量地图中,以行政区域图为例,其数据实体模型如图 6-7 所示。

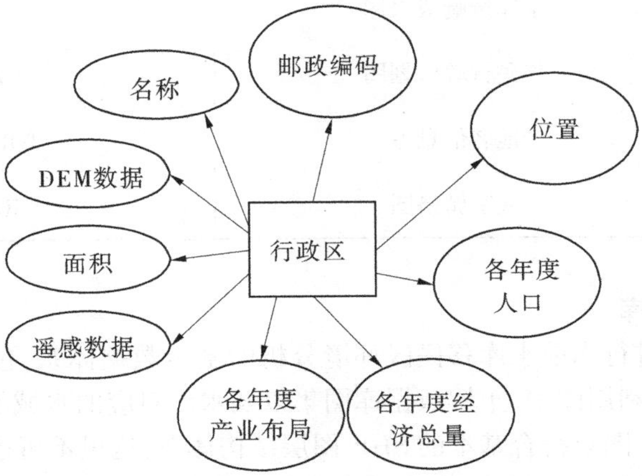

图 6-7 行政区划图实体模型

对应于行政区划的实体,其在 SHP 图中的数据表设计如表 6-1 所示。

表 6-1 行政区划数据

序号	字段	数据类型	字段说明
1	ZONE_ ID	Int	行政区编码
2	ZONE_ NICKNAME	STRING	行政区名称
3	ZONE_ POSITION	Double	行政区地理位置
4	ZONE_ POPU	STRING(PATH)	行政区年度人口对应的图的路径
5	ZONE_ ECO	STRING(PATH)	行政区年度经济总量对应的图的路径
6	ZONE_ INDUST	STRING(PATH)	行政区年度产业布局对应的图的路径
7	ZONE_ DEM	STRING(PATH)	行政区 DEM 对应的图的路径
8	ZONE_ AREA	DOUBLE	行政区面积
9	ZONE_ RS	Varchar	行政区遥感数据对应的图的路径

基础数据库中,涉及的空间数据库按照统一的命名规范进行命名,命名规则如表 6-2 所示。

表 6-2 空间数据命名规则

序号	数据类型	地图类别代码
1	数字线划图	DLG
2	数字正射影像图	DOM
3	水库影响成果图	CSP
4	移民行政区划图	ZONE
5	地名信息库	TOPONYMY
6	数字栅格图	RASTER

6.2.2.2 环境数据库

环境数据库是进行当前水库移民区环境分析的基本数据体系,包括当前区域内的各项 GIS 图集,如土地利用图集、土壤数据库图集以及水库对应的水域的水文测站和气象测站的长序列的数据。图集符合基本的 SHP 图层结构体系,这里不再进行描述。其中水文和气象测站的数据,以水文气象测站的编号为主键,按年度进行数据表的设计,以水文站为例,其实体模型如图 6-8 所示。

水文站将以点图层的形式存储在 SHP 图集中,对应的数据表如表 6-3 所示。

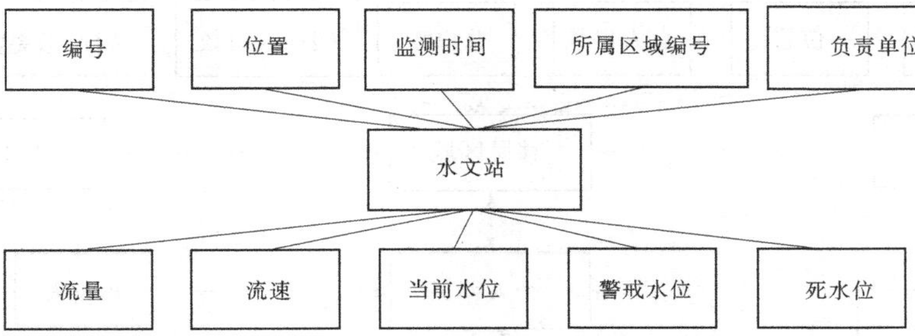

图 6-8　水文站实体模型

表 6-3　行政区域数据

序号	字段	数据类型	字段说明
1	HY_ ID	Int	水文站编码
2	HY_ NICKNAME	STRING	水文站名称
3	HY_ POSITION	Double	水文站地理位置
4	HY_ TIME	DOUBLE	监测时间
5	HY_ ZONG	DOUBLE	对应区域的编码
6	HY_ INDUST	Int	水文站年度产业布局对应的图的路径
7	HY_ Q	Double	流量
8	HY_ V	DOUBLE	流速
9	HY_ WL	DOUBLE	水位
10	HY_ MQ	DOUBLE	警戒水位
11	HY_ LQ	DOUBLE	死水位

6.2.2.3　移民信息库

移民人口是水库移民 GIS 系统中所操作的主要对象的信息数据。包括移民所登记的身份信息、移民的收入信息、移民的安置信息等数据。这些数据由管理部门或相关授权人员进行录入，并输入到数据库中，移民信息包括两个部分：一部分是移民区域信息，另一部分是移民个人信息状况。其中，移民区域信息为所涉及的移民区域状况，信息内容包括行政区域编码，居民总数、户总数、搬迁人口数、未搬迁人口数、资金损失、资金补充、安置区域等信息；而移民个人信息则是与当前的移民者身份信息系统共享接入，内容包括移民个人的姓名等身份信息和年收入等经济信息以及所属水库、所属户、搬迁时间、补贴发放等信息等。移民信息实体模型如图 6-9 所示。

以个人移民为例，其对应的数据表如表 6-4 所示。

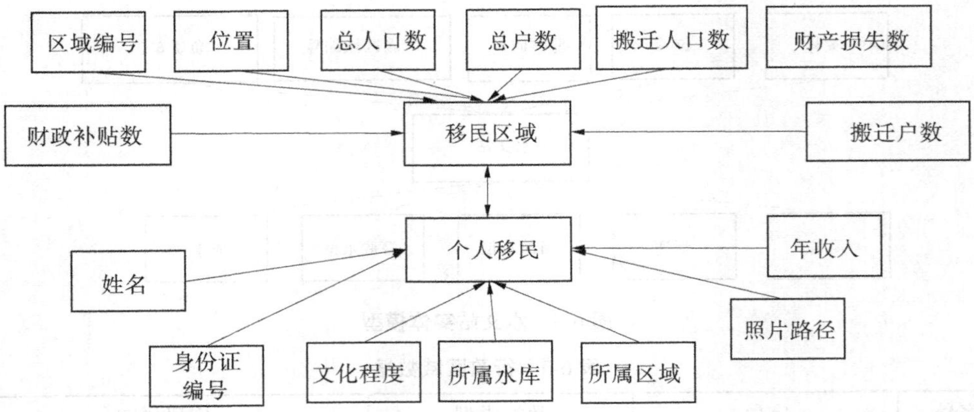

图 6-9 移民信息实体模型

表 6-4 移民信息数据

序号	字段	数据类型	字段说明
1	ID	Int	身份证
2	NAME	STRING	名称
3	DEGREE	STRING	文化程度
4	RESERVOIR	DOUBLE	所属水库编码
5	ZONG	DOUBLE	所属区域编码
6	PHOTO	STRING	照片
7	INCOME	DOUBLE	年收入

6.2.2.4 模型数据库

模型数据库包括系统计算运行的所有模型及其所需要的参数数据。为辅助移民规划,本系统在 GIS 基本功能的基础上,开发移民安置模型、移民补偿模型和移民统计模型。开发的模型以组件的形式存储在服务器中,系统应用时可通过调用的方式进行模型调用。其中,涉及的水库移民经济统计中的相关参数通过调查统计获得,相关指标及其变量见表 6-5。

表 6-5 模型参数指标

指标项	指标
收入、资产指标	人均纯收入、人均耕地、人均住房面积、后期扶持人数、纯收入在低收入线以下的人数、纯收入在本县农村居民人均纯收入以上的人数
劳动力状况	劳动力人数、劳动力输出人数、劳动力培训人数
医疗合作状况	参加新型农村合作医疗人数、参加新型农村养老保险人数

续表 6-5

指标项	指标
移民区域	移民村
土地状况	土地开发(面积)、新增灌溉面积、改善住房面积
硬件状况	饮水不安全情况、不通公路的移民村、不通机耕道的移民组、没有卫生室的移民村
补助状况	直补到人方式、项目扶持方式、两者结合方式、直补到人资金、项目扶持资金
投资状况	移民投资、其他投资、已到位投资
资金投入状况	水库移民后期扶持基金、库区基金、小型水库移民扶助基金、资金状况、水库移民后期扶持结余资金、切块到省资金、应急资金、其他资金、征地移民投资
安置人口情况	搬迁安置人口、外迁安置人口、生产安置人口、农业安置人口、其余安置人口
安置补贴状况	征地补偿和移民安置资金、农村移民安置投资、土地补偿费和安置补助费、移民安置点、后靠安置

6.2.2.5　数据库接口方案

系统中,既包括空间数据,又包括基础数据,还有相关的模型数据,数据彼此间不是单独存在而是相互联系的,建立数据之间的接口方案是数据库进行查询、分析的重要依据。

1. 不同类型数据之间的联合形式

本系统设计的接口方案有以下两种形式:

(1) GIS 空间数据与属性数据表接口:这是利用 ArcGIS 自带的数据接口方式,通过数据表的形式,将空间数据属性输入对应的数据表中。

(2) 多媒体数据与其余数据:在水库移民信息系统中,对水库移民前后环境的状况常会应用到图片、视频等信息进行描述;而对移民的信息描述中,移民的个人照片、移民家庭环境状况等,以及移民迁移状况等,可以通过照片、音视频的多媒体形式进行展现,为了方便在系统中调用,采用超链接的形式链接多媒体数据与其余数据。

2. 数据与系统外部的接口形式

系统的主要数据按照数据的类别可以分为基础数据库、空间数据库及模型数据库。基础数据库以关系数据表的形式存在,通过关系数据库管理系统与系统外界联系,数据管理人员通过数据管理系统将获取的信息输入数据库中;空间数据库一般在短时间内不会发生变化,是在系统部署前已经完成数据部署的数据体系,数据管理人员在区域内环境发生变化,如土地利用变化等情况下,可以通过 ArcGIS 等 GIS 软件进行信息更新,并替换或添加入空间数据库中;模型数据库是系统进行计算的计算资源池,已经通过组件的形式嵌入系统,通过调用组件函数的形式与系统和外界联系。

6.2.3 功能模块设计

6.2.3.1 用户管理模块

用户管理的目的是动态管理用户信息,它是系统的基础,这部分设计能够使系统用户方便、安全地进行操作,此系统中所指的用户主要是工作人员和系统管理员。用户权限管理是系统比较重要的环节,对用户的增、删、查、改设计得严谨、科学,才能使这个超高使用频率的模块发挥最大的作用,该模块主要包括注册用户、信息修改、权限设置以及系统审核四部分。

针对用户管理功能用例图的系统管理员,给出权限设置和系统审核用例说明,详细内容如表 6-6 所示。

表 6-6 权限设置和系统审核管理用例说明

描述项	说 明
用例	权限设置和系统审核管理
用例标识号	XY04
简要说明	系统管理员对用户的信息可以进行权限设置和系统审核
参与者	系统管理员
前置条件	登录成功
基本操作流	(1)进入主页面,选择登录人员类型; (2)填写用户名和登录密码,点击进入注册界面; (3)完成权限信息的设置操作; (4)提交保存信息,弹出保存成功信息,完成权限设置操作; (5)对用户所提交的信息进行审核,如有问题进行反馈
可选过程	(1)未通过审核,验证失败,给出友好提示; (2)保存异常或保存失败,给出提示性警告
辅事件流	无
后置条件	系统管理员完成权限设置和系统审核功能

针对用户权限管理功能用例图中的普通用户，其注册用户和信息修改管理用例说明详细内容如表 6-7 所示。

表 6-7　注册用户和信息修改管理用例说明

描述项	说　明
用例	注册用户和信息修改管理
用例标识号	XY05
简要说明	管理人员对自己的信息可以进行注册和修改
参与者	管理人员
前置条件	登录成功
过程	(1)进入主页面，选择登录人员类型； (2)填写用户名和登录密码，点击进入注册界面； (3)完成注册信息的输入操作； (4)提交保存信息，弹出保存成功信息，完成注册操作； (5)在发现有信息方面的修改时，点击进入修改界面； (6)完成对相应信息的修改； (7)提交保存信息，弹出保存成功信息，完成修改操作
辅事件流	(1)未通过验证，验证失败，给出友好提示； (2)资料填写错误或不完整，资料不完整，给红色提示；资料填写错误，给出正确格式提示； (3)保存异常，保存失败，给出提示性警告
业务规则	管理人员注册时必填信息一定得填，某些信息必须按格式填写
可选操作流	无
后置条件	管理人员完成注册和修改功能

以上设计中，普通用户可以使用除管理员进行用户增删外的所有功能。用户管理模块操作流程如图 6-10 所示。

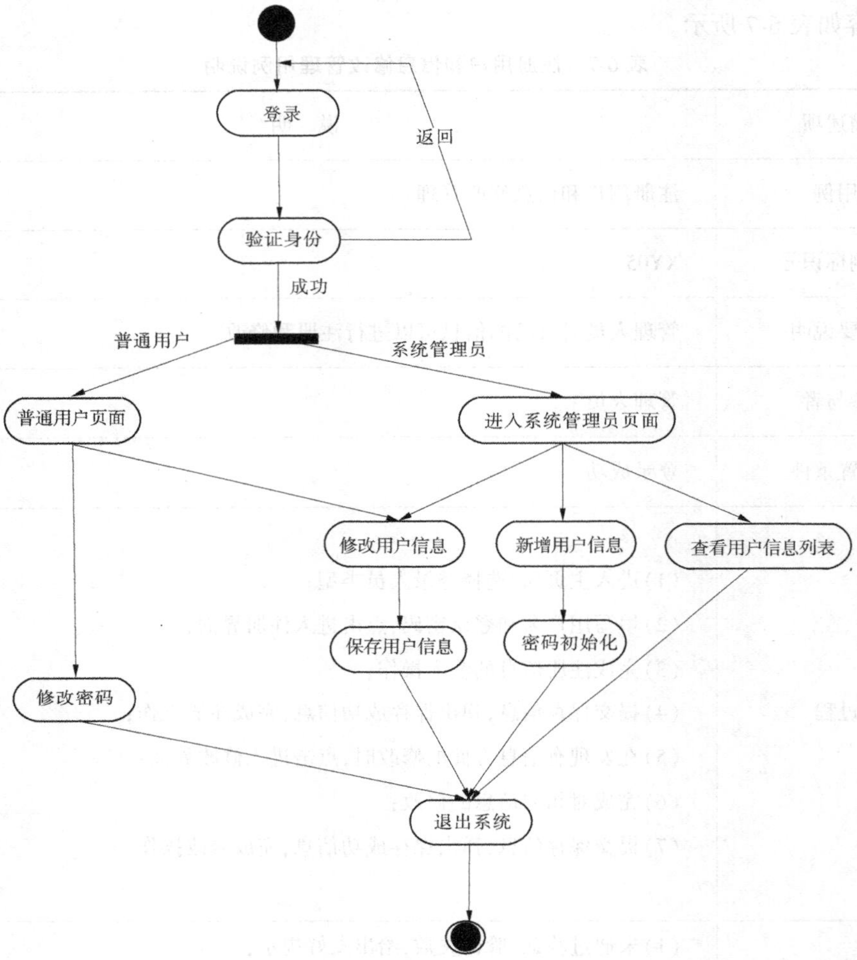

图 6-10　用户操作流程

6.2.3.2　数据监测管理模块

1. 基础数据管理

水库移民中涉及的大量基础数据是进行水库移民信息管理和模拟运算的基础。基础数据的管理包括数据的增加、删除、修改、更新，以及数据表的调整。其中，基础数据库与 SHP 图件相关的数据需要通过 GIS 的 Web 服务引擎通过对 SHP 对应的. bdf 表完成，而与 SHP 无关的相关统计数据则通过 SQL Server 的数据操作功能完成。这两种管理模式，在客户端的操作并无不同，只是服务端的调用服务组件不同，因此具有相同的功能流程，数据管理流程如图 6-11 所示。

在数据管理中，设置数据查看、查询、修改、删除和增加五项功能，用户成功登录后，可以选择数据库，并完成相应的操作。其中，查看和查询数据的最终结果是数据在客户端进行显示；而对数据进行增加和修改，需要在最后经过数据的有效性检验，有效性检验是系

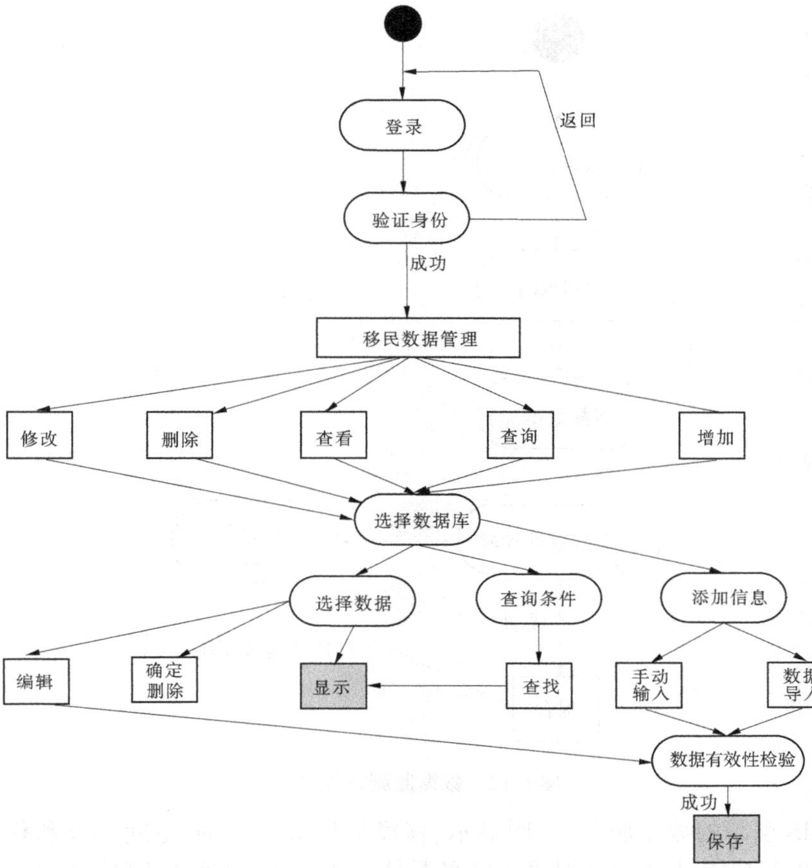

图 6-11　数据监测管理模块数据管理流程

统预先设定一定的数据范围和数据有效性规则，为防止在数据增加和修改时出现误差过大甚至错误的数据，只有通过有效性检验的数据，才能最终保存并入库。在基础资料管理中，还涉及对移民安置区社会经济指标的各项调查的数据管理，这是移民安置后续服务和情况调查了解的重要根据，调查后在系统中通过数据库管理的方式输入数据库中，作为模型分析和其余分析的基本资料。

2. 实时监测数据管理

实时监测数据有助于实时了解水库移民的状况、当前的环境信息和社会经济状况，从而进行具有一定时效性的数据分析。系统与实时监测站自动相连，在预定的时间内，自动监测站向系统发送相关数据，系统接收数据，并进行必要的有效性检验，如果检验通过，数据将被自动增加入库；如有效性检验没通过，有可能是仪器问题，则会报警，提醒管理员确认数据是否存在问题，若管理员确定数据无误，数据确认入库。如数据有误，则不入库。其具体监测输入流程如图 6-12 所示。

6.2.3.3　时空数据 GIS 管理模块

时空数据 GIS 管理是 GIS 数据在客户端显示和基本 GIS 分析的功能模块。具有基础

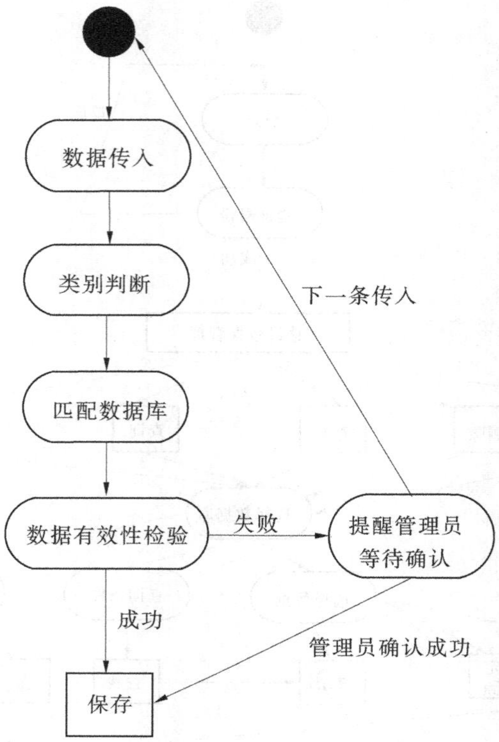

图 6-12　数据监测输入流程

数据库和 GIS 引擎的数据服务、地图显示、移民信息 GIS 查询、空间量算和移民信息的 GIS 地图输出等功能,每个功能涉及 GIS 的具体功能部分,均通过已有的 GIS 引擎完成。

地图显示包括 TOC 图层显示和鹰眼,用户可以自定义显示的所有图层,并在鹰眼中对其进行缩放控制。

查询模块是通过 GIS 自带组件实现的,主要有按属性查询、空间选择查询和距离查询。

分析模块包括基本的 GIS 分析功能,如通过缓冲区分析,可以获知水库边界的影响范围、影响区域内的村镇位置等;路径分析可以分析移民安置过程中,从移民现位置达到安置区所要经过的路径,从而分析出移民全部安置完毕需要的最少时间;专题图分析可以进行统计,如移民区人口经济收入统计、移民人均耕地统计等。

地图编辑包括根据不同时间的水库中监测站的设置,添加监测站,或对移民安置区建设的图形编辑以及属性编辑等;地图输出功能是进行专题图制作输出报告图册的基本功能,能够打印当前页面、输出页面中的某些图形图表等。GIS 数据管理基本功能如图 6-13 所示。

6.2.3.4　移民规划安置分析模块

水库移民 GIS 支持系统涉及移民规划安置的全部流程,需要强大的分析模型支持。从经济统计、社会调查、GIS 空间分析等方面对水库移民的现状和未来进行分析管理评

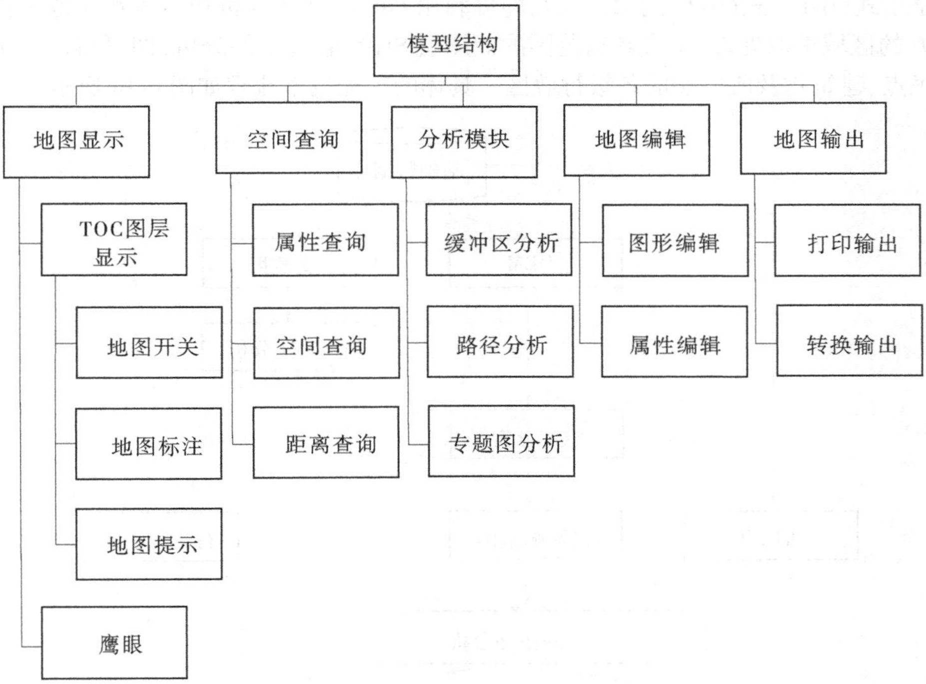

图 6-13　GIS 数据管理基本功能

估，主要包括水库影响范围分析模型和移民安置规划模型。

1. 水库影响范围分析模型

在水库建设中，影响范围包括水库建设工地征地影响、水库枢纽建设区影响以及水库建设后的淹没区影响。一般来说，建设工地和水库枢纽建设的影响范围可通过水库规划中的划分范围得到，而水库淹没区的影响范围则相对比较复杂。水库的建设，存在一个最高水位区和死水位区，其中死水位范围属于永久淹没区，而最高水位区则是随着旱期和汛期的变化而受水库调度的影响，在最高水位区上水库的风浪也会产生附加影响。一般来说，风浪影响可以通过风浪爬高、岸堤坡度以及风浪速度的经验公式获得：

$$h_p = 3.2Kh\tan\alpha$$
$$h = 0.020\,8v^{5/4}D^{1/3} \qquad (6\text{-}1)$$

式中　h_p——风浪的爬高；

h——岸坡前的高度；

α——岸坡的坡度；

v——水流流速；

D——波浪的吹起路程；

K——岸坡糙率系数，可取 0.77~1.0。

一般来说，令水库的防洪限制水位为 W_{ML}，水库在最高水位时的历史最大流速为 W_v，则可以得出水库的淹没影响范围最低高程应为 E，满足式(6-2)：

$$E = W_{WL} + h_p = W_{WL} + 3.2K \times 0.020\,8(W_v)^{5/4}D^{1/3}\tan\alpha \qquad (6\text{-}2)$$

基于式(6-1)、式(6-2),求出 E 后,即可利用 GIS 的空间分析功能将水库范围内的高程为 E 的区域求取处理,生成影响范围的面图层 SHP,通过拓扑分析,即可得出该范围内的居民点、建筑物及所影响的各级行政区。具体的功能技术流程如图 6-14 所示。

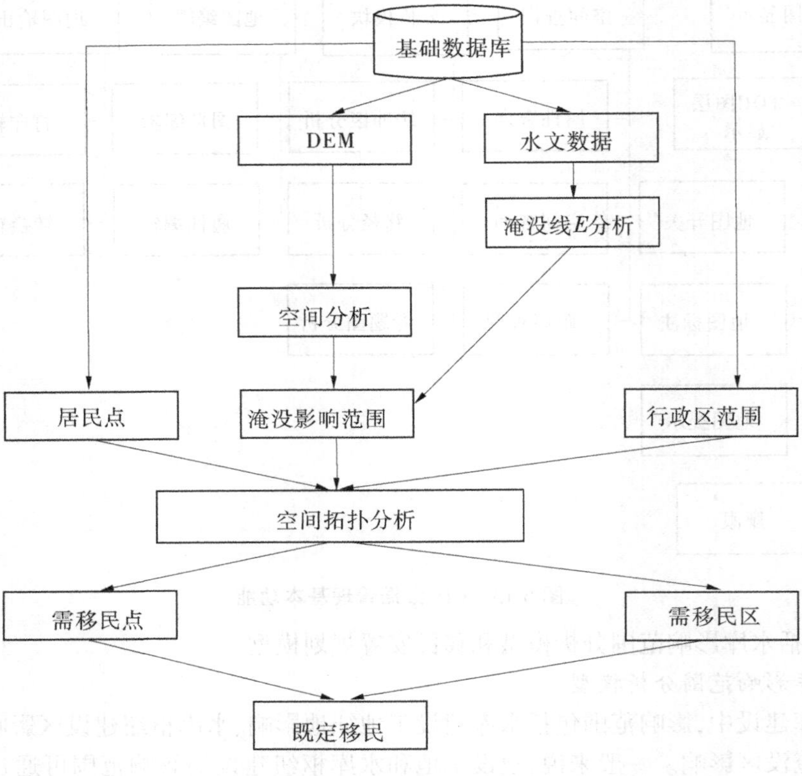

图 6-14　功能技术流程

2. 移民安置规划模型

移民安置规划是水库移民的重要内容,涉及对影响区移民在水库建成后的生活和生存生产。目前,水库分布区域的居民以农民为主,因此在水库移民中,最重要的安置方向是农业安置,安置时考虑到居民安土重迁,以及生活传统和习俗,实现以土地为基本安置条件,进行就近安置。在安置中,通过土地利用的调整与开发,扩大土地资源进行移民安置。在安置中,充分考虑居民的生产和居住问题,实行安置规划。

基于水库影响范围模型获得的影响范围,经过空间拓扑分析,获得当前需安置的移民区状况,统计当前移民影响农业耕地面积与总人口数,从而获得当前需安置移民的平均耕地占用面积;在影响区人口调查的基础上,确定长期从事农业生产的人口数和从事第二、三产业的人口数,以影响区当前的第二、三产业规模,在安置区现状规模的基础上考虑规划情况,确定安置区二、三产业的规模。由此即可确定在安置区需要安置的农业人口数和可安置的第二、三产业人口数,完成产业安置规划。移民需要建房生存,分析当前安置区的环境容量,确定移民中农业人口需要的耕地量和生活建房的土地量,从而确定安置区需新开发或扩展的土地数,完成生活安置。

模型中,需要安置的农业人口数可以通过式(6-3)建模获得。

$$P_n = \frac{S_z}{S_{zq}/P_z}(1+p)n_1 - n_2$$

$$P_m = P_n + P_g \tag{6-3}$$

式中　P_n——需要安置的农业人口数;

S_z——影响区内被影响淹没和征用的农用地数目;

S_{zq}——影响区未被淹没时的农用地数目;

P_z——影响区设计基准年中的务农人口数;

p——人口自然增长率;

n_1、n_2——移民安置的规划设计水平年与基准年;

P_m——需要安置的总人口数,通过分析调查影响区中的受影响人口获得;

P_g——第二、三产业安置的人口数。

计算出需要安置人口数后,对安置区进行土地的环境容量分析,获得当前可容纳安置的人口数以及可供利用的土地数,即获得最终新增土地后的安置人口数。根据安置的人口数和安置方案、当前的环境容量以及当前安置区的基础设施状况,即可进行移民安置后的资金投入分析,以及基础设施建设规划分析等。

6.3　移民地理信息系统实现

6.3.1　系统实现环境

水库移民地理信息 GIS 支持系统采用的是 B/S 结构模式,在系统部署时,需要配备服务器端和客户端,具体的实现环境和开发的基本语言如表 6-8 所示。

表 6-8　实现环境和开发配置

硬件	配置	操作系统	开发环境/语言
服务器端	CPU: 4 核及以上;内存: 8G 及以上;硬盘:500 G 及以上	Windows 7 及以上	SQL Server ARCSDE C#
客户端	CPU: 2 核及以上;内存: 4 G 及以上;硬盘: 100 G 及以上	Windows 7 及以上	ArcEngine C#

水库 GIS 系统中,涉及大量的空间数据,需要在客户端进行 GIS 地图的显示、查询、编辑。这是最基本的 GIS 功能,通过 ARCSDE 提供的数据开发引擎进行空间数据库的管理的实现;而其余的数据表则通过 SQL Server 进行实现;采用 C#为客户端开发语言,进行系

统客户平台的设计。

在上述软硬件环境下,为满足系统 B/S 结构的需要,整个系统的服务器端分为内网服务器和外网服务器以及备份服务器。其中,内网服务器包括应用系统的服务器和数据库服务器,备份服务器主要是数据库的备份,这样可以做到多路数据实时备份,以保证数据资料的翔实和安全。具体的系统网络拓扑图及硬件网络部署图的设计如图 6-15 所示。

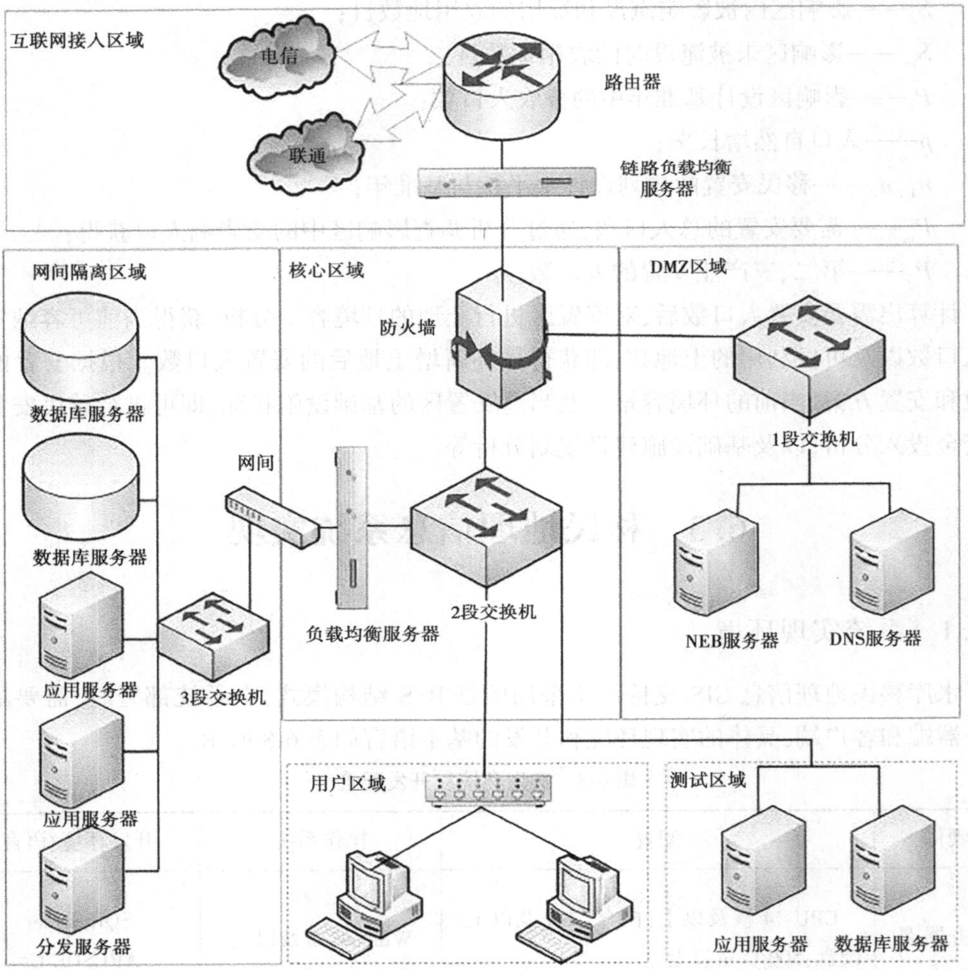

图 6-15 系统网络拓扑图及硬件网络部署图的设计

从图 6-15 可以看出,该系统的网络由内网及外网这两部分组成:通过内网可以直接对水库移民地理信息系统中的数据进行处理,而外网则可以与 Internet 相互连接,同时能够提供相应的 VPN 功能,进而去和系统中的各个业务部分建立相应的通道,从而实现各系统模块间的信息交互共享,通过内网和外网的共同接入大幅度提高系统的安全性,从而实现系统的安全接入。

6.3.2　用户管理模块的实现

用户管理模块主要保证系统安全、可操作且满足不同用户的使用需求，需要为不同的用户分配不同的使用权限，使得拥有不同权限的用户可以使用不同的功能；本系统中，管理员具有用户管理的功能，其余普通用户只具有分配的权限的系统操作功能。按照功能设计的流程，具体的用户权限管理模块功能类图实现如图 6-16 所示。

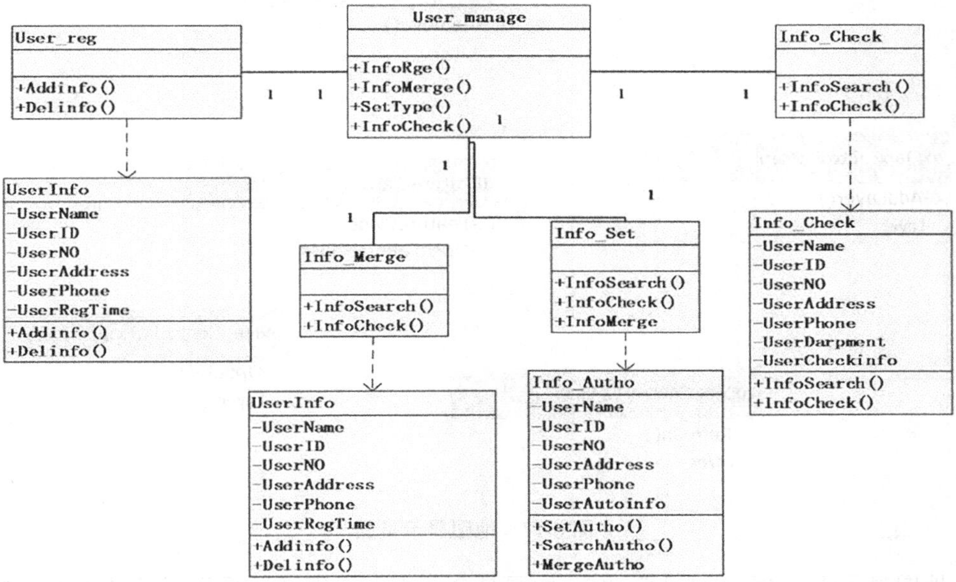

图 6-16　用户权限管理类图实现

图 6-16 中，Addinfo( ) 为添加用户信息方法，Delinfo( ) 为删除用户信息方法，InfoSearch( ) 为用户信息查询方法，InfoCheck( ) 为用户信息校核方法；InfoRge( ) 为用户注册信息类。UserInfo 为用户的信息实体类，Info_Autho 为用户权限分配实体类，Info Check 为用户校核信息类。

用户权限直接关系到系统安全，所以只有具有系统管理员权限的管理人员才能对系统内部的用户权限做出修改，修改过程相对简单。由于此功能对普通用户是隐藏的，系统管理员只需要进入相应界面将需要修改的用户所属的角色信息进行修改并保存在数据库中即可。在这一过程中，若出现相关操作问题，系统会提示出现错误。

6.3.3　时空数据监控管理模块开发实现

时空数据的管理中，空间数据通过 ARCSDE 实现，主要通过调用 ARCSDE 中已有的组件和库完成。

6.3.3.1　时空数据地图操作功能

1. 地图显示

地图显示中,涉及地图图层的加载、地图的标注、视图视窗的更新以及属性数据的链接。这些操作都可以通过应用 ARCSDE 自带的类完成,涉及的地图显示类图如图 6-17 所示。

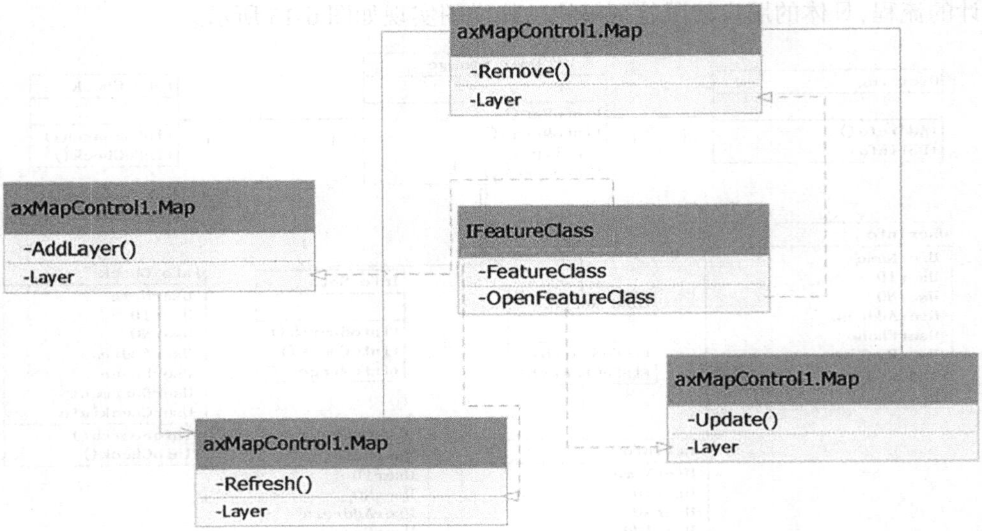

图 6-17　地图显示类图

地图显示中,常常用到鹰眼功能,鹰眼是全局查看水库区域最重要的基本 GIS 功能。实质是主控件与鹰眼控件的数据保持一致,即得到其中一个控件的显示范围 Extent,再把这个显示范围 Extent 传递给另一个控件,传递中介是 IEnvelop 接口,而且这种传递是相互的。

2. 地图标注

地图标注是通过文字和图形结合的方式,进一步详细说明地图的重要功能。在 ArcEngine 中,提供了详细而方便的地图注记功能,主要分为标注式和注记式。注记式具有更加灵活的效果,使用范围更广,本系统大部分标注采用注记的形式完成。注记主要通过 pGeoFeatureLayer 函数完成,其实现通过 pGeoFeatureLayer. AnnotationProperties. Add 完成,该方法传入的参数是 IAnnotateLayerProperties,为注记的图层要数,方法调用语句如下:

pGeoFeatureLayer. AnnotationProperties. Add(pLabelEngine as IAnnotateLayerProperties);

6.3.3.2　时空数据地图查询功能

在水库移民信息工作中,常常需要点击某一处位置,获取相关的属性信息,这可以通过空间查询来完成。ArcSDE 提供了三种查询方式,分别是基于属性查询、基于空间位置查询及距离查询(包括长度、角度和面积查询)。地图查询的基本实现顺序如图 6-18 所示。

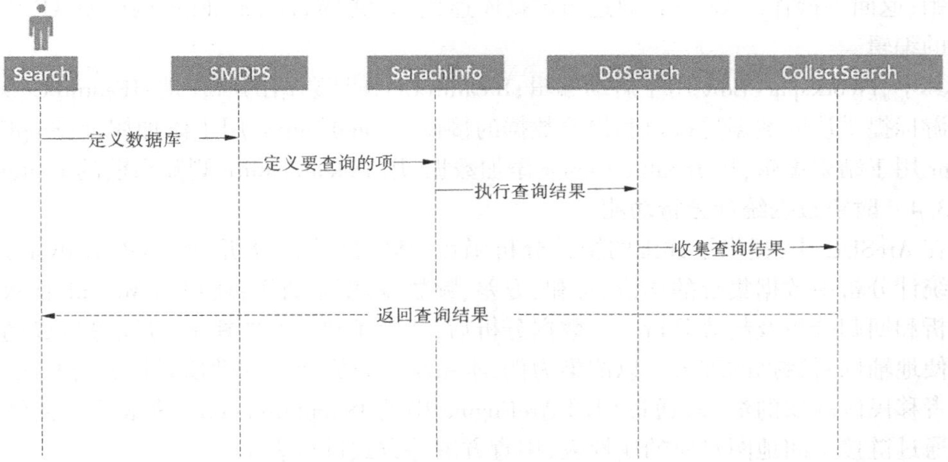

图 6-18　地图查询的基本实现顺序

以属性查询的实现为例，可以通过对要素的属性信息设定要求来查询定位控件位置，又叫"属性查图形"，通常使用"="和"LIKE"进行 SQL 查询。如果确切知道某字段的值，则可用"="；但大多数情况下不能确定某个要查询字段的确切值，那么可以通过使用"LIKE"进行模糊查询功能代码实现。

系统的 GIS 查询功能模块包括文本查找、图形查找、点击搜索等功能，如图 6-19 所示。

查找结果界面显示页面效果如图所示。

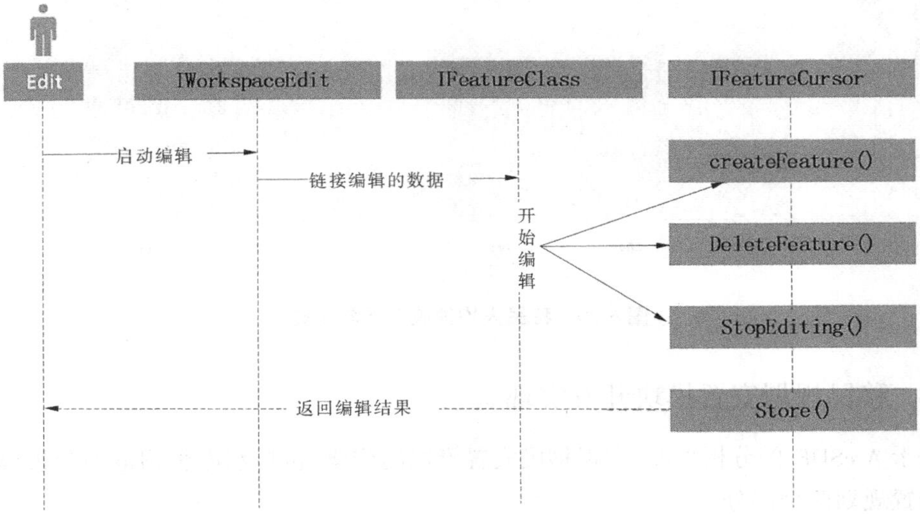

图 6-19　文本查找顺序

6.3.3.3　时空数据地图编辑功能

对地图进行编辑时，主要是进行要素的添加、删除和修改，并在编辑过程中进行相应的撤销、返回等操作。ArcSDE 通过与数据库连接,提供 IWorkspaceEdit 接口使 AE 中实现地图的编辑。

其中,IWorkspaceEdit 用于启动编辑;IFeatureClass 是数据的所在地;IFeatureCursor 是一个游标提供访问数据的接口和修改数据的接口,createFeature 用于添加属性;StopEditOperator 用于结束编辑;用 IFeatureCursor 添加数据,用 DeleteFeature 删除当前的 Feature。

6.3.3.4 时空数据统计分析功能

在 ArcSDE 中,提供了详细的统计分析函数,其空间统计分析(Spacial Analysis)包括常规统计分析中数据集合的均值、总和、方差、频数、峰度系数等;还包括 MoranI 指数自相关分析和回归分析及趋势分析等。数据分析后,通过渲染、直方图、趋势线等生成的图形能方便地辅助对数据的理解。以渲染为例,本系统可以完成不同数值属性的行政区、影响区或者移民区的属的渲染,通过调用 ArcEngine 中的 ISimpleRenderer 来表示。而统计分析则通过链接空间地图对应的属性表,用直方图等方式进行表示。

ArcSDE 中共提供了五种统计方案,分别是直方图、饼图、密度点、条形图和面积图。

以条形图的效果为例,分析的移民所在行政区域的人均纯收入历年比较如图 6-20 所示。

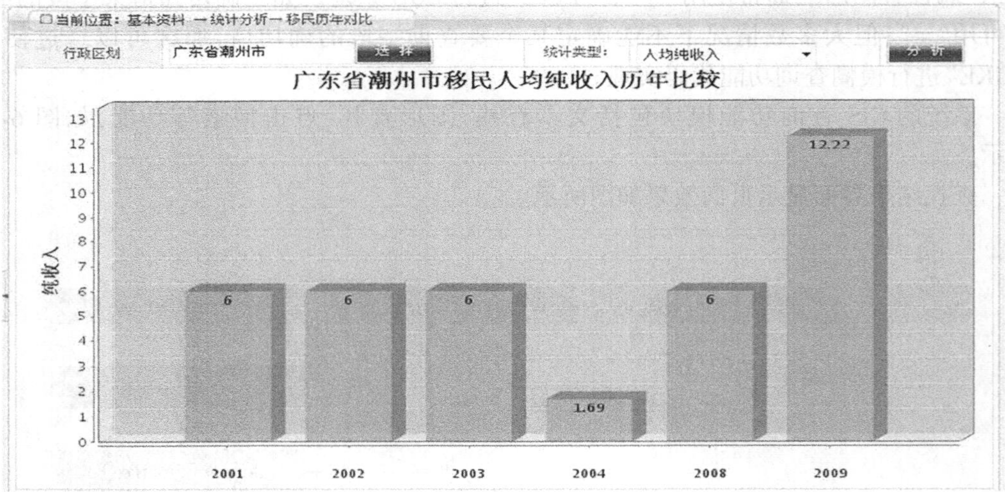

图 6-20 移民人均纯收入历年比较

6.3.4 移民规划安置模块开发实现

基于 ArcSDE 的分析功能,实现移民安置模块的构建,包括水库影响范围分析模块和移民安置规划两个部分。

6.3.4.1 水库影响范围分析模块

水库影响范围是确定水库移民中所涉及的区域和范围的基本模块。该模块的构建一方面通过数值公式进行,另一方面通过 ArcSDE 的空间拓扑分析功能进行,模块中所涉及水库影响范围类图如图 6-21 所示。

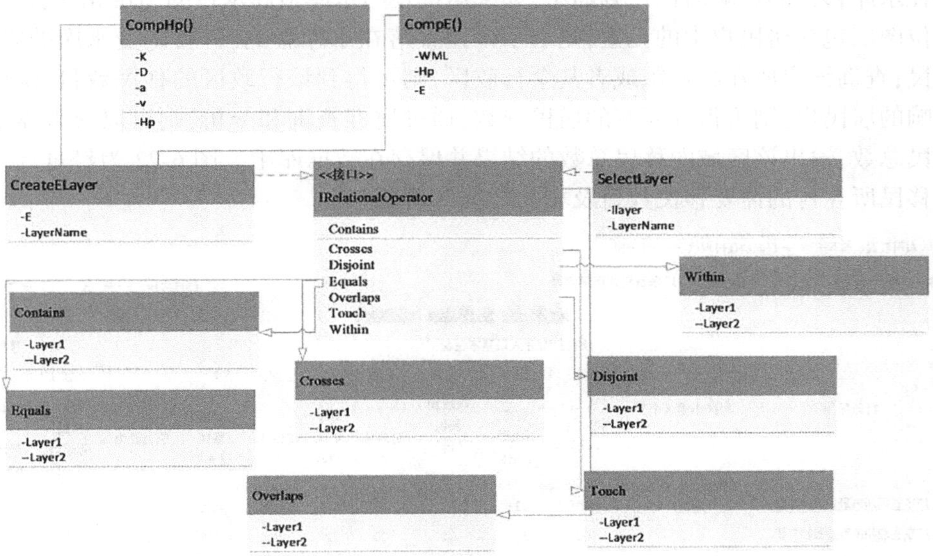

图 6-21　水库影响范围类图

图 6-25 中，CompHp 为求取风浪爬高的函数，CompE 为求取水库最高影响水位的函数，CreateELayer 为生成水库最大影响范围图层的函数，Relational Operator 为判断图层间的空间拓扑关系的接口。使用 Relational Operator 进行图形的判断和拓扑关系的分析，其中 Relational Operator 的具体方法如表 6-9 所示。

表 6-9　Relational Operator 的具体方法

函数名	含义	判断方法
Contains	判断一个图形 A 是否包含另外一个图形 B	A 与 B 的交集为 B
Within	判断一个图形 A 是否被另外一个图形 B 所包含	A 与 B 的交集为 A
Crosses	判断两个图形是否在维数较少的那个图形的内部相交	
Disjoint	判断两个图形间是否没有相同点	
Equals	判断两个图形是不是同一个类型并且在平面上的点是不是相同的位置	如果返回值为真，则它们应该包含(Contains)另外一个图形同时被另外一个图形所包含(Within)
Overlaps	判断两个图形的交集是否和其中的一个图形拥有相同的维数，并且它们交集不能和其中任何一个图形相等	该方法只使用与两个 Polyine 之间或者两个 Polygon 之间
Touch	判断两个图形的边界是否相交	如果两个图形的交集不为空，但两个图形内部的交集为空，则返回值为真

在水库移民的影响居民户判断中,如果居民户与水库最高水位的图层相交,或水库最高水位图层包含居民户中的元素,则表示该元素落在水库影响区内,即受水库的影响,需要移民;查询该户所在的村镇或者其余行政区,则可得到该行政区的移民数目;统计所有受影响的居民户,则可得到所有的居民户数,通过属性查询和分析,则可以获得需要移民的移民总数,输出该区域的移民总数的结果并保存在数据库中。图 6-22 为经过计算后得到的移民所在村的需要移民数目及相关的统计情况。

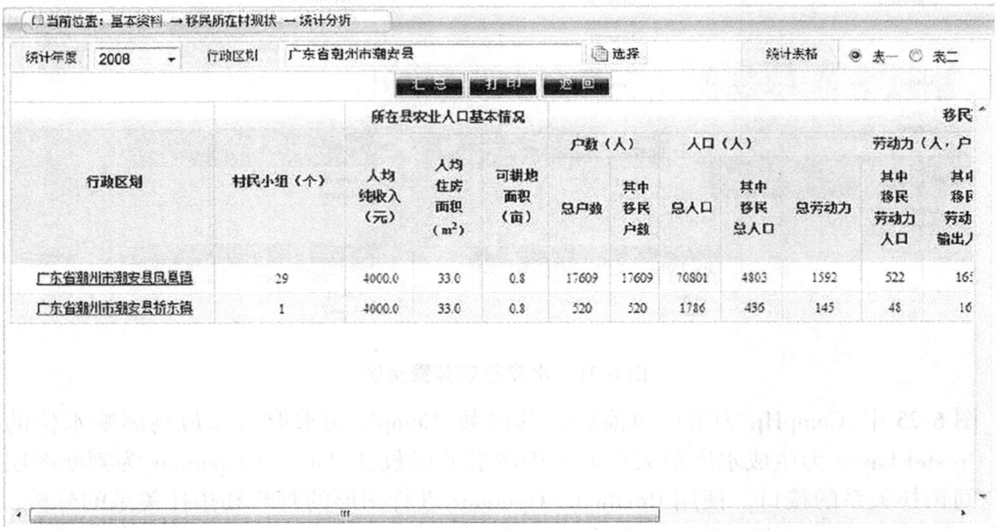
当前位置:基本资料 → 移民所在村现状 → 统计分析
统计年度 2008
行政区划 广东省潮州市潮安县
选择
统计表格
表一 表二
汇总 打印 返回
所在县农业人口基本情况
行政区划
村民小组(个)
人均纯收入(元)
人均住房面积(m²)
可耕地面积(亩)
户数(人)
总户数
其中移民户数
人口(人)
总人口
其中移民总人口
总劳动力
劳动力(人,户
其中移民劳动力人口
广东省潮州市潮安县凤凰镇
29
4000.0
33.0
0.8
17609
17609
70801
4803
1592
522
广东省潮州市潮安县桥东镇
1
4000.0
33.0
0.8
520
520
1786
436
145
48

图 6-22 移民总数计算统计结果

6.3.4.2 移民安置规划模块

在时空数据管理模块的基础上,构建移民安置规划模块,进行人口的安置,包括移民人口的生活安置,如住房、活动生活场地等的安置和生产安置,包括从事农业安置以及从事第二、三产业安置等情况,主要以村为单位进行生产安置人口计算。通过调用 SQL Server 数据库在影响区分析中获得的影响区淹没时和征用的农用地数目、影响区未被淹没时的农用地数目,基准年中的务农人口数,区域内的人口自然增长率,计算需要安置的农业人口数,用总人数减去农业人口数,即可得到需要安置的第二、三产业人口数。获得需要安置的各产业人口数后,分析安置区的环境容量,对安置区的农业用地、建筑用地等进行规划分析。规划分析的主要步骤如下:首先,调用需要安置人口的数据。通过数据管理模块中的 SQL Server 数据库,调用需要规划的人口的相关信息,包括人口数目、对应人口所具有的耕地的面积、区域内人口的增长率,计算得到需要安置的土地数。其次,调用备选安置区的数据。包括安置区域目前已有的土地、可利用的规划用地、安置区人口增长率等安置区的数据。再次,进行安置区的环境容量分析。根据安置区的数据,进行环境容量分析,分析出安置区可调整的土地利用状况,包括可调整的耕地面积、可迁入的人口数等。进行需移民的人口数、需要耕地数等需求和备选安置区的可迁入人口数、可供耕地数的线性比较求和统计,优化得到各安置区安置的人口数及其对应的耕地供应。最后,进行优化配置分析,将迁移人口分配到各备选安置区,并优化配置,得到最终的人口迁移路径图、人口安置图以及每个移民的安置去向，从而供决策者决策。

进行各级区域的各项规划后，需要进行项目的各项审批申报，系统提供了完整的审批申报和备案流程，如图 6-23 所示。

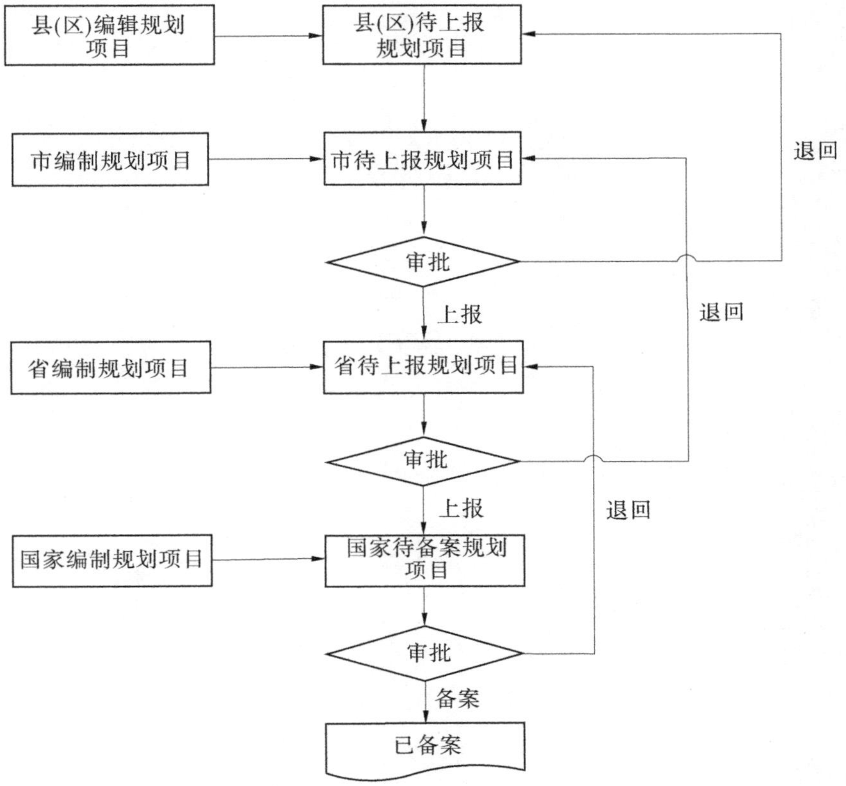

图 6-23　系统移民安置规划备案流程

第 7 章　移民后期扶持资金管理系统

7.1　移民后期扶持资金管理系统分析

7.1.1　功能需求的分析

水利水电项目的后期扶持所牵涉的面十分广，情况复杂，包括规划计划、质量标准、工程进度以及资金合同等信息，这些信息不断变化。移民后期扶持资金管理系统属于管理信息以及控制信息的系统，通过这一手段对管理的水平以及工作的效率加以提升，对项目的进展情况做出及时评价，对整体过程实施协调。这一系统将 Internet 网络当作基础，借助服务的工程与管理，秉承将服务提供给移民这一思想，采用信息技术来代替传统人工管理这一手段，核心内容为项目的管理，面对各类移民管理的组织，面对公众和移民，需要具备的功能主要有下面几点：

(1)公告信息。将与移民政策相关的法律提供出来，将查询政策与法规的服务提供出来，对与项目相关的政策、法规实施查询。其中包含的内容主要有移民组织的管理机构、移民的政策法规、移民工程的进展信息报道，还有交流学习平台，并将信息服务提供给移民管理人员。

(2)申报和审批计划阶段，各个级别的移民部门和同一级别的相关财务部门，按照已经批准了的帮扶规划，对拨付资金计划进行编报，由财务主管以及财政部门实施审批、管理和监督资金。水利水电工程在完工后所实施的扶持工程内的资金全部包含在政府基金的范畴中，中央对后期扶持移民资金进行下拨，划入专门的财政专户内，移民部门将分配资金的方案提供给省级政府，由后者对相关资料进行审核，并拨付资金至下属的市、县相关的国库内，由所在政府的移民管理部门按照制订好的资金计划对申请用款进行提交，由同一级别的财务部门对此进行审核之后，从国库统一集中支付，以此方式将资金拨付至建设项目的部门或是独立的个人。施工阶段，从申报计划、审批审查到拨付资金等，系统需要提供的功能：申报、分析、审核、查询、输出、汇总资金，将相应依据提供出来，方便实施项目的管理，将信息服务提供给资金支付部门与审计部门，实施项目的管理。在水利水电工程的后期所实施的扶持项目，需要根据合同管理的制度实施，在实施管理以前，负责项目的主体需要与承担建设的个人或单位签署建设合同，将建设项目的内容确定下来，明确项目需要实现的质量目标、完工的期限、需要承担的违约责任等。对较大规模的水利水电移民项目进行管理时，需要实施招标、投标管理。当所涉及的资金超过一定限额时，需要对工程实施监理制度。在项目实施之后进行验收，采用行业规范作为验收依据。监督与检查项目，地方各级政府不定期或定期对后期扶持移民项目加以组织，实施检查与监督，采用严格的质量标准及检查程序，对项目进行检查，责任人及责任主体为检查对象。

(3)安全性。本系统需要处理较多的数据，数据有着较高的安全性要求，为了方便管理及维护系统，运用集中式管理方式。与此同时，系统还要具有灵活可靠的数据备份机制。

(4)保密性。该系统内相关的信息需要具备一定保密性,所以对安全性提出了较高的要求。第一,互联网和系统之间最低需要实现逻辑方式的隔离,禁止出现互联网对系统非法访问的情况;第二,分隔开网络的资源及敏感的信息,对非授权的用户实施的访问加以限制;第三,对权限进行严格的控制,并在各个环节内将权限的控制贯穿其中,在控制权限上根据移民、财政、政府等不一样的角色实现分级关联,不采用用户实施权限的控制。

7.1.2 构建系统的目标

构建系统的主要目标为:对数据库的技术及地理信息系统加以利用,构建实用又先进的水利水电工程移民数据库,构建应用系统,为水利水电工程在后续移民的过程中,实施人口的关联、对计划与规划进行管理、对项目的实施进行管理、对资金进行管理,提供可靠、科学高效的支撑,及时解决工作时碰到的难题,实现相互学习,对自身的工作经验进行交流,使得数据能够实现共享,可以轻松地将计划规划上的审批以及上报的工作完成,可以对项目的进度及时了解,对使用资金的情况以及拨付资金的情况加以掌握,能够对移民的信息实现有效的管理等,进而实现工程移民资金、扶持管理的自动化。

它包含的主要问题有:

借助外网对移民管理部门的人员构成和承担的责任加以了解,对相关的工作指南、相关的和移民有关的法规政策、工程标准以及专业术语有所了解,并借助电子邮箱、移民论坛,解决疑难问题,实现对资源数据的维护与管理;对与地理位置特点相关的各类信息进行收集、分析以及存储,使各个数据所具备的兼容性、直观性及可比性得到提升;提供与水利水电工程后期移民扶持项目相关的计划申报、规划录入、资金拨付申请、年度规划审核、资金审核等各类管理,使日常移民管理业务变得更加便利与快捷;在实行后期移民管理扶持项目时,控制以及管理项目的资金计划、进度与质量,提升管理所具备的科学性;系统能够快速实现查询、分析及统计、汇总,可以实时查询移民工作的进展以及拨付资金的情况,为后期移民扶持管理安排工作进度、检查工作情况提供真实且可靠的信息。

7.1.3 设计系统的原则

在分析业务的需求及功能的需求这一基础上,将构建系统的目标及需要完成的任务明确下来,对系统进行设计,为最大限度地使水利水电后期移民扶持的工作需求获得满足,系统需要具备十分强大的生命力,并且在设计水利水电工程移民资金管理系统的过程中,需要遵守下述原则:

(1)实现系统的最优化原则。水利水电工程移民资金管理系统有着多个子系统模块,在对它实施层次划分的过程中,不但需要对设计方便性加以考虑,并且需要对体系所具备的合理性加以考虑,将系统中所具备的各模块放置在总的设计目标上,使全局实现平衡。

(2)需要具备实用性原则。对于系统而言,实用性是开发系统的最本质目的,系统需要能够从水利水电工程后期移民资金扶持内容出发,以实际情况作为出发点,使各个级别的用户所提出的实际工作需求都获得满足。

(3)需要具备通用性原则。系统需要对水利水电工程后期移民资金管理工作加以考虑,需要考虑普遍性,可以在各个地方政府使用,能够在不同地区的移民管理部门、财政管理部门使用,能够适应不断变化的使用环境以及管理对象。

(4)系统需要满足扩展性的原则。在不断展开移民工作的过程中,系统需要在处理数据方面具备更高的可扩展性及可塑性。

(5)需要满足共享性原则。系统运用模块化结构思想实施设计,每个模块之间都互相独立,可以对数据实现共享。

(6)系统设计需要遵循安全性原则。系统需要确保系统内的数据内容可以高度安全,一方面能够杜绝因为出现异常情况而导致数据丢失的情况出现,另一方面能够杜绝不法分子对系统进行非法的使用、修改内容、查看内容的情况出现。

7.2　移民后期扶持资金管理系统的总体设计

7.2.1　系统总体的结构

水利水电工程移民资金管理系统可划分为三个层次(见图 7-1),分别为支撑层、业务应用层及表现层。表现层由面向公众的信息网站和移民的业务专网所构成,其中后者处于电子政务的外网之上,各个地区的移民管理部门都能够借助访问电子政务的外网对这一网站实现访问。

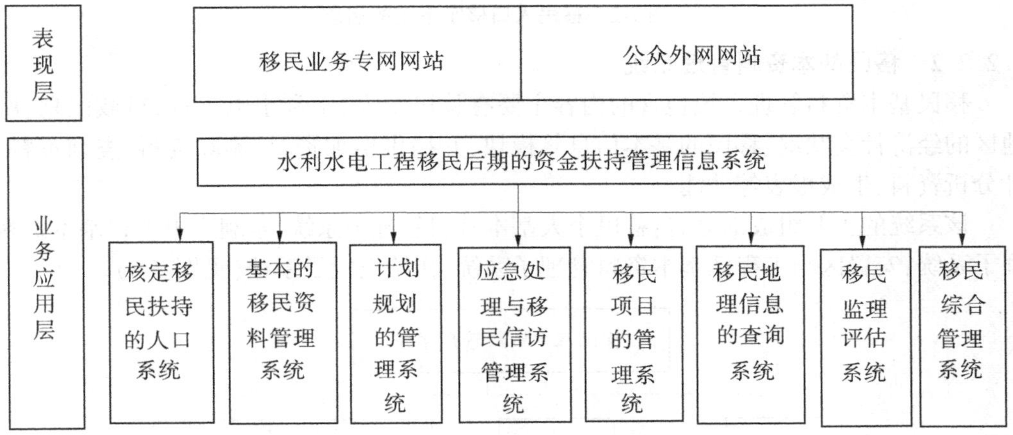

图 7-1　移民后扶资金管理信息系统的总体结构

业务应用层由几个管理系统所构成,分别为核定移民扶持的人口系统、基本的移民资料管理系统、制订移民计划规划并实施管理的系统、应急处理与移民信访管理系统、移民项目的管理系统、查询移民地理位置信息的系统、监测评价移民的系统、综合管理移民的系统,使日常移民工作业务管理得以实现。

支撑层提供了一个强大、统一、可拓展的运行应用环境,以便更好地对相关信息系统进行简化、架构及集成。应用支撑平台对于运行以及管理业务而言,属于基础的架构与要素,其将强大的、全面的运行应用系统的基本功能提供出来,对系统加以支持。这一层的主要目标是将共享资源、交换信息、访问业务、安全管理、集成业务等关键性以及共性的服务提供给系统。

7.2.2　划分子系统

7.2.2.1　移民人口核定系统

为贯彻与落实国务院下发的第 17 号文件精神,将水利水电工程后期移民扶持工作落实好,做好核定人口的工作,将工程后核定移民人口的系统开发出来,主要针对水利水电工程完工后需要帮扶的人口进行管理,并核定管理新添加的需要帮扶的人口。该系统的主要组成部分包括:核定移民人口指标控制数、申报审核、查询、分析与统计、生成报表等(见图 7-2)。指标的控制数为中央核定各个省份、县市移民数量的指标。

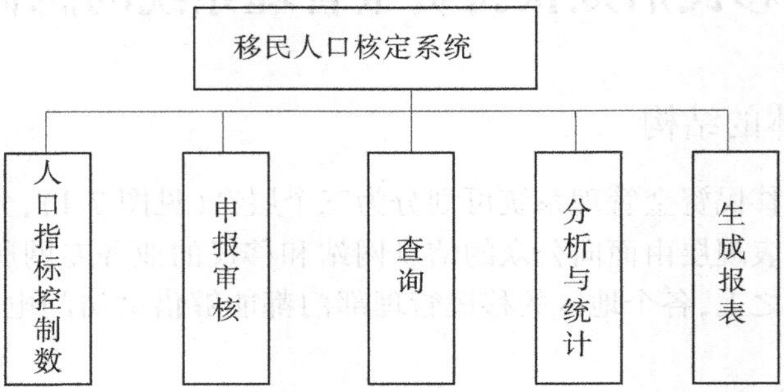

图 7-2　移民人口核定系统的组成

7.2.2.2　移民基本资料管理系统

移民基本资料管理系统包含的内容主要有移民个人、水利水电工程、行政区划、所处地区的经济社会状况、移民的基本信息等模块,并提供增加资料、删除资料、查询资料、统计分析资料、生成报表等功能。

该系统的主要组成部分有:移民个人基本资料管理子系统、水利水电工程基本资料管理子系统、安置区与工程区基本资料管理子系统、初始设置子系统(见图 7-3)。

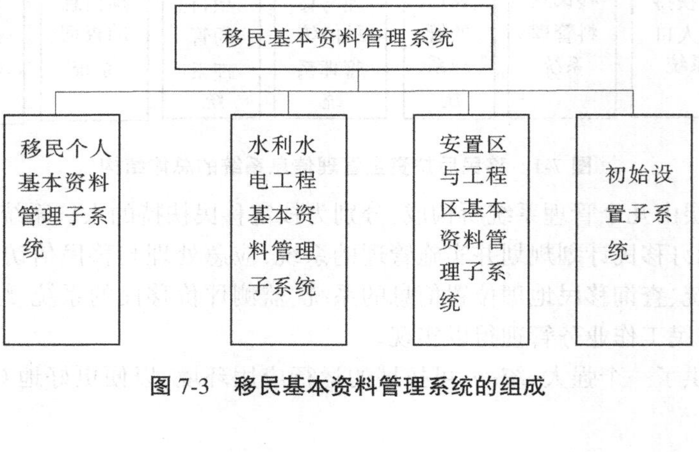

图 7-3　移民基本资料管理系统的组成

(1)移民个人基本资料管理子系统。主要是对水利水电工程移民进行核定,并对基本的移民资料进行登记,或是将相关的数据导入已经存在的管理移民的系统内,如图 7-4 所示为该子系统的基本组成。

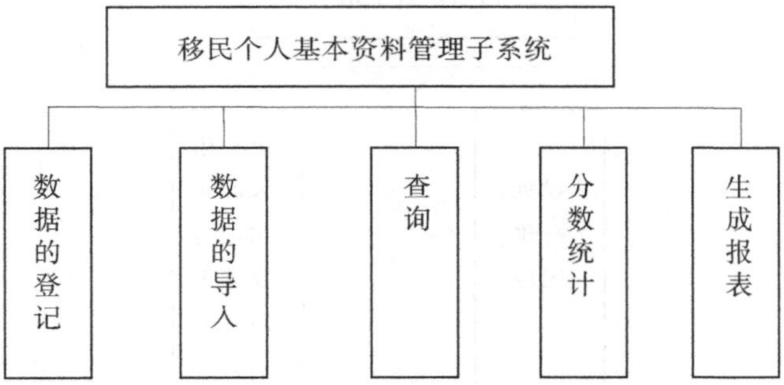

图 7-4　移民个人基本资料管理子系统的组成

(2)水利水电工程基本资料管理子系统。这一子系统主要就基本的水利水电工程资料实施登记、查询、导入、统计与分析、生成报表等,如图 7-5 所示为该系统的主要组成部分。

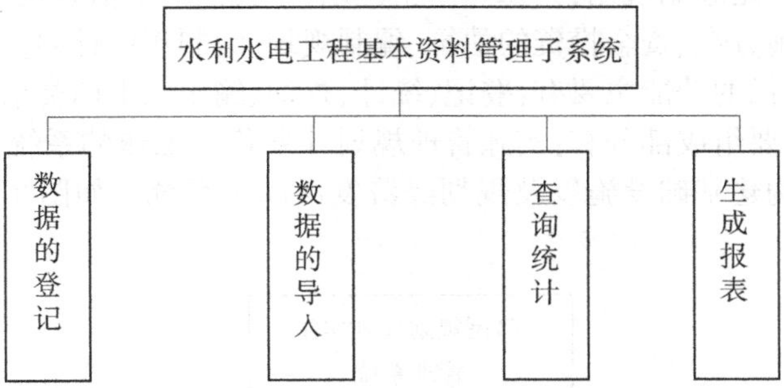

图 7-5　水利水电工程基本资料管理子系统的组成

(3)安置区与工程区基本资料管理子系统的组成。这一系统主要针对工程区及安置区的社会经济状况、相关的指标实施登记、进行统计与查询、导入、生成报表,如图 7-6 所示为该子系统的组成。

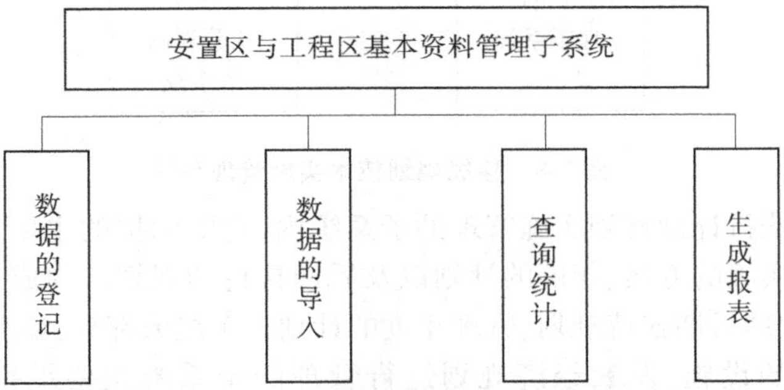

图 7-6　安置区与工程区基本资料管理子系统的组成

(4)初始设置子系统。这一子系统包含的内容主要有:设置相对应水利水电工程迁出地、移民的安置地关系,设置行政区域,如图 7-7 所示为该子系统的组成。

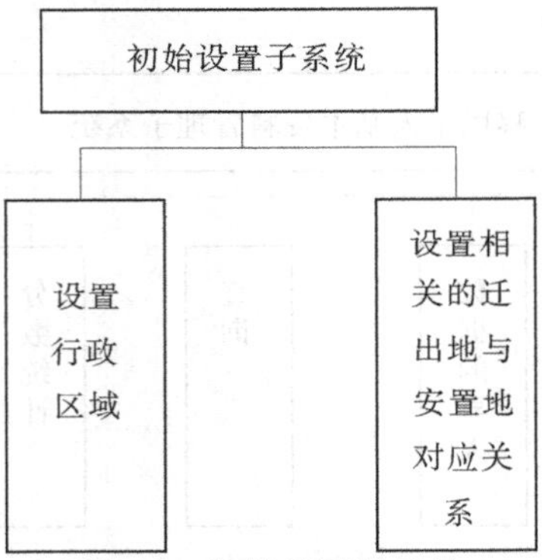

图 7-7 初始设置子系统

7.2.2.3 移民规划计划实施管理系统

移民规划项目包含的主要内容有规划后期的扶持、构建安置移民区以及工程区域的基础设施,发展以上两个区域内的经济。管理计划与规划的实施系统,主要是将两个前期规划工作做好,其一是编制规划,其二为申报计划,并提供一个信息化管理平台,所包含的内容有:详细的实施方案、资金投资的估算、编制规划、编制年度计划。实施管理规划与计划这一子系统所提供的功能主要有:登记、统计、查询、输出以上两类信息。

这一系统的主要组成部分有:实施管理规划计划移民工作的系统包含了管理规划计划的子系统、管理构建基础设施以及规划经济发展的子系统。如图 7-8 所示为这一系统所具备的结构。

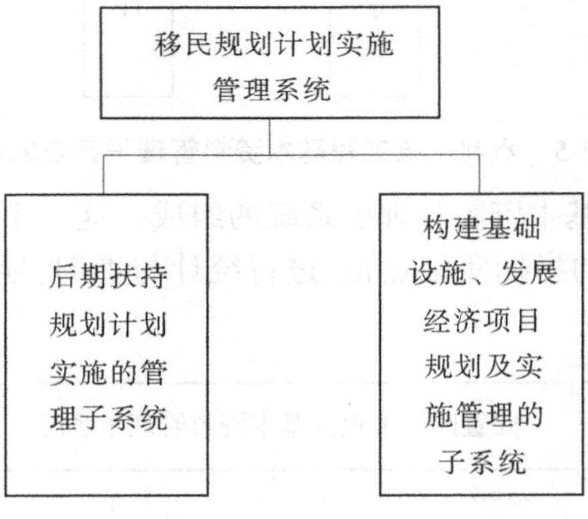

图 7-8 移民规划技术实施管理系统

在对后期的扶持计划规划实施管理的子系统内,它所承担的主要任务是登记、查询、分析、统计、输出实施的方案、年度的计划以及后期扶持的规划。构成系统的主要内容有管理实施方案、管理后期扶持规划、管理年度的计划三个组成部分,如图 7-9 所示。

对构建基础的设施、发展经济规划进行管理的子系统主要承担的任务如图 7-10 所示。

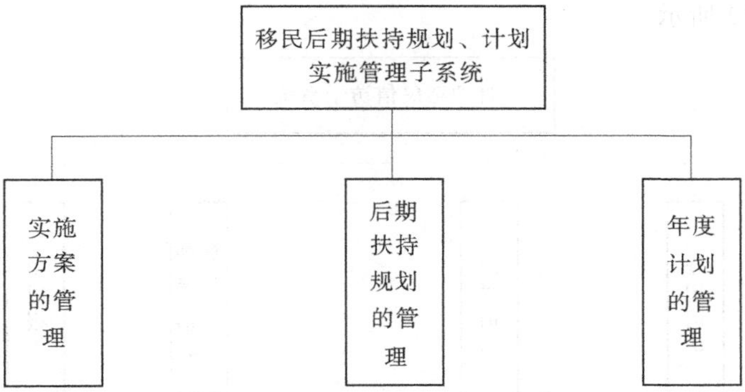

图7-9　移民后期扶持规划计划实施管理的子系统

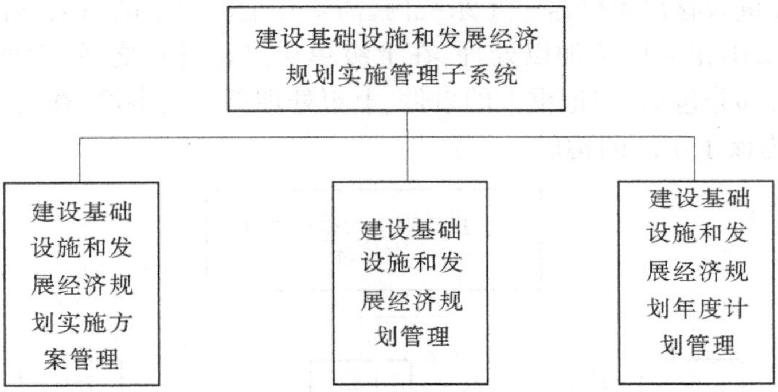

图7-10　经济发展规划与基础设施建设实施管理的子系统

7.2.2.4　应急处理与移民信访系统

应急处理与移民信访系统提供的主要功能包括：登记工程移民的信访、办理工程移民的信访、查询工程移民的信访等。

该系统的主要组成部分有：移民信访管理的子系统、上报处理重大移民事件的子系统。如图7-11所示为该系统的构成。

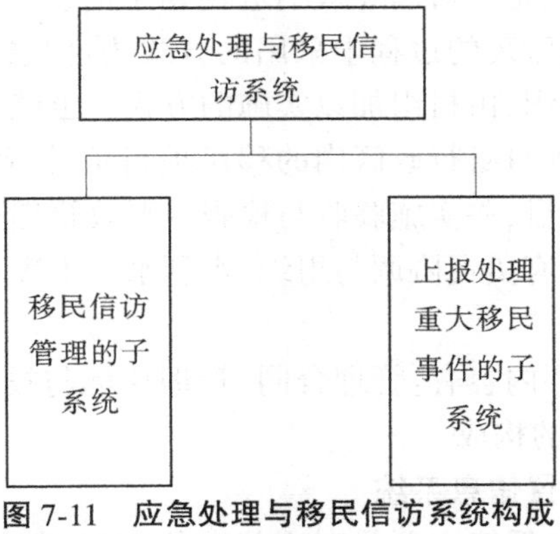

图7-11　应急处理与移民信访系统构成

移民信访管理子系统主要是登记移民的来信来访情况，对处理意见进行填写，对信访情况加以了解。这一子系统的构成主要包含：登记信访、回复信访、查询及统计信访、生成报表等,如图 7-12 所示。

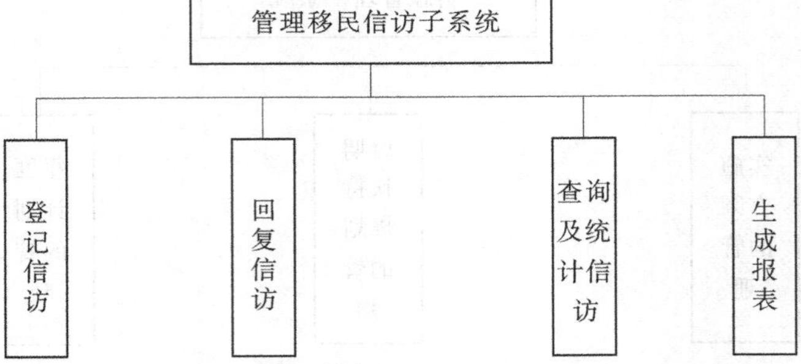

图 7-12　管理移民信访的子系统构成

在上报处理重大移民事件这一子系统内,需要登记发生了的重大移民事件,向上级部门进行报告,并交由相关单位加以处理,在上级单位进行处理之后,返回处理后的结果。系统的主要组成部分包括:登记重大的事件、上报处理重大的事件、查询统计重大的事件。如图 7-13 所示为该子系统的构成。

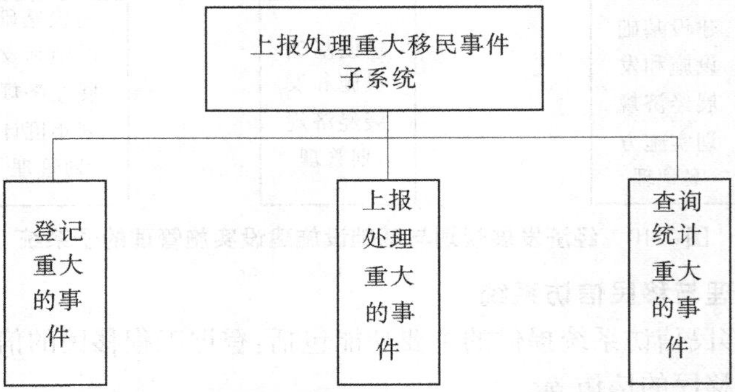

图 7-13　上报处理重大移民事件的子系统构成

7.2.2.5　管理移民项目实施的系统

管理移民项目实施系统是针对已经被纳进规划中的、已经制定了年度的投资计划的移民项目进行管理,在实施管理的过程中采用的方式为:由县级政府全权负责、由相关部门主管、由乡镇机构加以组织,由村组加以实施的方式。也就是说水利水电工程项目所处的县或市级人民政府对实施自身行政区内的移民项目负总责,负责管理移民的部门对计划进行编制、管理相关的项目,并实施验收与检查。财政管理这一部门主要的任务是监管资金,由所处区域的人民政府负责协调与组织,水利水电工程项目所处的村负责进行具体实施。

在这一系统包含的主要内容有:管理合同、管理招标与投标、监理工程、竣工验收等。如图 7-14 所示为这一系统的构成。

7.2.2.6　查询移民地理位置信息系统

查询移民地理位置信息系统主要是对查找功能加以利用,借助 GPS 定位系统,将它所拍摄获得的信息以及有关的图片传送至系统中,以电子地图方式将查询移民信息的功

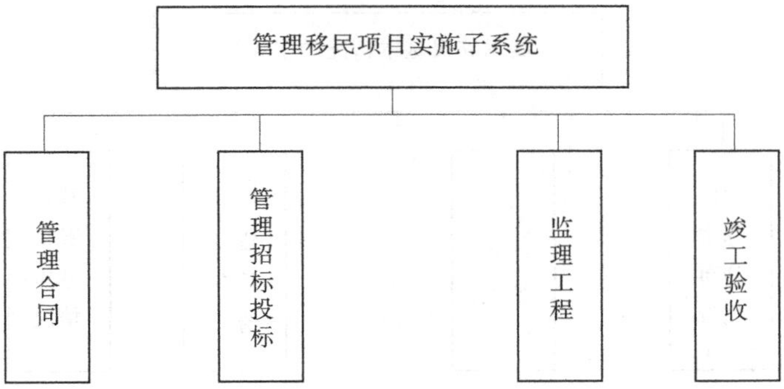

图 7-14　管理移民项目实施的子系统构成

能提供给系统的各级别用户。这一系统有着直观而丰富的分析统计功能,能够与专业的电子地图技术相结合,为决策者及领导制定决策提供帮助,是一类为决策提供辅助的工具。

这一系统的主要组成部分包括:展示移民基本情况的子系统、实施系统管理的子系统。如图 7-15 所示为这一系统的总体结构。

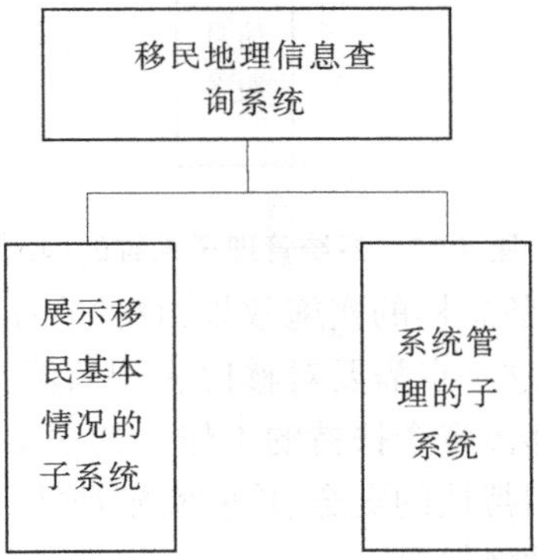

图 7-15　查询移民地理信息的子系统构成

(1)展示移民基本情况的子系统。地理空间信息是展示移民基本情况子系统需要依托的信息,采用统计分析及查询工具,采用二维图与表的方式实现数据的可视化,将更加直观的形象展示给用户,将成果及基本情况展示给用户,这也是各类系统用户浏览数据、实现分析决策的前台展示的窗口。

展示移民基本情况的子系统主要的构成模块有下面几个:移民基本分布情况、工程基本情况、项目建设基本情况、移民安置基本情况。如图 7-16 所示为这一系统的主要结构。

(2)系统管理子系统。系统管理的子系统具备可拓展性,可以实现灵活的定制、拓展以及配置,将基本的移民情况展示出来。这一系统的主要组成模块包含下面几点:管理数据字典、管理信息服务、管理权限。如图 7-17 所示为系统管理子系统的构成。

7.2.2.7　评价监测移民的系统

对于大型水利水电工程而言,后期为移民提供资金扶持的期限为 20 年。在实施了某

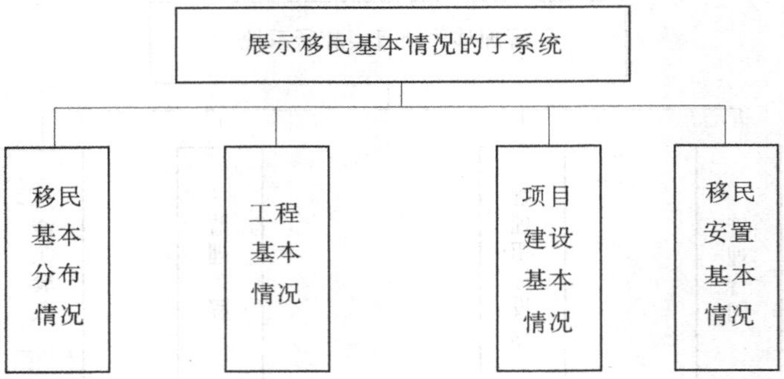

图 7-16　展示移民基本情况的子系统构成

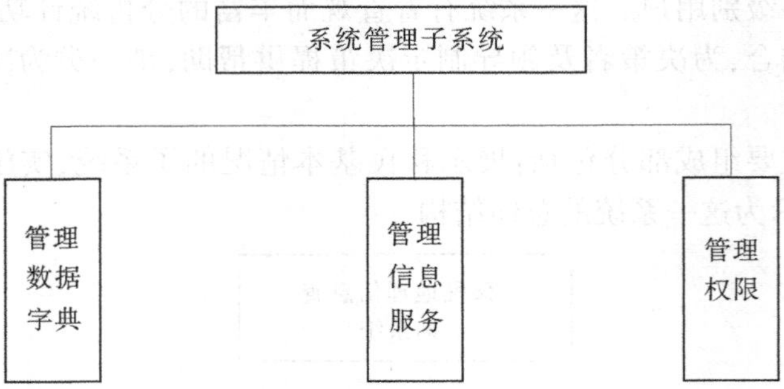

图 7-17　系统管理子系统的构成

一项水利水电工程之后,它具备怎样的实施效果,移民在生活与生产方面恢复得如何,生活质量是不是有所提高,明确这一点需要对移民实现监测,并且评价移民之后的效果,按照监测评价得到的结构改进移民资金扶持的工作。其主要内容为跟踪调查移民生活生产的水平、实施评估与分析、使用帮扶的资金、检验实施帮扶之后的效果、评价及监测工程移民安置区域内经济及社会的发展情况。

这一系统主要由下面几个功能模块构成:配套扶持政策出台情况、年度直补资金发放情况、年度项目实施情况、后期扶持政策实施情况。如图 7-18 所示为这一系统的构成。

7.2.2.8　综合管理移民系统

综合管理移民系统具备的主要功能是:提供信息化的手段,帮助实现日常移民管理工作,系统在同一个信息化平台上实现了多项功能,包括传阅共享、发布公告通知、交流工作经验、管理移民培训、管理组织结构等一些日常工作,使日常移民管理机构所涉及的业务实现规范化管理。

综合管理移民系统主要由下面一些功能模块构成:对查阅公文实施管理的模块、管理公告通知的模块、对移民工作以及经验实施交流的模块、管理移民培训的模块、管理移民的组织机构的模块。如图 7-19 所示为这一系统的构成。

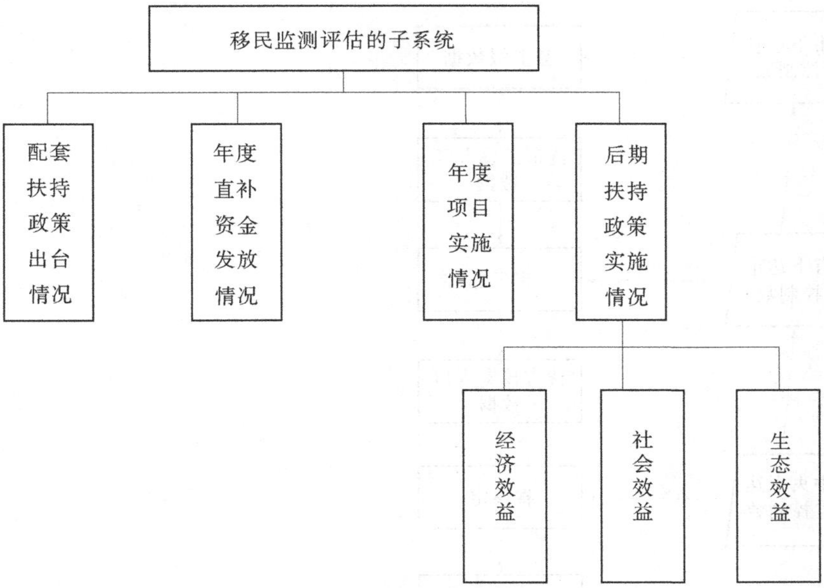

图 7-18　**监测评估移民系统构成**

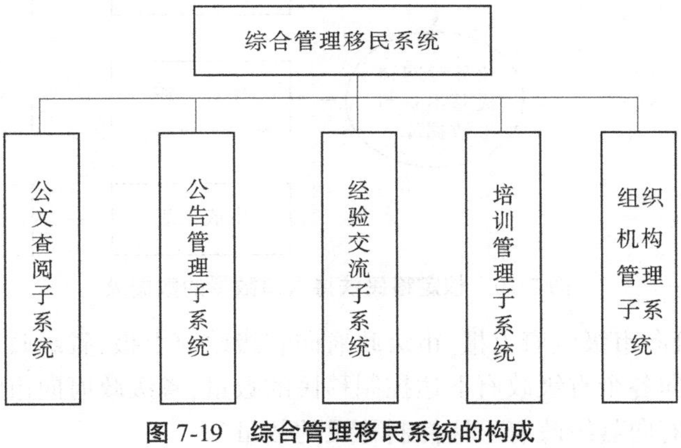

图 7-19　**综合管理移民系统的构成**

7.3　移民后期扶持资金管理系统详细设计

7.3.1　设计系统的数据流

7.3.1.1　设计核定移民人口的系统数据流

核定移民扶持人口数量的数据流(见图 7-20),首先是由各个县(市)将本区域内基本工程移民的数据上报至各市级政府,市级政府将总的移民人口方面的数据向省级政府上报,省级政府内相关管理移民的部门对下级政府所上报上来的基本移民数据进行核定,并向基本移民资料数据库导入,各个系统的用户能够按照自身所具备的操作权限登录到系统内,查询基本的移民资金数据库,实施分析统计,并生成各类报表。

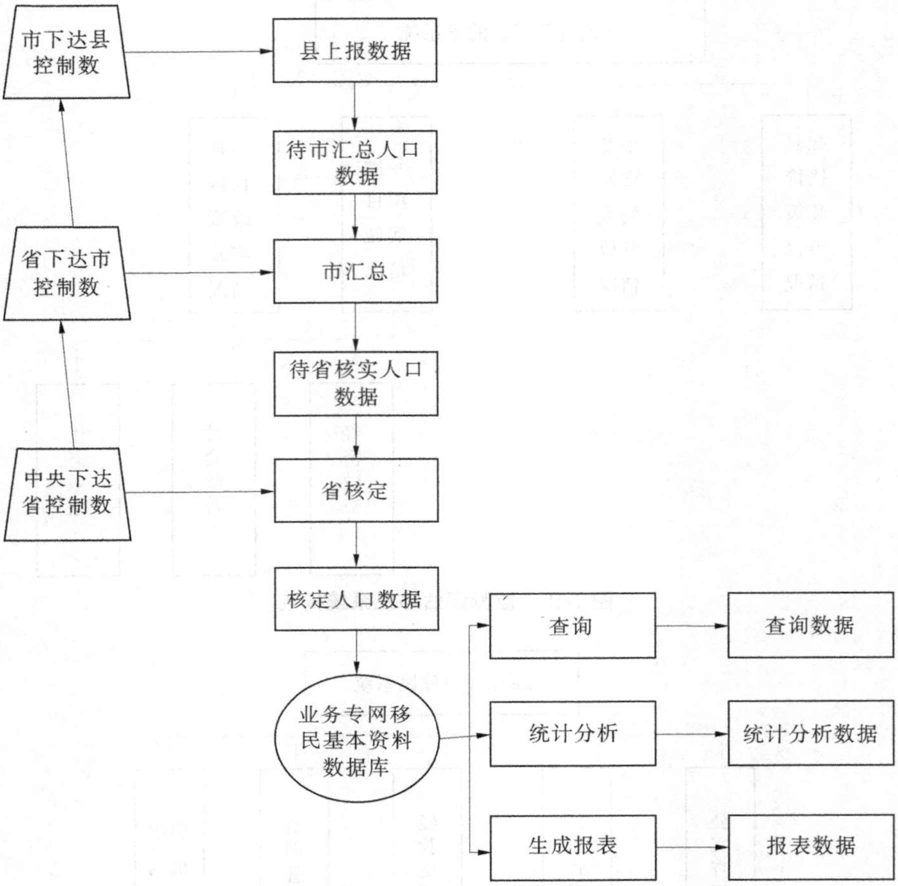

图 7-20　核定移民扶持人口数量的数据流

在由县级政府向市级政府上报、市级政府向省级政府上报、省级政府向数据库导入数据的过程中,中央向各个省级政府下达控制移民的数量,省级政府向市级政府下达控制移民的数量,市级政府向县级政府下达控制移民的数量。

7.3.1.2　**设计管理基本的移民资料系统的数据流**

(1)管理基本的移民资料系统所具备的数据流。在收集基本的移民个人资料的过程中,从已经具备的移民系统内将数据导出,并将基本的移民资料录入进去,采用这样的方式向专网专业的移民资料数据库内导入相关的基础数据,用户如果具备有关执行权限,能够按照变化的情况对数据进行修改及编辑,用户在登录到管理基本移民信息资料系统时,能够查询需要帮扶的人口,进行分析与统计,并自动生成报表(见图 7-21)。

(2)管理基本的水利水电工程资料的子系统数据流。对基本的水利水电工程资料实施管理,系统所具备的数据直接从管理移民的系统内获得,由后一个系统内导出,采用直接录入的方式,将基本的水利水电工程资料的相关数据向专网业务数据库导入。用户如果具备执行的权限,能够对相关数据进行修改及编辑、查询基本的水利水电工程资料,并生成报表(见图 7-22)。

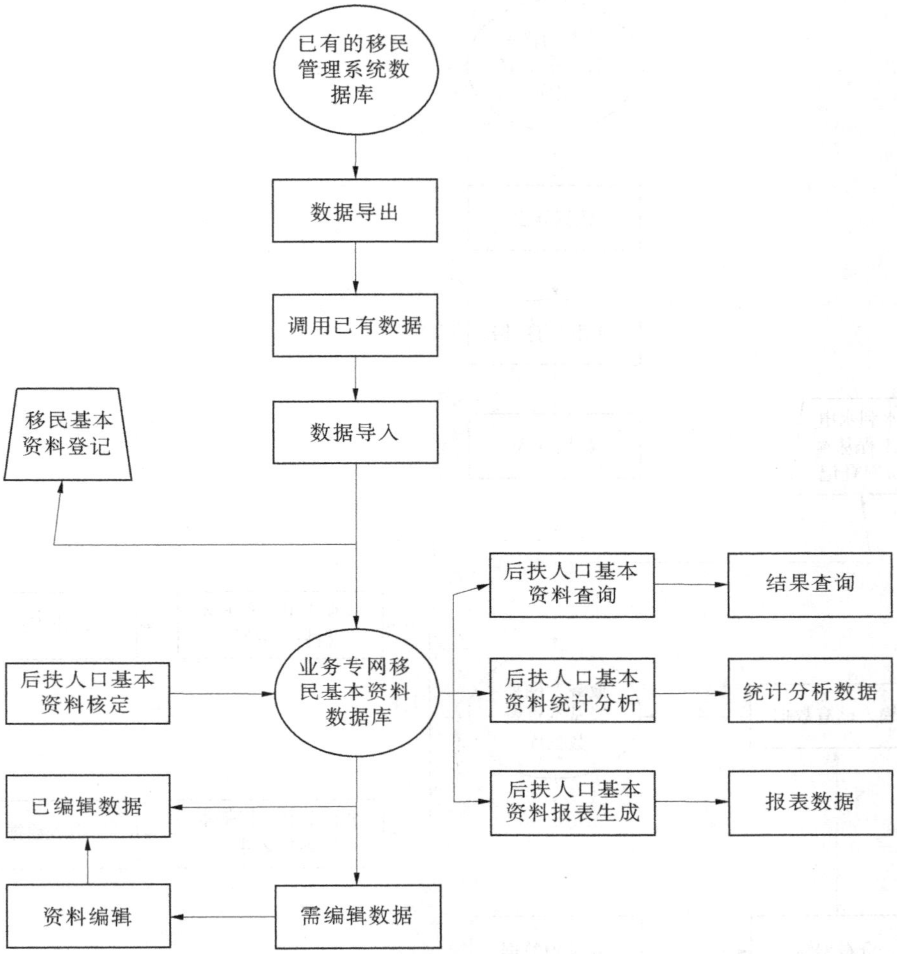

图 7-21　管理基本移民资料的子系统数据流

(3)管理基本的安置区以及工程区域资料的子系统所具备的数据流。在子系统管理安置移民的区域以及工程所在区域包含的基本资料时,需要的数据直接从管理移民的系统内导出,对工程所在区域以及安置移民相关信息,采用直接录入的方式,向专网专业的基本移民资料数据库导入。用户如果具备执行权限,能够对相关的数据进行修改及编辑,查询基本的水利水电工程资料,并生成报表(见图 7-23)。

(4)对移民进行初始化设置的子系统所具备的数据流。行政区对水利水电工程相关移民村、镇、县进行划分添加,能够把全部的村、镇、县都囊括进来,方便以后实现拓展。对划定的行政区内的水利水电工程进行设置(见图 7-24)。

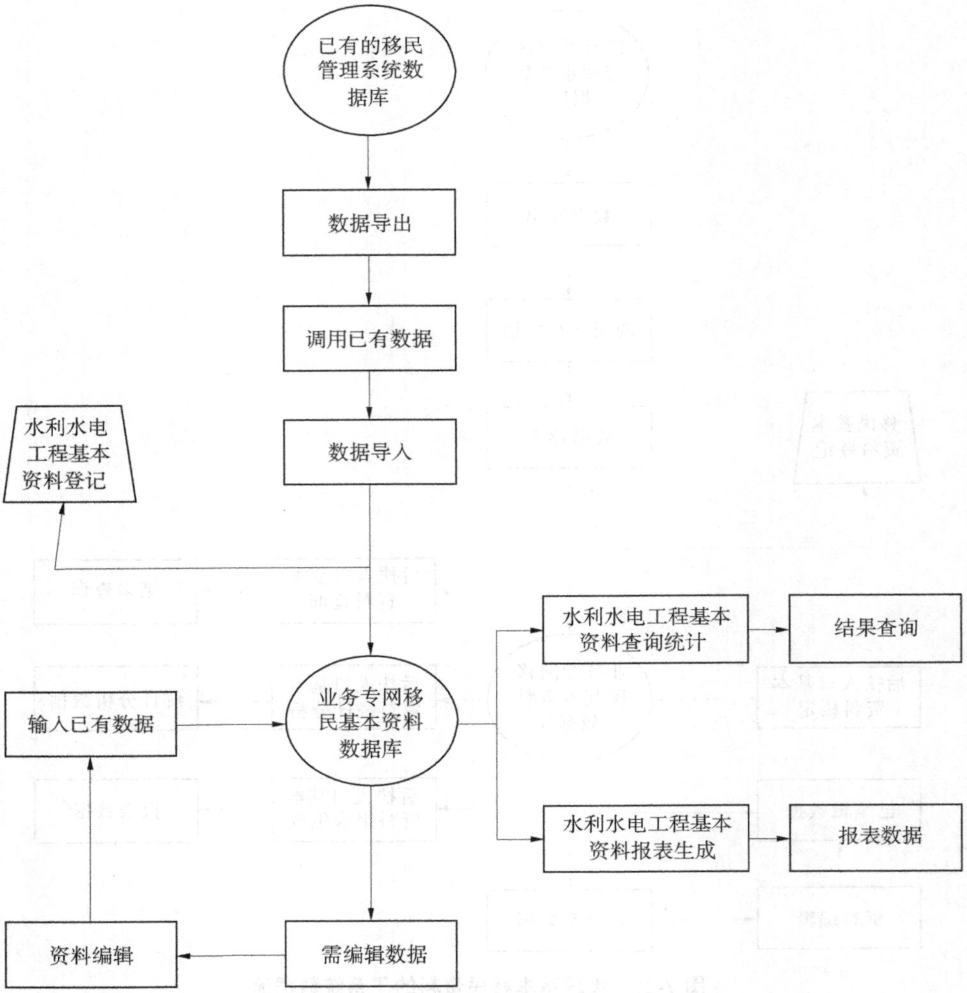

图 7-22　管理基本的水利水电项目资料的系统数据流

7.3.1.3　设计管理移民计划规划实施系统的数据流

管理移民计划规划实施系统的数据流包含的内容有下面几点：录入实施的规划方案、录入年度计划数据、录入规划数据、对相关的数据进行审核、实施审批，完成审批之后向业务专网技术扶持数据库导入，能够实现统计、查询、附件的下载以及报表的生成等功能(见图 7-25)。

管理实施经济发展计划的子系统的数据流。对发展安置移民区域以及工程所在区域的经济进行规划，对所涉及的纲要、年度计划、规划等进行审核、录入，通过审批之后向业务专网技术扶持数据库导入，能够实现统计、查询、附件下载以及报表生成等功能(见图 7-26)。

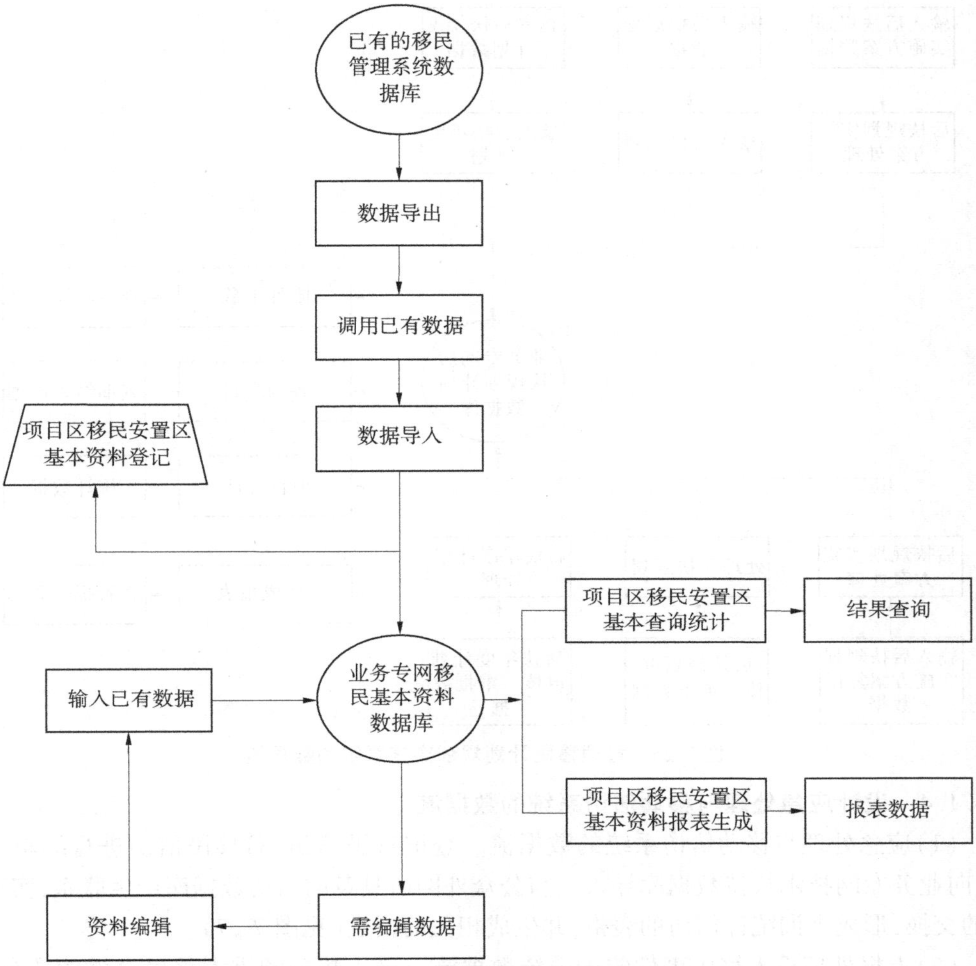

图 7-23　管理基本安置移民区域与工程区域资料的子系统数据流

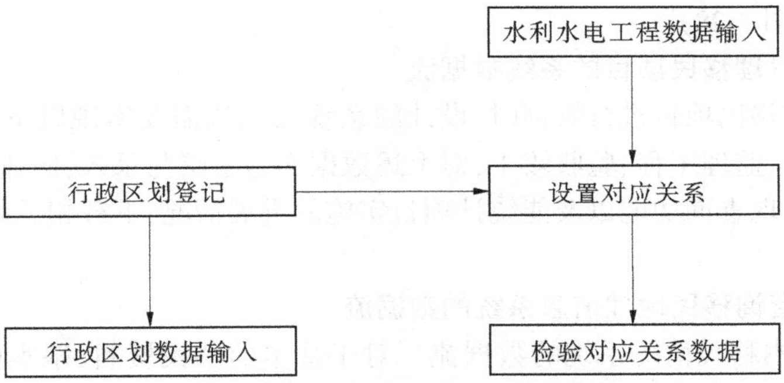

图 7-24　初始化的设置移民子系统的数据流

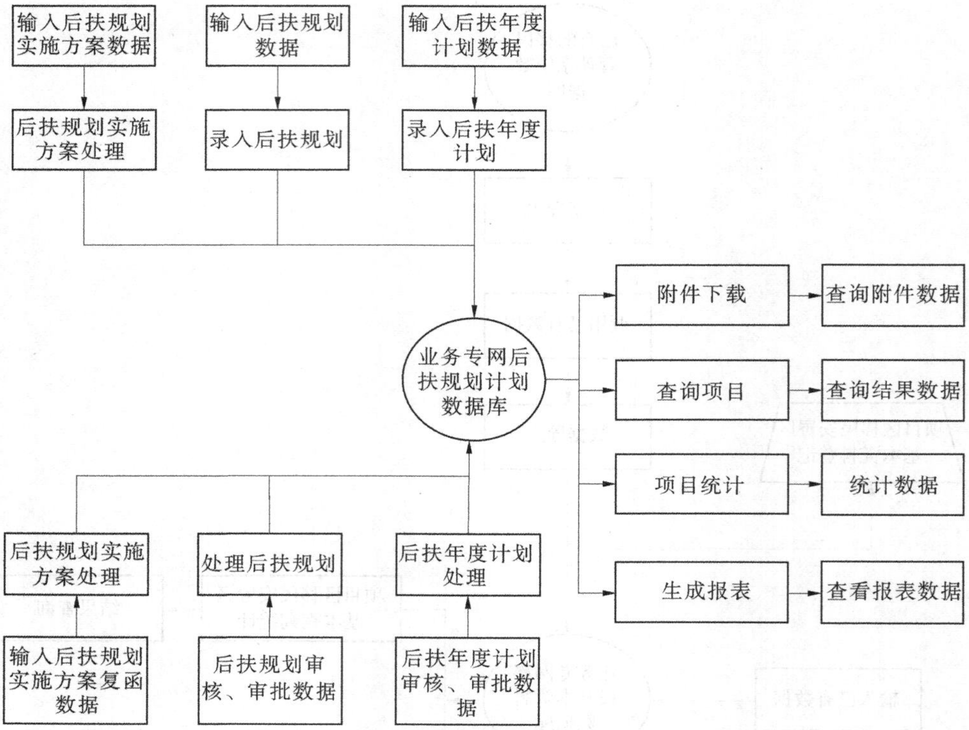

图 7-25　管理移民计划规划实施系统的数据流

7.3.1.4　设计应急处理与移动信访系统的数据流

(1)应急处理与移动信访系统的数据流。登记移民信访、对移民信访进行编辑与反馈,向业务专网技术扶持数据库导入。与公众外网所具备的信访数据库产生联系,实现数据的交换,形成查询统计信访的表格,并生成相关的报表(见图 7-27)。

(2)上报处理重大移民事件的子系统数据流。录入相关的重大移民事件的数据,进行上报登记,并加以处理,导入业务专网技术扶持数据库。实现查询以及统计关键的重要事件的工程(见图 7-28)。

7.3.1.5　设计管理移民项目的系统数据流

在对相关的移民项目进行管理时,设计的系统数据流需要实现以下功能:管理合同、管理招标及投标、监理工程、验收竣工,对上述数据实施编辑与录入,向业务专网技术扶持数据库导入。实现查询功能以及能统计项目实施的进展情况,下载相关附件,并生成报表(见图 7-29)。

7.3.1.6　设计查询移民地理信息系统的数据流

(1)展示基本移民情况系统的数据流。对于基本的移民资料、基本的地理数据及行政区划数据,借助专业化的软件参与叠加,使专题图得以生成,展示基本的移民情况,并能够实现查询、生成统计图表,输出专题图(见图 7-30)。

(2)管理系统子系统的数据流。这一子系统主要具备的功能有管理数据字典、管理系统模块的配置情况、管理系统的权限,包括配置系统角色、配置用户、配置数据权限以及

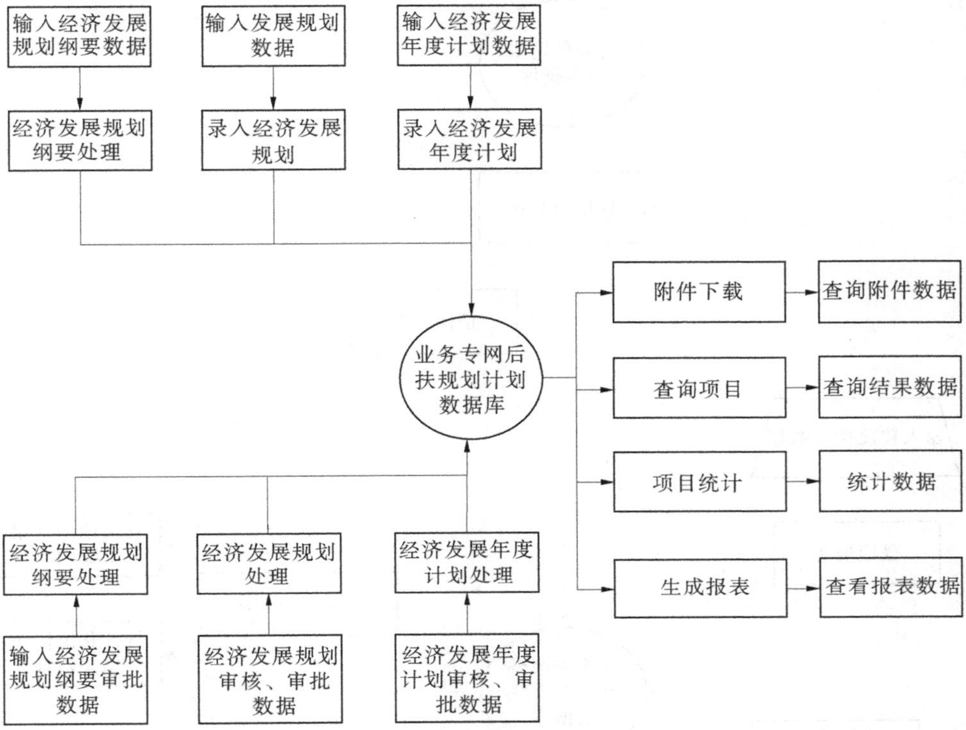

图7-26 管理实施经济发展计划的子系统的数据流

配置功能权限几个部分(见图7-31)。

7.3.1.7 设计监测评价移民系统的数据流

监测评价移民系统所具备的数据流。国家制定了相关的移民扶持政策,地方也出台了有关的扶持政策,在这一系统内需要录入这些相关政策,录入直补年度资金计划、发放数据,录入年度工程进度方面的数据以及年度项目计划,对实施扶持政策的效果进行监测,录入所在区域内经济发展情况,对比社会效益、生态效益、经济效益,录入对比数据,登录到业务专网内评价监测的数据库,实现查询相关数据的功能,对有关数据进行统计并生成报表(见图7-32)。

7.3.1.8 设计综合管理移民系统的数据流

(1)查阅公文子系统的数据流。在移民办公过程中,需要登记、编辑、报送相关公文,向业务专网技术扶持数据库导入,实现接收及查阅公文的功能(见图7-33)。

(2)管理公告通知子系统的数据流。在综合管理业务专网的数据库内编辑、查询以及发布相关的公告(见图7-34)。

(3)交流移民工作经验的子系统的数据流。在综合的管理业务专网数据库内,编辑交流的文章,并对相关的文章进行编辑、查询以及发布(见图7-35)。

(4)培训管理移民子系统的数据流。在这一系统内需要登记以及编辑培训移民的情况,向综合的业务专网技术扶持数据库导入,使得查询培训的功能得以实现(见图7-36)。

(5)管理移民组织结构子系统的数据流。登记以及编辑移民所实施的组织培训的情

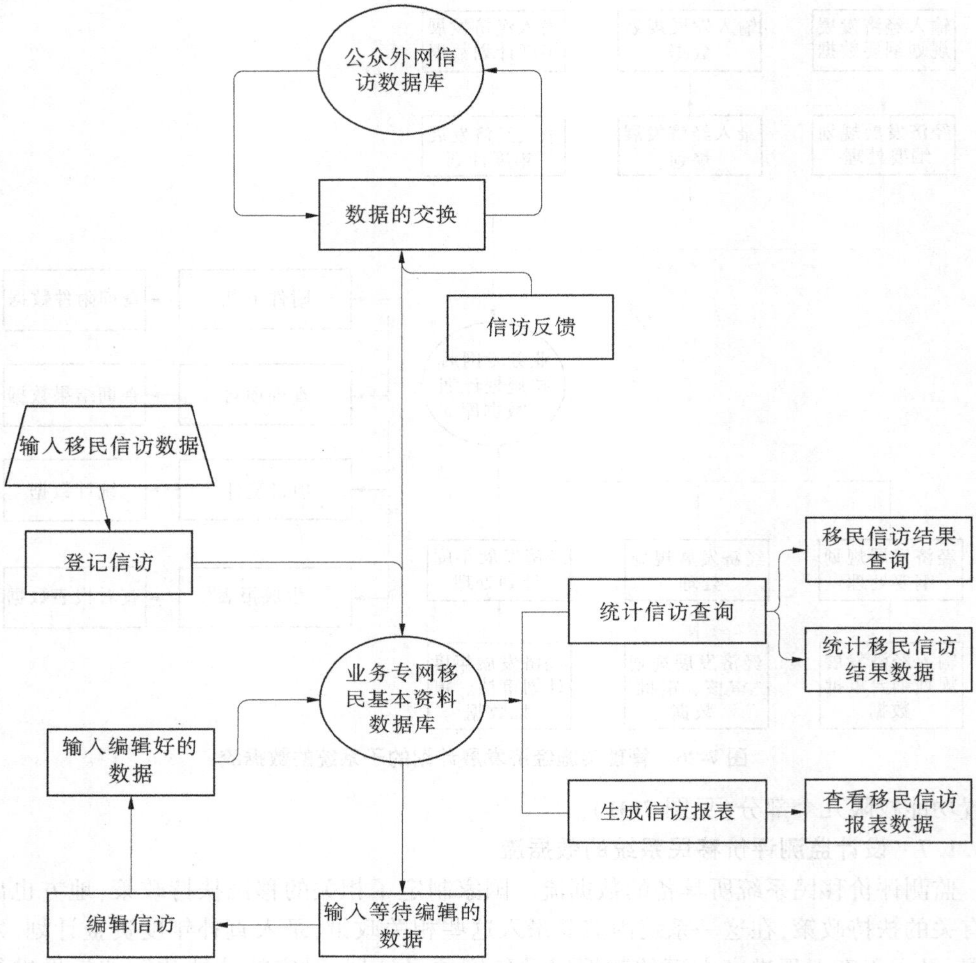

图 7-27　管理移民信访子系统的数据流

况,向综合的业务专网管理数据库导入,实现查询组织移民培训的情况(见图 7-37)。

7.3.2　设计系统的功能

7.3.2.1　核定移民后期扶持人口系统的功能

(1)下达控制数。在系统内中央向省政府下达控制数,省向市政府下达控制数,市政府则是将控制数下达至县政府,县政府所上报的数据受到了控制数的约束。这一模块所具备的功能为:对控制数实现逐级设置,比较判定控制数的高与低,如图 7-38 所示为该模块的流程。

(2)核定上报。如果扶持移民的人口无法实现核定至人,那么各个县级市、村庄所核定的数量就不规范。如果能够核定至人,那么就能够对已经登录的基本移民资金管理系统加以参考,选择其中的登记人口,分级别上报汇总至中央(见图 7-39)。

这一系统所具备的功能为:形成行政区划所具备的目录数;对移民户数、现在移民的

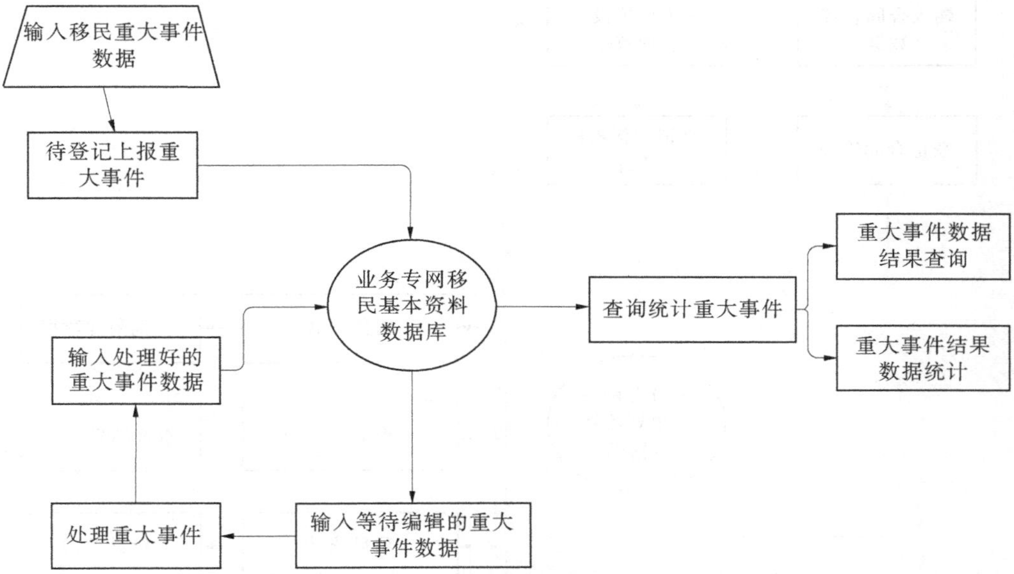

图 7-28　上报处理重大移民事件的子系统数据流

数量、原地址迁移的移民数量、新添加的移民数量进行录入;设置权限,这里的权限包含了对上级单位加以选择的权限,对审核的权限也能够进行设置,设置上级单位查询下级单位上报资料的结果状态,比如“退回”或是“通过”;对比控制数,对比下达的控制数与上报的人数,假如超过了控制数所包含的范围,那么审核就无法通过。

(3)查询模块。将查询以行政区划为基础的移民以及移民户数功能提供出来。查询所具备的最主要功能为:生成行政区划的目录数;查询关联情况,实现组合的查询;导出查询结果,并生成 Excel 文件;打印查询结果。如图 7-40 所示为相关的流程。

(4)统计分析模块。将以安置地、工程所在地、迁出地为基础的分类统计功能提供出来。实施统计的主要目的是对人口的数量、增加的人口数量、原本迁出的人口数量进行统计。这一模块具备的关键功能包括:生成目录树;统计分类;导出统计的结果,并且生成 Excel 文件;打印统计的结果;生成统计结果的折线图、饼图以及柱状图;将图像输出至 Excel 文档;打印图形。如图 7-41 所示为统计分析所具备的流程。

(5)生成报表模块。报表自动生成的流程如图 7-42 所示。

这一模块具备的关键功能包括:模板的选择;借助查询数据对数据源进行设置;生成报表;导出报表,生成 Excel 文档;系统的管理者能够对模板进行定制。

7.3.2.2　设计管理基本移民资料系统的功能

1. 设计管理基本移民个人资料子系统的功能

(1)登记数据的功能。这一模块需要实现的主要功能包含:生成行政区划的目录数,登记移民个人的资料,对附件进行上传,编辑资料。

(2)导入数据的功能。对字段加以选择,实施导入数据的工作。

(3)查询的功能。显示行政区划所具备的目录树;实现组合的查询;实现关联的查询。这类查询指的是移民的用户关联查询与之相对应的移民个人;导出查询的结果,生成

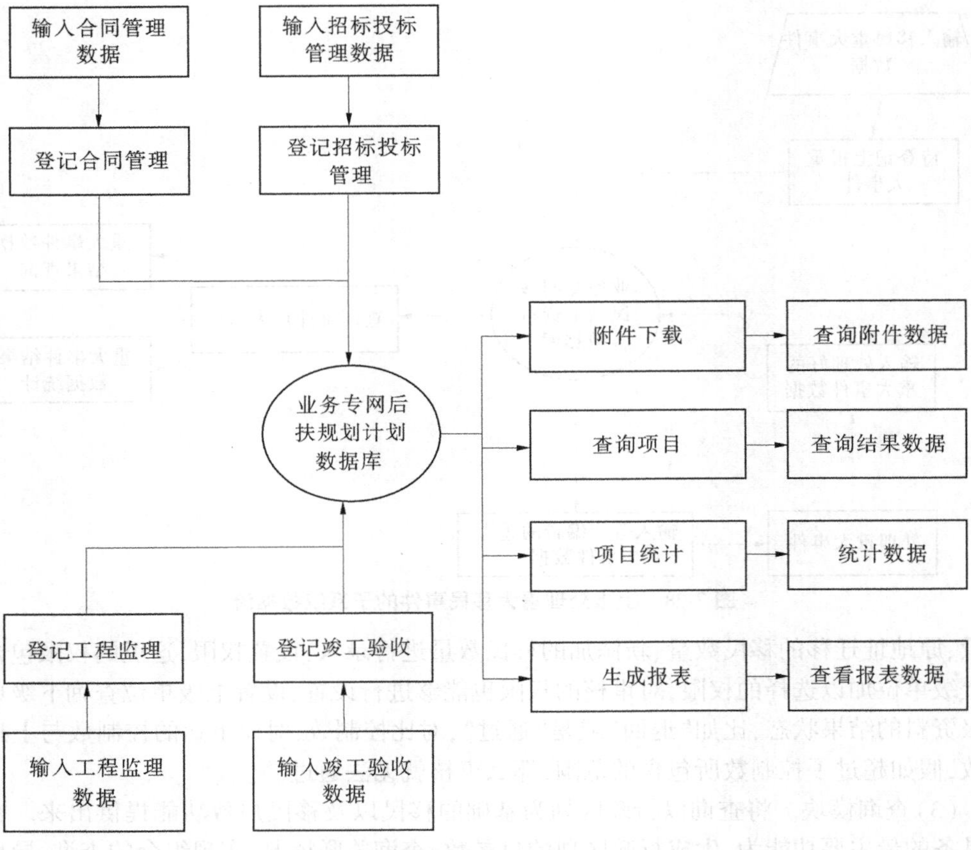

图 7-29　管理移民项目系统数据流

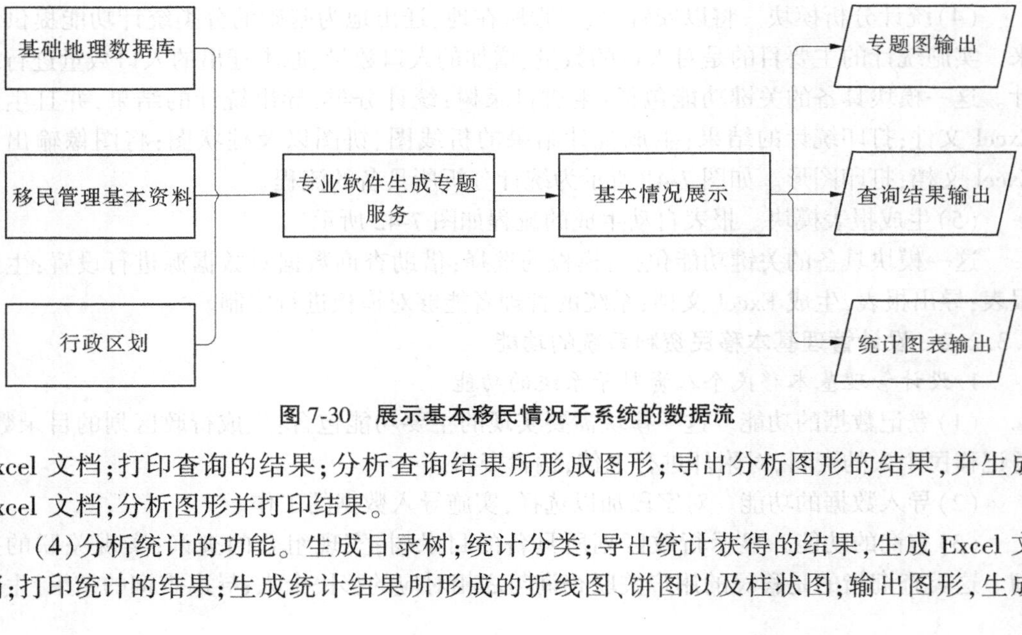

图 7-30　展示基本移民情况子系统的数据流

Excel 文档；打印查询的结果；分析查询结果所形成图形；导出分析图形的结果，并生成 Excel 文档；分析图形并打印结果。

(4)分析统计的功能。生成目录树；统计分类；导出统计获得的结果，生成 Excel 文档；打印统计的结果；生成统计结果所形成的折线图、饼图以及柱状图；输出图形，生成

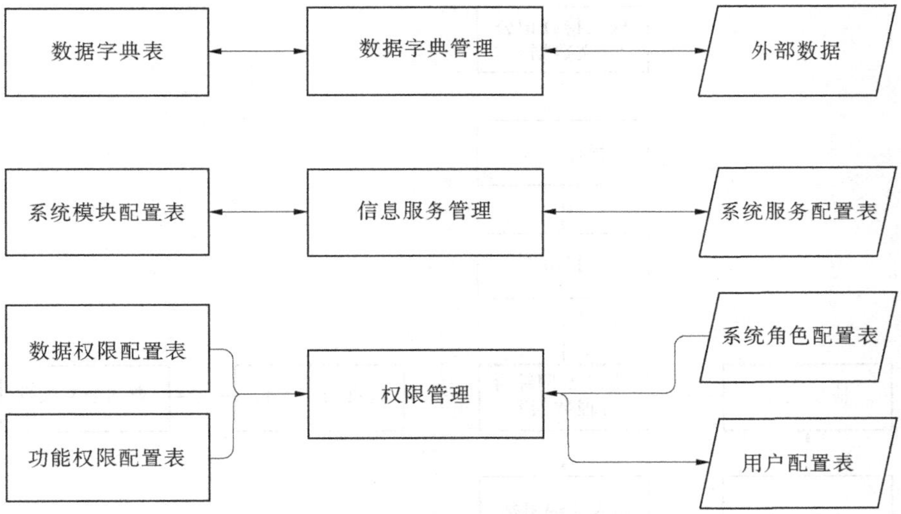

图 7-31　管理系统子系统的数据流

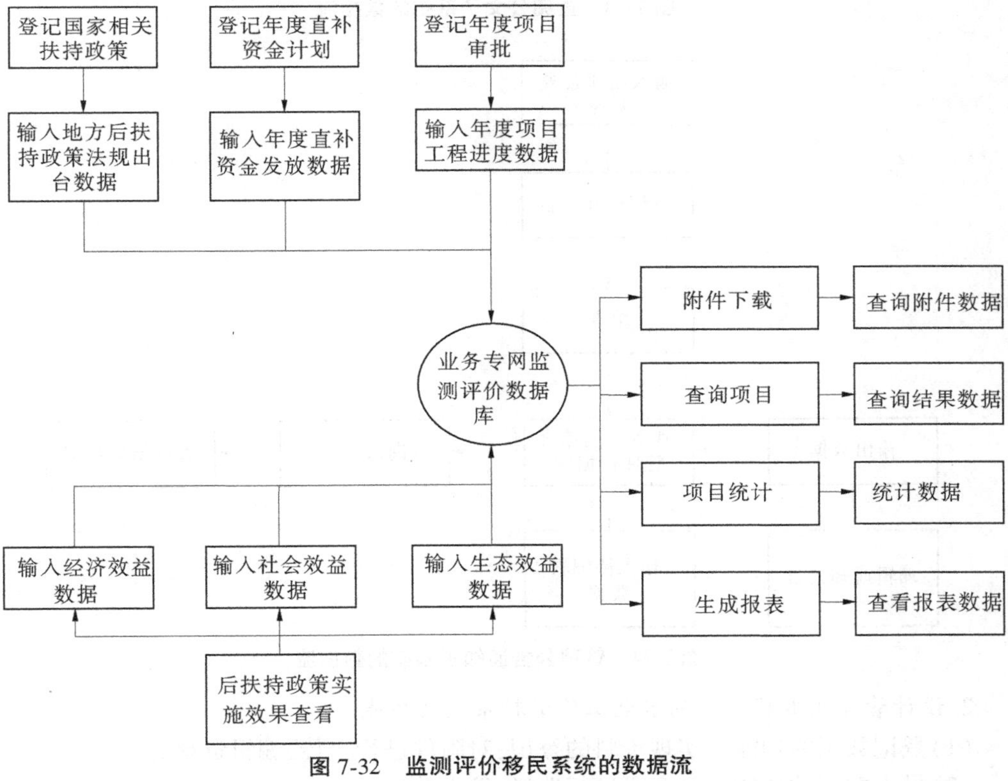

图 7-32　监测评价移民系统的数据流

Excel 文档;打印图形。

(5)生成报表的功能。对模板进行选择;借助查询数据对数据源实现设置;生成报表,导出报表,生成 Excel 文档;系统的管理者能够对模板进行定制。

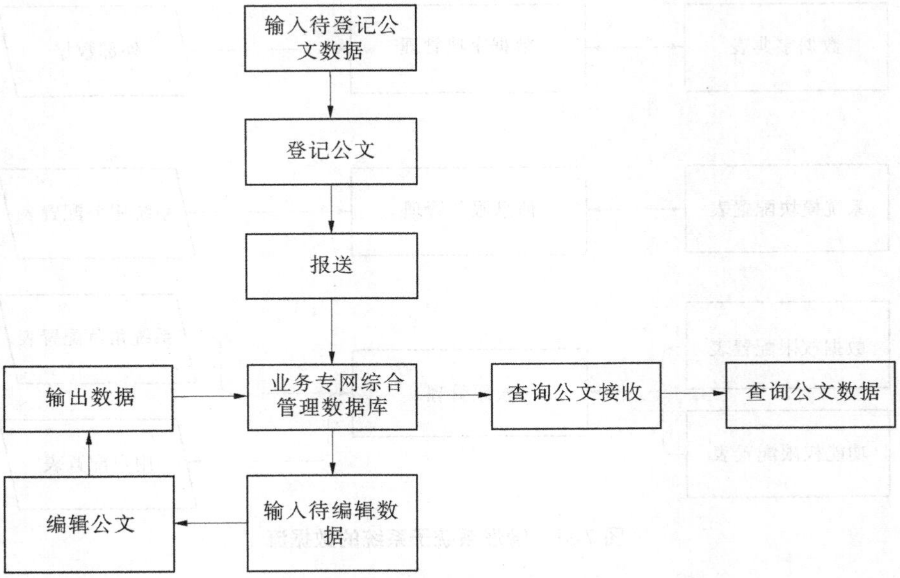

图 7-33 查阅公文子系统的数据流

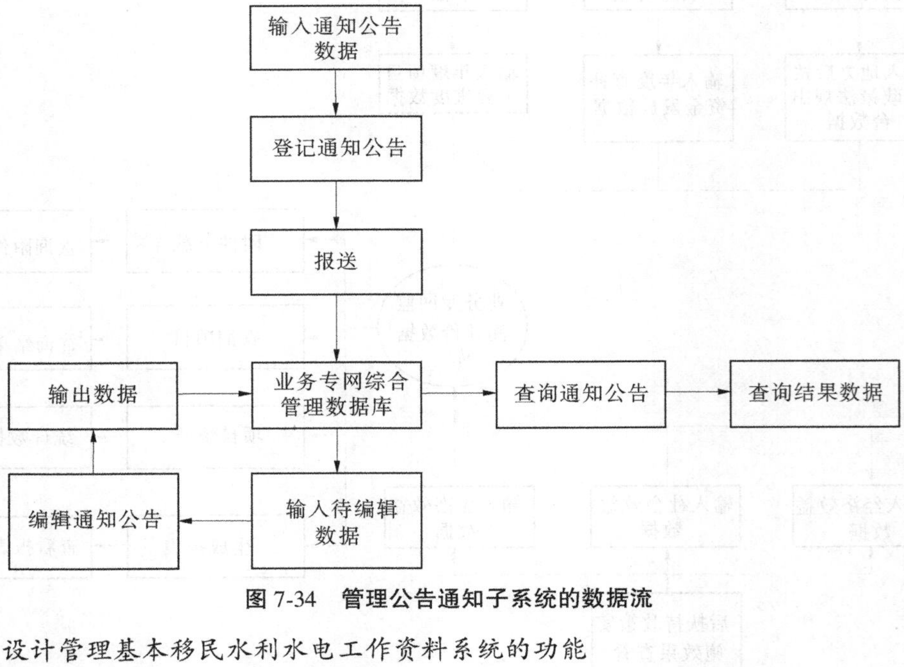

图 7-34 管理公告通知子系统的数据流

2. 设计管理基本移民水利水电工作资料系统的功能

（1）登记数据的功能。实现资料的登记，对附件进行上传，编辑资料。

（2）导入数据的功能。对字段进行选择，导入数据。

（3）统计查询的功能。生成行政区划的目录树；实现组合的查询；导出查询的结果，生成 Excel 文档；打印查询的结果；求和以及统计查询的结果；生成统计结果所形成的折线图、饼图以及柱状图；输出图形，生成 Excel 文档；打印图形。

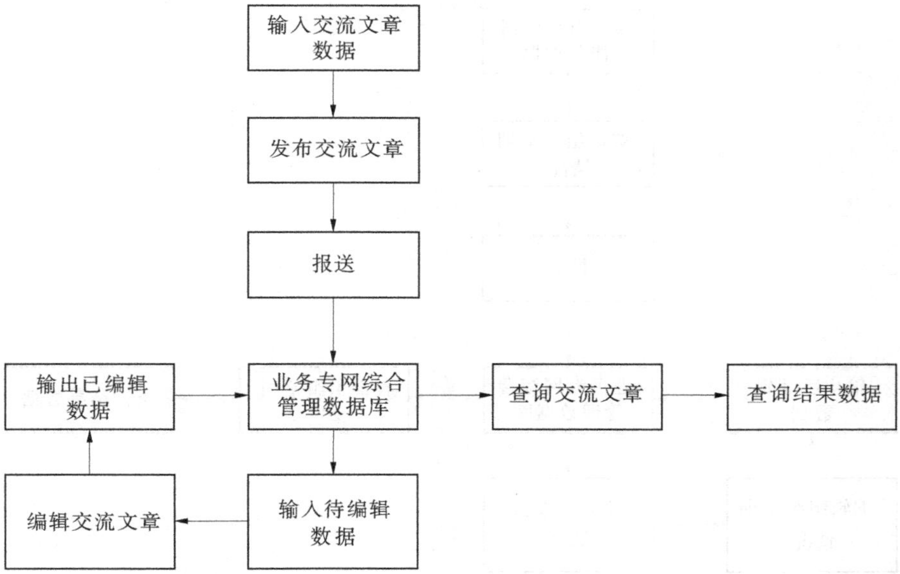

图 7-35　交流移民工作经验的子系统的数据流

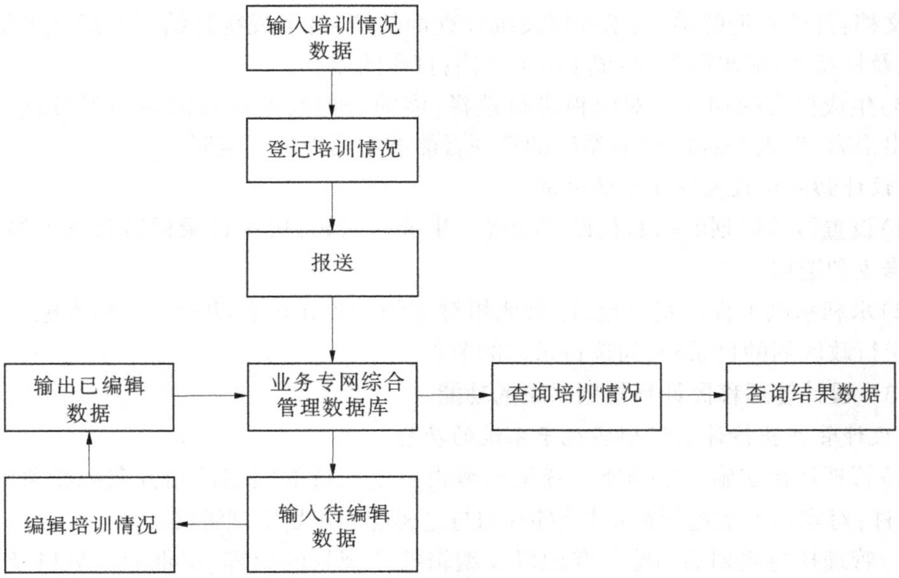

图 7-36　培训管理移民子系统的数据流

(4)生成报表的功能。对模板进行选择;借助查询数据对数据源实现设置;生成报表,导出报表,生成 Excel 文档;系统的管理者能够对模板进行定制。

3. 设计管理基本移民安置区以及工程区域资料系统的功能

(1)登记数据的功能。登记资料,对附件进行上传,编辑资料。

(2)导入数据的功能。对字段进行选择,导入数据。

(3)查询的功能。生成行政区划的目录树;实现组合的查询;导出查询的结果,生成

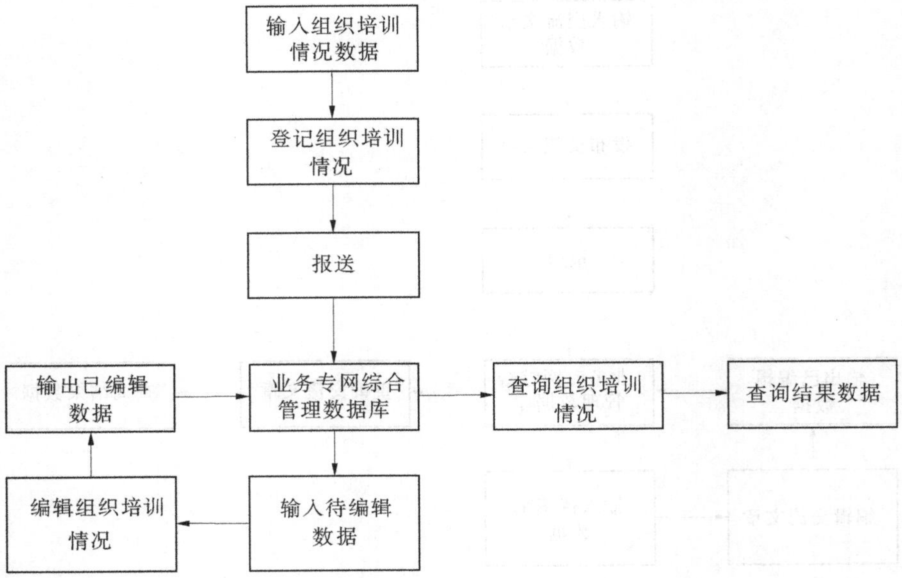

图 7-37 管理移民组织机构子系统的数据流

Excel 文档;打印查询的结果;求和以及统计查询的结果;生成统计结果所形成的折线图、饼图以及柱状图;输出图形,生成 Excel 文档;打印图形。

(4)生成报表的功能。对模板进行选择;借助查询数据对数据源实现设置;生成报表,导出报表,生成 Excel 文档;系统的管理者能够对模板进行定制。

4. 设计初始化设置的子系统功能

(1)设置行政区划的初始化设置功能。生成目录树;按照目录树所具备的级别实施删除、修改和增加。

(2)水利水电工程和安置地、迁出地相对应的初始化设置功能。水利水电工程的列表,制定行政区划的目录树;勾选目录树的节点。

7.3.2.3 设计管理移民计划规划系统的功能

1. 设计管理扶持计划规划实施子系统的功能

(1)管理扶持实施方案功能。登记和编辑后期扶持的实施计划方案和相关的复函;上传附件;对实施方案进行锁定与解锁;和与之相应的规划实现链接。

(2)管理扶持规划的功能。登记以及编辑扶持规划的内容、审批的意见以及审核的意见;对附件进行上传;生成行政区划的目录树;实现锁定和解锁;链接到相应年度计划中;查询项目,以项目的类别、规模、投资、时间等为基础,实现查询;统计项目,以项目的规模、类别、投资情况为基础统计投资数量;以项目实施的时间、类别、规模、投资的情况为基础,统计项目的数量;统计相关结果,生成对应的图形;生成报表;导出并打印报表。

(3)管理扶持年度计划的功能。登记与编辑扶持的年度计划,对审批意见以及审核意见进行登记;对附件进行上传;生成行政区划的目录树;实现锁定和解锁;链接到相应年度计划中;查询项目,以项目的类别、规模、投资、时间等为基础,实现查询;统计项目,以项

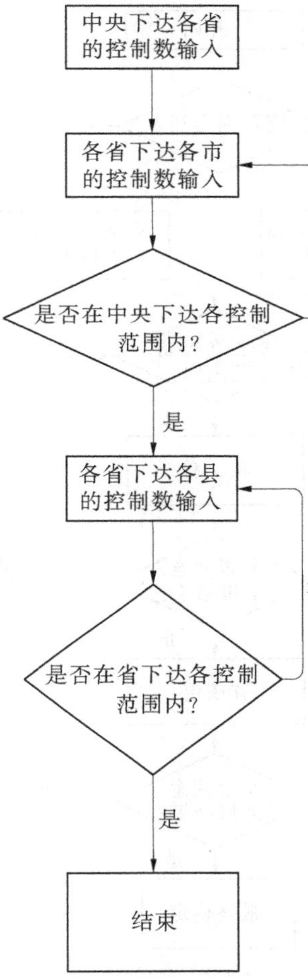

图 7-38　下达控制数的流程

目的规模、类别、投资情况为基础统计投资数量；以项目实施的时间、类别、规模、投资的情况为基础，统计项目的数量；统计相关结果，生成对应的图形；生成报表；导出并打印报表。

2. 设计管理经济发展以及基础设施建设的规划子系统功能

(1)管理经济的发展纲要，管理建设基础设施功能。登记和编辑相关的审批与纲要意见；对附件进行上传；对纲要进行锁定与解锁；链接到相对应的规划上。

(2)管理经济发展、建设基础设施的功能。对审批意见以及项目的规划进行编辑与登记；对附件进行上传；生成行政区划的目录树；实现锁定和解锁；链接到相应年度计划中；查询项目，以项目的类别、规模、投资、时间等为基础实现查询；统计项目，以项目的规模、类别、投资的情况为基础统计投资数量；以项目实施的时间、类别、规模、投资的情况为基础，统计项目的数量；统计相关结果，生成对应的图形；生成报表；导出并打印报表。

(3)管理年度经济发展计划，管理建设基础设施的功能。编辑与登记相关的年度扶持计划、审批意见和审核意见；对附件进行上传；生成行政区划的目录树；实现锁定和解锁；链接到相应年度计划中；查询项目，以项目的类别、规模、投资、时间等为基础实现查

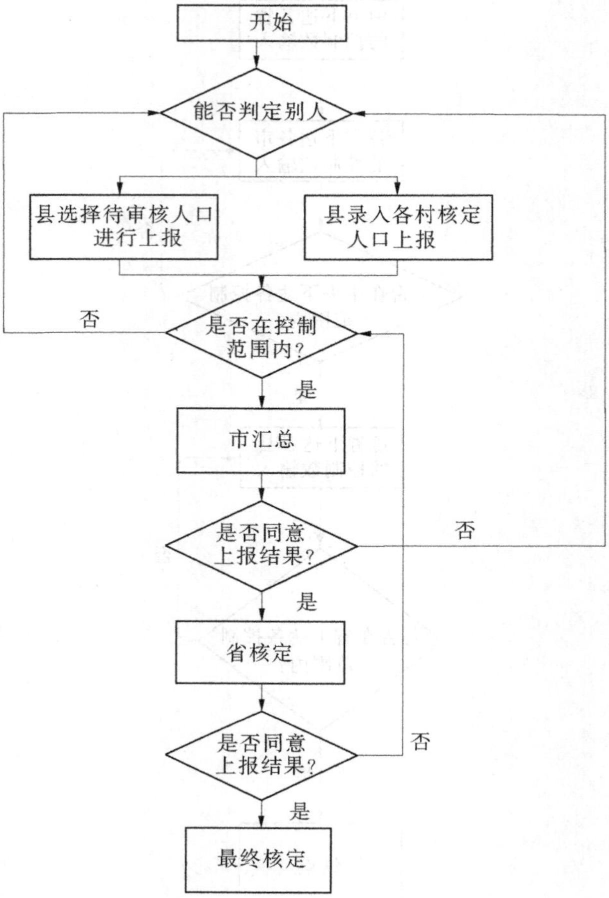

图 7-39　上报核定移民人口的流程

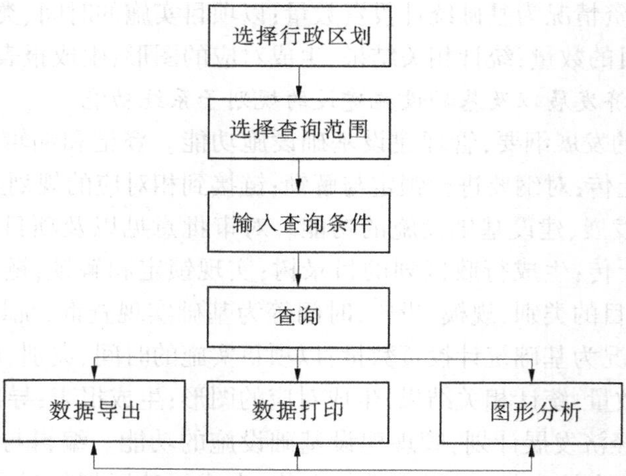

图 7-40　查询的流程

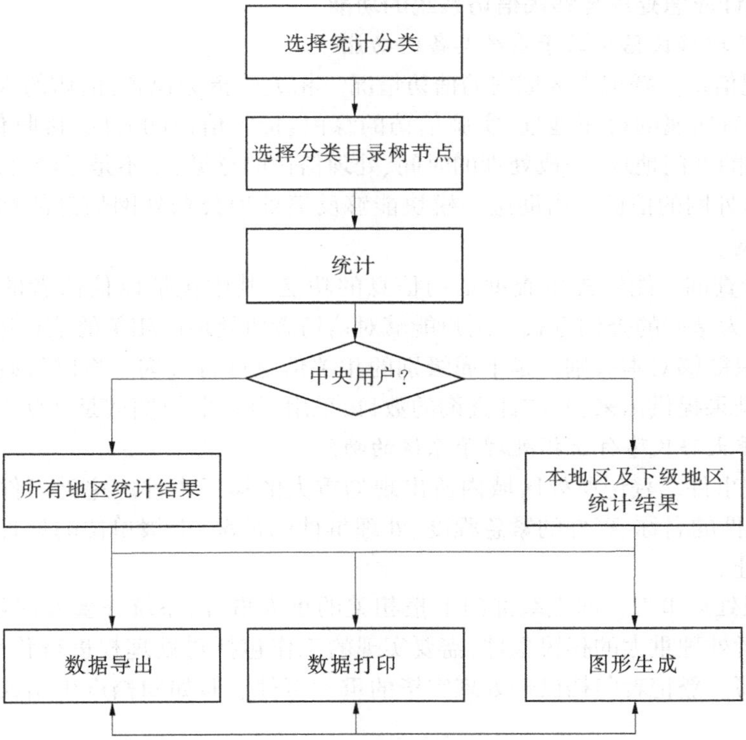

图7-41 统计分析的流程

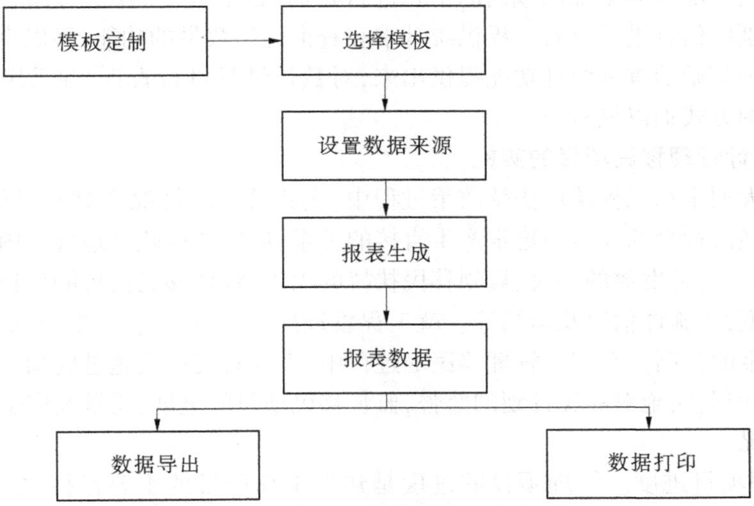

图7-42 生成报表的流程

询；统计项目，以项目的规模、类别、投资的情况为基础统计投资数量；以项目实施的时间、类别、规模、投资的情况为基础，统计项目数量；统计相关结果，生成对应的图形；生成报表；打印与导出报表。

7.3.2.4 设计应急处理与移民信访系统的功能

1. 设计管理移民信访的子系统具备的功能

(1)登记信访。登记本区域内的信访情况。相关的指标包含:信访的人员、信访者联系方式、信访者所属的村庄地址、实施信访的缘由、接收信访的时间、接收信访的部门地址、处理信访的部门地址、完成处理的时间、处理信访的意见、是不是已经处理完毕。

(2)反馈外网的信访。借助这一模块能够反馈处理公众外网信息的结果,将结果反馈到公众外网。

(3)统计查询。能够提供查询信访信息的功能,其中包括以信访者的姓名、信访时间、信访主题为基础的查询方式。用户能够对信访者所处地区相关的信息进行查询,各个级别的用户只能够对本级别或是下属级别的相关信息进行查询。将以行政区划、时间为基础的查询结果提供出来,并统计查询的数目,采用折线图、饼图或是柱状图加以显示。

2. 设计重大移民事件上报处理子系统的功能

(1)登记事件。登记所处区域内所出现的重大的移民事件。这类事件包括:发生事件的时间、事件的名称、事件的紧急程度、处理事件的情况、上报单位的地址、相关水利水电项目的地址。

(2)上报处理事件。向上级部门上报相关的重大事件,系统需要及时给接收人发出提醒。接受者处理重大的移民事件,需要实现的工作包括对处理权进行移交或是对处理意见进行填写。登记者归档已经处理完毕的重大事件。假如归档产生错误,就需要实施解档。

(3)查询统计。将以事件的紧急程度、时间、主题为基础的查询检索功能提供出来。中央级别的用户能够对全部区域内的信息进行查询,各个级别的用户只能够对本级别的或是下属级别的信息进行查看。提供统计求和查询结果数量的功能;将以事件为基础的、以行政区划为基础的查询统计功能提供出来,对数量结果进行查询,并采用折线图、饼图以及柱状图的方式加以显示。

7.3.2.5 设计管理移民项目的实施

在实施大型水利工程移民扶持政策过程中,实施政策的情况会对安置移民区以及工程所在区的经济社会的发展与稳定产生直接的关系,后期扶持政策包含的内容主要有:管理移民的人口,直补发放的移民、规划移民扶持的项目、管理移民扶持的项目、控制投资的目标以及进度,实施评估以及监测等。就工程管理所具备的目标而言,主要包含了质量、进度以及资金的控制。在实施管理移民的过程中,系统对安排实施进度加以支持,详细地编制了实施计划,实施对移民计划的监督,监督移民项目的进度、质量及资金情况,监督实际的进展情况。

(1)管理项目进度。管理项目的进度是建设工程项目的重要目标之一。主要功能有:查询工程的工期、查询合同的工期、查询竣工的事件、总的项目进度计划、单位进度计划以及年度施工计划、进度的网络图以及横道图;查询项目的进度;以项目的类别、规模、投资的数目、进度的偏差统计为基础,以项目的类别以及时间为基础,以项目的规模以及投资为基础,统计项目的数量,生成图形。

(2)管理项目质量的功能。对项目而言,质量的管理是十分关键的内容,是三个项目控制目标中的核心内容。施工为构成项目实体阶段,也是最后形成产品质量的关键阶段。主要包括工程质量的标准以及工程质量的评定。

(3)管理项目投资的功能。控制投资指的是在建设项目的各阶段中,根据已经批准的建设项目文件及相关的地方及国家的建设工程的法规、法律和相关合同,采用专业化的方法对项目资金进行控制,确保实现管理项目投资所制定的目标。其主要包含了:计划投资是否到位、拨付资金的情况、查询资金;以项目类别、拨付资金的时间为基础实施查询;统计资金,以项目的类别、拨付资金的数目为基础实施统计;生成报表;导出并实施打印。

7.3.2.6　设计查询移民地理信息系统的功能

1. 设计展示基本移民地理信息子系统的功能

这一模块所包含的各个子模块所使用的主要载体都是电子地图,以这一载体将相关的信息体现出来,将查询条件、图形的漫游、统计动态的图表功能提供出来,分别对各类模块进行描述。

展示基本移民分布的情况:采用电子地图这一方式将总体的移民人口分布情况展现出来。所具备的功能主要有图形的漫游、导航、条件的查询、图表的统计、编辑。基本工程情况的展示:采用电子地图这一方式将大中型水利水电工程动态展示出来,将基本的工程分布状况展示出来。所包含的功能主要有导航、图形的漫游、查询条件、对图表实现统计。所包含的功能主要有导航、图形的漫游、查询条件、对图表实现统计。

2. 设计管理系统子系统的功能

(1)管理数据的字典。通过管理数据的字典能够实现灵活地定制系统、扩展核心的功能,主要包括管理数据的类别及管理数据项两方面内容。所具备的基本功能包括:增加、删减、修改、检查;对数据的列表实现排序;导入数据;导出数据;管理信息服务。管理信息的服务主要包含管理图层的服务及管理系统的模块两部分内容。管理系统的模块所具备的功能为配置系统所具备的功能模块,调整及管理这些功能模块;管理图层的服务主要是将调整及配置电子地图的图形功能提供出来。所包含的基本功能为基本的增加、删减、修改、检查、预览。

(2)权限的管理。这一模块主要包含管理角色、管理数据的权限、管理功能的权限。管理角色就是针对功能以及数据的权限定制角色;管理数据的权限指的是针对处在不同区域内的用户,管理数据的权限;管理功能的权限指的是针对级别不一样的用户管理功能的权限。所具备的功能为基本的增加、删减、修改、检查。

7.3.2.7　设计监测评价移民系统的功能

1. 设计监测评价移民系统的功能

对水利水电工程移民,实施评估与监测是对国务院所下发的第 17 号文件的贯彻落实,是一项基础性的工作,同时也是强化管理政策的实施、保障政策效果的关键手段,借助评估与监测,及时对相关情况加以掌握,对实施的效果进行评估,及时将实施过程中存在的问题找出来并进行纠正,以保证后期扶持工作能够顺利得以实施。

2. 设计发放移民资金系统的功能

在计划对移民发放直补资金过程中,需要确保直补的资金能够按照计划发放至移民手中,使得资金能够到位。显示的关键指标包含:所处村、镇、县的移民人口数量,计划下发的资金、县财政资金到位情况。具备的主要功能为录入数据及编辑数据。

向移民发放直补的资金。对于面向移民发放的直补资金情况,具备的主要指标有:发放的方式、时间、名称、金额。具备的主要功能为:组合查询、下载附件、导出结果并打印。

3. 设计实施扶持项目系统的功能

(1)项目计划。针对经济的发展情况及扶持项目制订计划。具备的关键指标为:建设内容、项目所在地、建设地址、实施年份、投资、编制投资情况。具备的关键功能为:录入数据、编辑数据。

(2)实施项目。科学地对使用计划项目的资金情况进行评价,科学地对实施管理的效果进行评价。包含的关键指标有:项目的名称、建设的内容与地址、工程进度、计划的投资、拨付,以及合同的资金、验收、监理、竣工决算。具备的主要功能为:实现组合查询、下载附件、导出并打印结果。

4. 设计实施扶持政策效果系统的功能

(1)安置区及工程区的现状。实施后期扶持之前所具备的主要状况。包含的关键指标有:移民的用电、人饮、交通、用水、教育、就医这些生存条件,移民所具备的收支情况及耕地面积,还包含移民适应社会的情况及具备的心理状况等。主要功能包括:录入及编辑数据。

(2)移民安置区域及工程区域的实施效果。对实施了后期扶持政策后产生的效果进行评估。关键的指标包含:移民的安置区域及工程所在区域的交通情况、水利农田的建设情况,人均产粮、耕地、居住面积及收入情况。具备的主要功能为:实现组合查询、下载附件、导出并打印结果。

5. 设计扶持政策法规的系统功能

(1)配套的移民后期扶持政策情况。按照移民的情况相应制定出来的后期扶持的法规、政策、条例等内容。现实的关键指标为:实施移民后期扶持政策的方案、登记核定移民数量的方法、管理扶持项目的方法、使用移民扶持资金的管理方法、应急预案等。所具备的功能为:录入及编辑数据。

(2)运行移民扶持政策的程序。各个市级或县级政府在对移民扶持的政策加以实施时所采用的运作程序。关键指标包含:构建机构、配置设备、宣传的力度、调查民意等。具备的主要功能为:组合的查询、下载附件、导出和打印结果。

7.3.2.8　设计综合管理系统的功能

1. 实际查阅公文的子系统功能

登记以及报送公文。登记以及编辑本单位下发的公文,对报送单位所具备的查阅权限进行设置。所包含的关键指标有:标题、文号、摘要、主题词、印发单位的地址、报送公文的单位、印发的事件、主送及抄送公文的单位。所具备的关键功能为:录入公文的数据、编辑公文的数据。对报送单位所具备的查阅权限进行设置;接收与查阅公文分配单位内部查阅报送公文的权限范围,具备相关权限的用户能够根据收发文的时间、分类、印发公文的单位、主题实施组合查询。所具备的主要功能为:分配个人的查阅权限,实现组合查询。

2. 设计管理通知公告的子系统功能

(1)发布通知公告。对通知以及公告的内容加以录入。具体的关键指标为:发布的时间及标题。主要功能是:录入通知的公告、编辑通知的公告、对发布的范围进行设置。

(2)查询通知公告。将发布的范围中以发布的时间及主题为基础的组合查询功能提供出来。所具备的关键功能为:生成行政区划的目录树,进行查询。

(3)下载附件,导出结果并进行打印。

3. 设计交流移民工作经验系统的功能

(1)发布交流的文章。对文章进行录入,对附件进行上传。包含的关键指标有:发布人及发布时间、标题、浏览次数。具备的主要功能为:编辑与登记,对附件进行上传。

(2)查询交流的文章。将以行政区划为基础的查询功能提供出来,将以发布主题、时间及发布人为基础的组合查询的功能提供出来。所具备的主要功能为:生成乡政区划的目录,实现组合查询,对附件进行下载、导出并打印结果。

4. 设计管理移民培训的子系统功能

(1)登记培训的情况。对培训移民的情况进行登记。包含的关键指标有:开始培训的时间、组织单位的地址、结束培训的时间、相关的培训内容、相关的移民数量、投资金额等。具备的主要功能有:登记培训的情况,编辑培训的情况,对附件进行上传。

(2)查询培训情况。将以行政区划为基础的查询功能提供出来。将以培训的内容、时间、相关的移民数量为基础的组合查询功能提供出来。具备的关键功能有:生成行政区划的目录树,实现组合查询,下载附件,导出并打印结果。

5. 设计管理移民组织结构系统的功能

(1)登记组织结构。关键是对单位职责、领导介绍、人员编制、架构设置、部门维护、部门成员等进行登记。主要的部门指标有:部门关键职责、名称。部门主要的成员指标包含:隶属的部门地址、性别、职务、姓名、联系方式、E-mail。主要功能为:登记与编辑。

(2)查询组织机构。将以行政区划为基础的查询功能提供出来。主要功能为:生成行政区划的目录树,导出并打印结果。

7.4 移民后期扶持资金管理系统的实现

7.4.1 移民信息的查询

这一系统包含的主要功能为:核定移民的指标,查询移民的信息及水利水电工程的信息,查询移民所处村的现状、该地的社会经济状况,查询直补计划、移民直补等(见图7-44)。通过对移民数量的查询、水利水电工程所处地区的查询等,能够十分方便地了解移民的身份信息及其家庭的成员情况。

7.4.2 管理移民的项目

这一模块主要是针对所在的年份,所处的地区移民数量,水利水电工程施工情况、投资情况实施分类的统计,具体内容有项目所处的地区,项目类别、名称、数量,以及实施单位、年份,建设的期限,总体投资、扶持资金等。

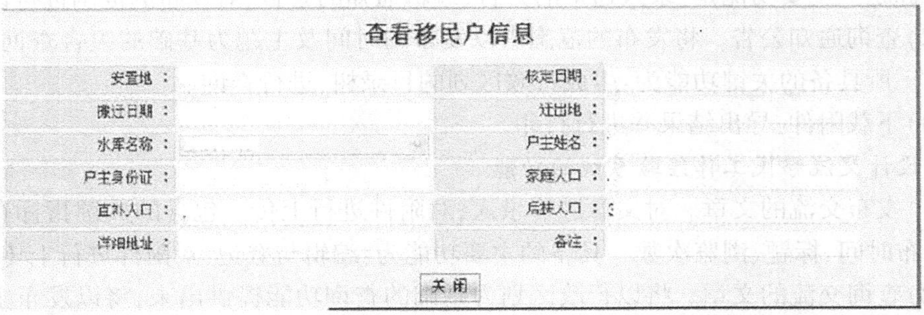

图 7-44　移民户信息的查看界面

7.4.3　移民计划规划的管理

这一系统主要针对水利水电工程申报移民的年份，项目所处地，项目名称、类别及构建的数量与规模、审批的文号、建设的起始日期和投资情况实施管理（见图 7-45）。

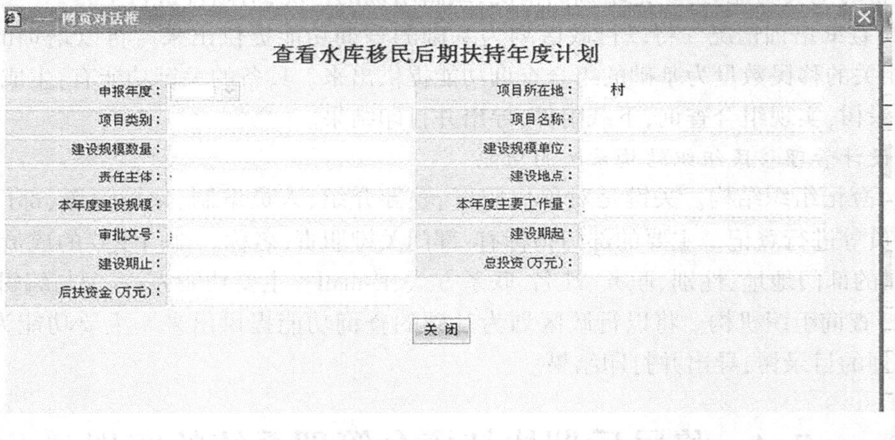

图 7-45　移民扶持项目年度计划的管理界面

7.4.4　监管移民资金的模块

监管移民资金主要是针对执行扶持项目相关的资金实施管理（见图 7-46），主要对扶持项目所处地区的资金、此次下拨的扶持资金、累计下拨的扶持资金、拨付扶持资金的时间等实施详细的管理。

7.4.5　分析统计的模块

针对不同的地区、年度及项目的类别统计移民数量、下拨的资金及投资的计划，将相关的 Excel 表格导出。

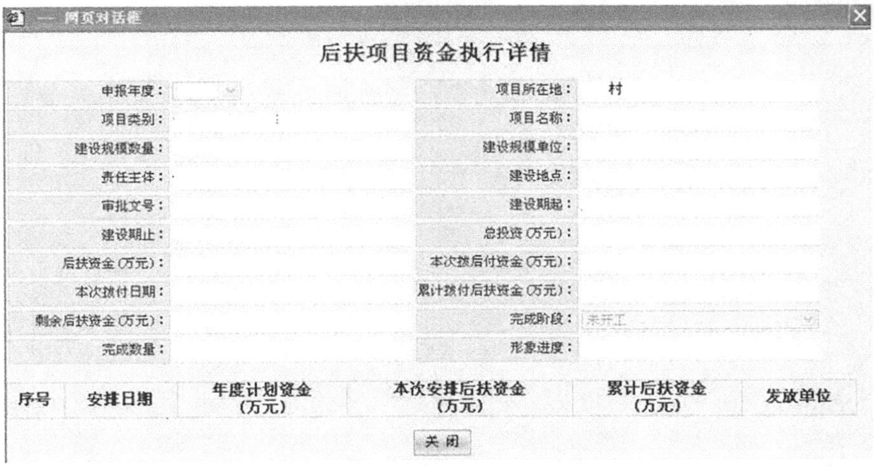

图 7-46　后扶项目资金的使用情况

第 8 章　古贤水库移民信息管理系统

综合运用 GIS、BIM 云计算、物联网、大数据、人工智能、移动互联等信息技术手段，规范数据采集、整合数据资源，强化移民业务与信息技术深度融合，深入业务流程优化和工作模式创新，建立服务古贤水利枢纽工程全生命周期的信息平台和业务应用系统，改进工作手段、促进工作规范，实现移民信息的互联共享、业务协同联动，为提高移民工作效率和管理水平提供有力支撑，促进古贤水利枢纽工程移民工作高质量发展。

8.1　建设内容

(1)搭建立体感知体系，动态全面掌握移民实施进度。

建设无人机、摄像头、手持扫描仪等多种设备的立体感知体系平台，充分利用新型监测手段，透彻感知移民信息、准确把握移民情况、科学运筹移民规划、高效规范安置实施、强化动态监督管理、全面提升移民工作效能，为移民工作提供有力的技术支撑。

(2)打造“一张图、一个库”，实现移民全过程数据统一管理和互联共享。

整合移民相关的空间地理数据、属性数据和文档数据，建立贯穿工作始终的移民数据库，面向移民工作全过程建立统一的数据标准，实现对数据资源统一管理，基于二、三维场景，构建移民信息“一张图”，对移民工作全过程数据进行统一管理和可视化表达，不仅面向移民规划设计工作，也面向工程建设单位、各级移民管理机构等单位，提供简单实用的数据采集工具，促进多方参与数据建设和互联共享，改进信息采集传输和汇交方式，为移民工作各方提供直观、高效的信息服务，为开发各类业务应用系统提供便捷有力的支撑。

(3)搭建全过程移民信息平台，实现业务协同联动。

围绕实物调查、安置规划、安置实施等核心业务各环节的重点工作，搭建统一的信息平台，建立规范化、标准化的业务流程，为移民规划、安置管理全过程提供工作协同服务，提高日常工作效率，逐步实现纵向贯通、横向互联，促进不同层级和部门间的工作协同。

(4)打造多终端应用，促进信息公开，完善公众服务。

通过电脑、PDA、手机、自助机等不同终端，打造移民安置“一张网”，为相关各方提供便捷的信息服务，特别是面向移民群众的信息公开，促进多方参与和相互监督，进一步维护移民的知情权、参与权等合法权益，保障依法移民，切实提高移民工作成效。

8.2　总体设计

8.2.1　设计原则

8.2.1.1　统一规划、分步实施

实现移民全生命周期信息化，统筹规划和统一设计系统结构，尤其是应用系统建设结构、数据模型结构、数据存储结构及系统扩展规划等内容，均需从全局出发、谋划长远，充分利用已有数据和资源，急用先行，在满足移民工作进度对业务应用需求的前提下，有步骤、分阶段推进各项系统建设。

8.2.1.2　规范整合、集约共享

注重资源整合与共享，遵循国家标准、行业相关规范，形成涵盖数据、服务、接口等方面的标准规范体系。采用主流、成熟的体系架构来构建系统，降低各功能模块耦合度，并充分考虑兼容性，促进跨部门、跨层级、跨平台的共享应用。

8.2.1.3　融合创新、安全高效

采用成熟、具有国内先进水平并符合行业发展趋势的技术、软件产品和设备。在设计过程中，充分借鉴国内外成熟的主流网络和综合信息系统的体系结构，以保证系统具有较长的生命力和扩展力。根据数据和业务的重要性，划分不同的安全域，设定不同的保护级别，采用安全防护机制、监测机制和恢复机制相结合方式，严格遵守网络安全等级保护和涉密信息系统分级保护制度，构建安全高效的信息安全体系，确保系统的稳定性、安全性。

8.2.2　总体框架

系统总体可划分为信息化基础设施层、数据资源层、业务应用层、用户层和相关网络安全体系、标准规范体系等。

8.2.2.1　信息化基础设施层

信息化基础设施层为系统提供最基本的软硬件设施保障，包括监测感知、通信与计算机网络、计算存储及应用支撑平台。

8.2.2.2　数据资源层

数据资源层为系统提供所需的各类数据资源，包括基础地理数据、三维模型数据、实物指标、规划成果、电子档案、实施管理数据、后期扶持数据、监督管理数据等。

8.2.2.3　业务应用层

业务应用层是直接供用户使用的各类业务应用系统，包括实物成果管理、规划成果管理、计划管理、资金管理、实施管理、监督评估、后期扶持、移民“一张图”、电子档案管理、移民个人信息自助查询、移动应用等。

8.2.2.4　用户层

用户层是使用本系统的用户对象，包括项目法人、各级移民管理机构、设计单位、监理单位、监督评估单位、移民个人及社会公众。

8.2.3　技术架构

系统采用模块化设计，将单一应用程序划分成多个服务或组件，每个服务或组件根据具体业务或功能进行构建，服务之间互相协调、互相配合，提高了灵活性，缩短了开发时间。

系统基础层：由操作系统与 HTTP 等协议组成。

数据层：采用达梦 DM8 进行关系型数据存储，采用 MongoDB 进行非关系型数据（如地理信息数据、外部共享数据等），采用 NFS 进行文件库存储。采用 Redis 等缓存机制。

支撑服务层：由业务应用服务与公共支持服务组成。公共支持服务中包含 GIS 平台、消息服务、身份认证（权限管理）、商用 BI 几大板块。

业务逻辑层：包含实物成果管理、规划成果管理、计划管理、资金管理、实施管理、监督评估、后期扶持、移民“一张图”、电子档案管理、移民个人信息自助查询等功能的业务逻辑。

展现层：以浏览器、App 等方式向用户提供应用。技术层面主要包括 Web 前端和移动端两部分。Web 前端包括 Vue 开发框架、Html5、Element-UI 组件等。移动端 App 包含 Html5、uniapp 等。

8.2.4　系统部署

基于 B/S 体系架构的系统部署在单位机房。

8.2.4.1　网络系统

针对不同的网络供应商之间网络访问速度较慢的问题，提供 2 条至少 50 M 的互联网出口链路，并在互联网接入边界处放置防火墙对内部网络进行访问控制，同时对路由器交换机配置 QOS 策略，保证业务数据不受网络高峰时拥堵的影响。另外，整体的网络运行环境配备高性能、全线速路由及交换设备，提供多层交换千兆接口，以提高网络的可靠性和可用性。

8.2.4.2　系统软件

系统软件配置参考如表 8-1 所示。

表 8-1　系统软件配置

项目	参考型号
操作系统	银河麒麟 V10 操作系统
数据库	达梦数据库
地理信息平台	Supermap
中间件	Tomcat9、nginx 、redis

8.3　信息化基础设施

8.3.1　监控感知

8.3.1.1　移民安置实施进度监控

古贤水利枢纽工程移民安置实施进度监控主要针对基础设施建设监控、房屋建设监控及搬迁进度监控，每个阶段需要完成的百分比、预计完成的时间、资源使用情况等都需要设定具体的进度指标，为确保有效的监控移民安置实施进度，需要做以下工作。

(1)建立监控体系。

在移民安置实施进度监控中，明确监控的频率、方法、报告格式和传递途径是确保监控工作有效进行的关键。

(2)信息反馈与调整。

及时反馈：将监控结果及时反馈给相关方，包括政府部门、施工单位、监理单位、移民等。

调整计划:根据实际情况调整监控计划和指标,确保监控工作的针对性和有效性。

预警与整改:对进度滞后或存在质量问题的情况,及时发出预警并督促整改。

8.3.1.2　无人机工程巡检

移民安置项目的工程巡检是一个关键环节,它确保了工程的进度、质量和安全。利用无人机进行工程巡检可以大大提高效率和准确性。

8.3.1.3　手持激光扫描

移民安置点建设项目中,手持激光扫描技术是一种高效、精确的三维数据采集方法。它可以快速捕捉建筑物、地形和其他构筑物的详细三维信息,为项目规划、设计、施工和后期管理提供重要数据支持。

8.3.2　通信与计算机网络

结合古贤水库移民信息化管理的实际需求,需考虑数据传输的安全性、网络的可靠性、系统的可扩展性及高可用性。为了实现全面的信息化管理目标、网络架构设计,还需考虑扩展性、冗余机制和高可用性,确保系统能够适应未来业务扩展的需求,并在突发情况下具备足够的容错能力。

8.3.3　计算存储

在移民安置项目中,数据计算、存储、备份及恢复是确保信息化建设成功的关键因素。

8.3.4　应用支撑平台

8.3.4.1　GIS 平台设计

移民信息服务涵盖众多方面,包括实物调查、资金兑付、信息查询、进度监控等,这些工作都需要高效、准确的信息支持。为了更好地应对移民管理中的各种挑战,移民信息化成为必然趋势。地理信息系统(GIS)作为一种强大的空间数据处理和分析工具,被广泛应用于移民信息化建设中,形成了独具特色的移民信息化 GIS 平台。

1. 技术架构

1) 数据层

数据层是移民信息化 GIS 平台的基础,负责存储和管理所有的移民相关数据。这些数据可能包括移民个人信息、迁移记录、安置情况等。为了确保数据的安全性和一致性,数据层通常采用关系型数据库和空间数据库相结合的方式进行存储。

2) 服务层

服务层是移民信息化 GIS 平台的核心,负责提供各种移民信息服务。这些服务包括移民信息查询服务、迁移路径分析服务、安置选址服务等。服务层通过将底层的 GIS 功能进行封装和抽象,以 API 的形式提供给上层应用调用,从而降低了开发的复杂性和成本。

3) 应用层

应用层是移民信息化 GIS 平台的业务逻辑层,负责实现具体的移民管理需求。这一层通常包括各种移民管理应用系统,如移民登记系统、安置管理系统、服务管理系统等。应用层通过调用服务层提供的 API,实现对移民信息的处理和分析,并将结果展示给用户。

4)展示层

展示层是移民信息化 GIS 平台的用户界面层,负责将移民信息以图形化的方式展示给用户。这一层通常采用 Web 技术进行开发,支持多种浏览器和设备访问。展示层还提供了丰富的交互功能,如地图缩放、平移、查询等,以提高用户体验。

2. GIS 平台建设

1)平台开发

在移民信息化 GIS 平台的开发过程中,首先需要进行需求分析和规划。这包括明确平台的目标用户、功能需求、性能要求等。在此基础上,选择合适的技术架构和开发工具,如 GIS 前台框架、后台框架和空间数据库等。

开发过程中,需要注重代码的可读性、可维护性和可扩展性。采用模块化的设计思想,将功能划分为不同的模块,便于后续的维护和升级。同时,编写详细的开发文档和注释,以便于其他开发人员的理解和协作。

2)数据处理

数据处理是移民信息化 GIS 平台建设中的重要环节,包括数据采集、清洗、整合和转换等过程。

数据采集可以通过多种途径获取,如政府统计数据、移民调查数据、社会调查数据等。采集到的数据可能包含噪声、冗余或缺失等问题,需要进行清洗和预处理。

数据整合是将不同来源的数据进行合并和统一的过程。这需要考虑数据的格式、坐标系、投影方式等因素,确保数据的一致性和可用性。

数据转换是将原始数据转换为适合 GIS 平台使用的格式和结构的过程。例如,将矢量数据转换为栅格数据,或将不同坐标系的数据进行转换等。

3)功能实现

移民信息化 GIS 平台的功能实现是平台建设的核心部分。这包括移民信息管理、迁移路径分析、安置选址、服务管理等功能的实现。

移民信息管理功能实现对移民个人信息的录入、修改、查询和删除等操作。通过该功能,可以方便地管理移民的基本信息,为后续的移民管理提供基础数据支持。

迁移路径分析功能实现对移民迁移路径的分析和可视化展示。通过对移民迁移数据的处理和分析,可以发现移民迁移的规律和趋势,为移民管理决策提供科学依据。

安置选址功能实现对移民安置地点的选择和评估。通过 GIS 平台的空间分析和数据挖掘技术,可以为移民安置提供合适的选址方案,提高移民安置的效率和满意度。

服务管理功能实现对移民服务的在线申请、审批和查询等操作。通过该功能,可以方便地管理移民服务的相关信息,提高移民服务的效率和质量。

4)实际应用

移民信息化 GIS 平台在实际应用中具有广泛的应用场景和价值。以下是几个典型的应用案例:

(1)在城市移民管理中,GIS 平台可以用于移民登记、安置选址、服务管理等方面。通过叠加不同图层和数据,可以直观地展示城市移民的分布和迁移情况,为城市移民管理提供有力的支持。

(2)在农村移民管理中,GIS 平台可以用于土地资源评估、安置选址、生产安置规划等方面。通过空间分析和数据挖掘技术,可以为农村移民提供合适的安置地点和生产指导,提高农村移民的生活水平和生产效率。

8.3.4.2　数字孪生平台设计

1. 数字孪生平台架构

1)平台总体架构

移民数字孪生平台的总体架构包括数据层、模型层、应用层和展示层四个部分。各层次之间相互关联、相互作用,共同构成了一个完整的系统。

(1)数据层。

数据层是平台的基础,负责收集、存储和管理不同来源的数据。这些数据包括地理信息数据、人口统计数据、经济指标数据、环境监测数据等。数据层需要具备高效的数据存储和管理能力,以确保数据的完整性和安全性。

(2)模型层。

模型层是平台的核心,负责构建水库移民相关的数字孪生模型。这些模型包括物理模型、数学模型和逻辑模型等,用于模拟水库移民过程中的各种现象和规律。模型层需要具备强大的计算能力和精确的模拟精度,以确保模型的可靠性和有效性。

(3)应用层。

应用层是平台的关键,负责提供各种应用服务。这些服务包括实时监测服务、预警预测服务、决策支持服务等,用于满足不同用户的需求。应用层需要具备灵活的服务定制能力和高效的运行性能,以确保服务的可用性和稳定性。

(4)展示层。

展示层是平台的窗口,负责向用户展示数据和信息。展示层采用直观的图形化界面和丰富的交互功能,使用户能够方便地查看和操作数据与信息。展示层需要具备良好的用户体验和友好的操作界面,以确保用户的满意度和参与度。

2)数据层设计

(1)数据来源与采集。

水库移民数字孪生平台的数据来源广泛,包括政府部门、社会组织、企业和个人等多个方面。数据采集方式多样,包括传感器监测、人工录入、网络爬虫等。为了确保数据的准确性和完整性,需要对数据进行严格的审核和校验。

(2)数据存储与管理。

数据存储采用分布式存储和云存储相结合的方式,以提高数据的可靠性和可用性。数据管理采用统一的数据标准和规范,以确保数据的一致性和互通性。同时,还需要建立完善的数据备份和恢复机制,以防止数据丢失和损坏。

(3)数据共享与交换。

为了实现数据的共享与交换,需要建立统一的数据接口和协议。数据接口采用标准化设计,以确保不同系统之间的数据兼容性和互通性。数据协议采用加密传输和身份认证等技术,以确保数据的安全性和隐私性。

3) 模型层设计

(1) 物理模型构建。

物理模型是模拟水库移民过程中各种物理现象的模型，如水流运动、地形地貌变化等。物理模型的构建需要基于真实的物理规律和试验数据，以确保模型的准确性和可靠性。

(2) 数学模型构建。

数学模型是模拟水库移民过程中各种数学关系的模型，如人口迁移模型、经济预测模型等。数学模型的构建需要基于统计学和运筹学等数学理论，以确保模型的科学性和合理性。

(3) 逻辑模型构建。

逻辑模型是模拟水库移民过程中各种逻辑关系的模型，如决策流程模型、应急预案模型等。逻辑模型的构建需要基于业务流程和管理经验，以确保模型的实用性和可操作性。

4) 应用层设计

(1) 实时监测服务。

实时监测服务是通过对移民安置区的实时监测，提供实时的数据和信息。实时监测服务需要具备高效的数据采集和处理能力，以确保数据的及时性和准确性。

(2) 预警预测服务。

预警预测服务是通过对历史数据和实时数据的分析，预测未来可能出现的情况，并提前发出预警。预警预测服务需要具备强大的计算能力和精确的预测精度，以确保预警的及时性和有效性。

(3) 决策支持服务。

决策支持服务是通过对数据和信息的分析和处理，为决策者提供科学的决策依据和建议。决策支持服务需要具备灵活的服务定制能力和高效的运行性能，以确保服务的可用性和稳定性。

5) 展示层设计

(1) 可视化展示。

可视化展示是将数据和信息以图形化的方式展示给用户，使用户能够直观地了解数据和信息。可视化展示需要采用直观的图形化界面和丰富的交互功能，以确保用户的满意度和参与度。

(2) 交互式操作。

交互式操作是用户通过界面与平台进行交互，实现数据和信息的查看和操作。交互式操作需要具备良好的用户体验和友好的操作界面，以确保用户的满意度和参与度。

2. 关键技术支撑

1) 物联网技术

物联网技术是实现数字孪生平台的基础，通过部署在移民安置区的各种传感器和监测设备，实时采集移民人口、基础设施、环境状况等多源数据。这些数据是构建数字孪生模型的基础，也是实现平台各项功能的关键。

2)大数据技术

水库移民涉及的数据量庞大且多样化,包括人口数据、地理信息数据、经济数据等。大数据技术可以对这些数据进行高效存储、处理和分析,提取有价值的信息,为决策提供支持。同时,大数据技术还可以实现数据的可视化展示,使决策者能够直观地了解移民情况。

3)云计算技术

云计算技术为数字孪生平台提供了强大的计算能力和存储资源。通过云计算技术,可以实现数据的实时更新和处理,保证平台的高效运行。此外,云计算技术还可以实现平台的弹性扩展,满足不断增长的数据需求。

4)虚拟现实(VR)与增强现实(AR)技术

虚拟现实与增强现实技术可以为数字孪生平台提供沉浸式的交互体验。通过VR/AR技术,决策者可以身临其境地了解移民安置区的实际情况,感受移民的生活状态,从而做出更加科学合理的决策。

5)人工智能与机器学习技术

人工智能与机器学习技术在数字孪生平台中发挥着重要作用。通过训练模型,可以对移民数据进行分析和预测,发现潜在的问题和风险。此外,人工智能技术还可以实现平台的自动化管理和优化,提高运行效率。

6)地理信息系统(GIS)技术

GIS技术是数字孪生平台的重要组成部分,它可以实现对移民安置区的地理空间数据进行管理、分析和可视化展示。通过GIS技术,可以直观地了解移民安置区的地理位置、地形地貌、土地利用等情况,为移民规划和管理提供有力支持。

7)数字孪生建模技术

数字孪生建模技术是实现数字孪生平台的核心。通过建立精确的物理模型和数学模型,可以实现对移民安置区的数字化模拟和管理。数字孪生建模技术需要综合考虑多种因素,如地形地貌、气候条件、人口分布等,确保模型的准确性和可靠性。

8)数据融合技术

数据融合技术可以对来自不同传感器和监测设备的数据进行整合和处理,提取有价值的信息。通过数据融合技术,可以实现对移民安置区的全面监测和管理,提高平台的运行效率和准确性。

9)网络安全技术

网络安全技术是保障数字孪生平台安全运行的重要手段。通过采用防火墙、入侵检测、数据加密等技术,可以确保平台的数据安全和网络安全。同时,网络安全技术还可以实现对平台的访问控制和权限管理,防止未经授权的访问和操作。

3. 平台功能开发与实现

1)数据采集与整合模块

(1)功能描述。

数据采集与整合模块负责从各种数据源中收集水库移民相关的数据,并进行清洗、转换和整合,以确保数据的准确性和一致性。

(2)实现方案。

通过政府数据库获取移民个人信息、安置点信息等静态数据。使用网络爬虫技术从社交媒体、新闻网站等渠道收集公众意见和舆情数据。采用 ETL(extract、transform、load)工具进行数据清洗和转换。建立统一的数据仓库,实现数据的集中存储和管理。

2)数字孪生模型构建模块

(1)功能描述。

数字孪生模型构建模块负责基于多源数据和先进算法,构建水库移民数字孪生模型,实现对水库移民全过程的模拟和仿真。

(2)实现方案。

利用 BIM(building information modeling)技术构建水库、安置点等实体的三维模型。采用 ABM(agent based modeling)技术模拟移民的行为和决策过程。结合物理模型和数学模型,构建水库移民全过程的数字孪生模型。利用高性能计算技术,实现对数字孪生模型的仿真模拟和实时更新。

3)实时监控与预警模块

(1)功能描述。

实时监控与预警模块负责基于实时监测数据,实现对水库移民全过程的实时监控和预警。

(2)实现方案。

部署传感器和监控设备,实时采集水位、降水量、移民动态等数据。利用无线网络和云计算技术,实现数据的实时传输和处理。建立预警规则库,实现对异常情况的自动识别和预警。通过短信、App 推送等方式,及时向相关人员发送预警信息。

4)决策支持与资源管理模块

(1)功能描述。

决策支持与资源管理模块负责基于仿真模拟结果,为决策者提供科学、准确的决策依据,并实现对移民安置点资源的动态管理和优化配置。

(2)实现方案。

利用大数据分析和挖掘技术,提取有价值的信息和知识。建立决策支持系统,提供多方案比选、风险评估等功能。利用优化算法,实现对资源配置方案的自动优化。提供可视化的决策界面,方便决策者进行操作和使用。

5)公众参与与服务模块

(1)功能描述。

公众参与与服务模块负责提供公众参与渠道,促进社会公众对水库移民工作的了解和支持。

(2)实现方案。

建立官方网站和移动 App,提供平台的基本信息和功能介绍。利用社交媒体、在线论坛等渠道,加强与公众的互动和交流。提供在线咨询和投诉功能,及时回应公众关切的问题。开展线上线下的宣传教育活动,提高公众对水库移民工作的认识和理解。

8.4 应用系统设计

8.4.1 实物成果管理

水库移民涉及面广泛且影响深远,实物成果管理作为其中的关键一环,对于保障移民权益、推动项目顺利进行及维护社会稳定具有不可忽视的作用。在当前社会经济快速发展的背景下,加强水库移民实物成果管理建设显得尤为重要。

水库移民工作所涉及的地域范围通常较为广阔,涉及的移民人数众多,这使得实物成果管理面临着巨大的挑战。实物成果涵盖移民个人和集体的各类财产,包括但不限于房屋、土地、生产设备等。这些财产不仅数量庞大,而且种类繁多,给管理工作带来了极大的复杂性。

8.4.2 规划成果管理

基于规划成果数据库,规划成果管理系统包括规划项目库、规划概算和规划基本信息设置等3类8个功能模块。

(1)规划项目库管理。

规划项目库管理包括项目登记、项目查询和项目统计汇总3个功能块。

(2)规划概算管理。

规划概算管理包括概算信息登记和分年投资信息登记2个功能模块。

(3)规划基本信息设置。

规划基本信息设置包括项目分类体系维护、单价(费率)体系维护和概算项目体系维护3个功能模块。

8.4.3 计划管理

基于计划管理数据库,计划管理系统包括年度计划管理、计划项目管理等2类9个功能模块。

8.4.4 资金管理

基于资金数据库,资金管理系统包括资金拨付和资金支付台账2类13个功能模块。

8.4.5 实施管理

移民安置实施管理系统主要对农村(集镇、县城)、专业项目处理实施管理及安置实施项目查询统计。

8.4.6 监督评估

移民安置监督评估是依据批复的移民安置规划,按照监督评估工作大纲和实施细则的相关要求,监督移民安置进度、质量、资金计划执行情况,对农村移民安置、城(集)镇迁建、企(事)业单位处理、专项设施处理、库底清理及工程建设区场地清理、移民资金拨付和使用管理、移民安置实施管理、移民安置满意度及移民生活水平的恢复情况进行监督评估。

根据征地移民工作的各项业务,细分安置评估各层次具体指标的调查和评估内容,构建完整的移民评估指标体系和评估流程,以此为基础,利用平板电脑、手机等移动智能终端,对移民样本户、非移民样本户、样本村、样本集镇等各类对象的移民生产生活水平恢复情况、基础设施功能恢复情况、移民资金拨付情况、移民满意度、移民后续发展情况、移民安置规划实现程度和安置效果等,进行定期跟踪调查,开展库区移民安置评估。将评估信息管理与 GIS 有机结合,利用空间分析方法,多角度、全方位地展示移民安置工作成果和监督评估结果,自动统计分析并输出各类评估报表,辅助编写评估报告。

8.4.7　后期扶持

移民后期扶持系统是一个综合性的体系,旨在帮助大中型水库移民改善生产生活条件,促进库区和移民安置区的经济社会发展。

8.4.8　移民“一张图”

基于二、三维 GIS 平台,汇集基础地理、三维模型、征地范围、实物成果、规划成果等空间数据和属性信息,通过规范化的数据整编、处理、实体化等,提供标准化的数据、场景服务及便捷的空间分析功能,实现移民专题信息的集中存储管理和信息交互查询。主要包括地图基础功能、空间分析、可视化表达等功能。

8.4.9　电子档案管理

移民档案工作是水利水电工程移民工作的重要组成部分,是留史存证、规范管理、支撑监管、维护各方合法权益、保障移民工作顺利进行和社会长治久安的一项基础性工作。

电子档案管理主要是根据相关规范和要求,对工程移民工作中形成的具有保存价值的前期工作文件、实施工作文件、后期扶持文件、管理监督文件、资金财务文件进行科学收集、分类、整理、归档及电子化,满足档案验收要求。

电子档案管理的功能主要包括资料的分类登记、查询、统计。档案整编与移民安置实施台账数据建设应同步开展,建立实施数据与纸质档案的关联关系。以地块、户或项目为单元结构化,保证实物指标及补偿补助费用与协议挂接,资金兑付明细与财务报表及拨款凭证挂接,形成结构化的台账与电子化的档案支撑材料一一对应的关联关系。

8.4.10　移民个人信息自助机查询

水库移民个人信息自助机查询系统的建立,对于提高水库移民安置工作的效率和透明度具有重要意义。首先,该系统可以为移民提供便捷的信息查询服务。移民可以通过自助机查询自己的个人信息、安置政策、补偿标准等信息,避免了传统查询方式中的烦琐程序和等待时间,提高了查询效率。其次,该系统可以提高信息管理的准确性和及时性。通过自助机查询系统(见图 8-1),政府部门可以实时更新移民的基本信息和安置进度,确保信息的准确性和及时性。同时,该系统还可以对信息进行分类和统计,为政府部门的决策提供科学依据。

水库移民个人信息自助机查询系统的建立还有助于增强政府的公信力和透明度。通过自助机查询系统,移民可以更加直观地了解自己的安置政策和补偿情况,减少了因信息不对称而产生的矛盾和纠纷。同时,该系统还可以接受移民的反馈和建议,为政府部门的决策提供参考。

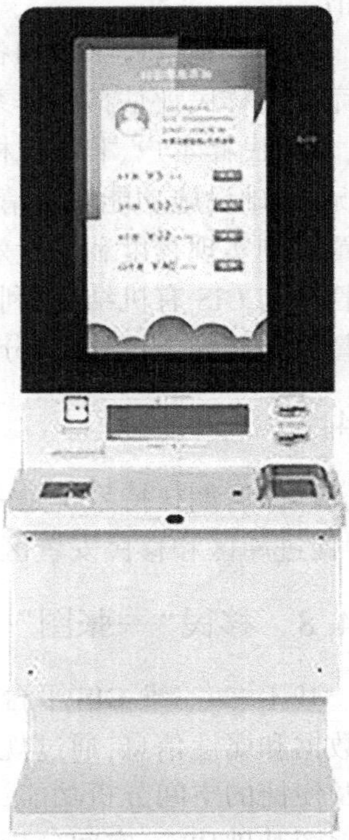

图 8-1　自助查询终端机

设备参数:

操作系统:Android 7.1 BOZZ OS。

屏幕尺寸:32 in(1 in=2.54 cm)。

电磁屏分辨率:1 920(H)×1 080(V)。

处理器:主控 Rockchip 3399 四核 Cortex-A17。

主频 MAX:1.8 GHZ。

内存:4G DDR+16G EMMC,可选配:32G/64G EMMC。

设备电源:AC100~220 V。

工作温度:0~45 ℃。

设备尺寸:680 mm×710 mm×1 907.4 mm。

识别方式:人脸/扫码/NFC。

RJ45 LAN 口×1Micro-USB 调试口×1:(内置)品行三插电源口×1 支持 Micro TF 卡槽,最大 64 G(内置)LVDS 输出。

WIFI 2.4G 支持 IEEE 802.11b/g/n 蓝牙,支持蓝牙 2.1/3.0/4.0/4.2 通信方式,4G 全网通(可选项:需要定制采购)。

移民个人信息自助机查询系统是一个综合性的信息服务平台,它集多种功能于一体,以满足水库移民及相关部门的实际需求。

该系统具有友好的用户界面和简单的操作流程。移民只需按照提示输入相关信息即可完成查询操作,无须具备专业知识或技能。同时,该系统还提供了详细的操作指南和帮助文档,方便用户快速上手。

8.4.11　移动应用

为了提高水库移民的管理效率和服务质量,开发一款专门的水库移民 App 显得尤为重要。该 App 将帮助移民管理部门更好地掌握移民信息,提供便捷的服务,并促进移民与管理部门之间的沟通。

8.5　网络信息安全

移民信息化系统提供信息采集、传输、处理、存储、管理、服务、应用、支付等功能,处理的信息包括工况信息、淹没信息、管线安全监测信息、安防视频信息等,使用用户众多,不同的用户在不同的时间具有不同的角色和身份，包括管理人员、调度作业人员、业务操作人员、财务人员、维修养护人员、系统维护人员、其他政府机关用户等。

移民信息化系统遭到破坏后，侵害的客体类型属于公民、法人和其他组织的合法权益，社会秩序、公共利益以及国家安全。一旦该系统的业务信息遭到入侵、修改、增加、删除等不明侵害，就会对公民的合法权益造成影响和损害，对社会秩序、公共利益造成侵害，甚至影响国家安全。

信息系统受到破坏后，对社会秩序、公共利益造成的侵害程度表现为一般损害，即会出现一定范围的社会不良影响和一定程度的公共利益损害等；对公民、法人和其他组织的合法权益造成侵害的程度表现为严重损害，即工作职能受到严重影响，业务能力显著下降且严重影响主要功能执行，较大范围的不良影响等。

依据业务信息受到破坏后，对侵害客体的侵害程度，确定移民信息化系统业务信息安全保护等级为第二级。

通过对网络安全等级保护标准中技术内容的分析，结合用户需求及实际网络情况，对防护对象的安全防护基于“一个中心、三重防护”的建设思路，通过成熟的安全技术和可落地的安全管理措施构建孪生系统可信、可控、可管的网络安全防御体系。

安全防护体系总体部署架构如下：安全架构总体分为两部分，对于业务网区，采用“分区分域”思想建设服务器区和终端运维区，业务网其他业务访问和互联网访问需通过防火墙、IPS 及 WAF 进行安全检测后才可进行交互，用于保障业务系统的数据访问安全。

通过对移民信息化系统的组织管理和安全技术两大层面综合采用访问控制、入侵检测、日志审计、防病毒、传输加密、数据备份等多种技术和措施，实现业务应用的可用性、完整性和保密性保护，并充分考虑各种技术的组合和功能，合理利用措施，从外到内形成一个纵深的安全防御体系，保障移民信息化系统整体的安全保护能力。

8.6　系统集成设计

8.6.1　建设期、运行期各分项系统之间的集成方案

集成方式选择以接口集成为主。各个子系统均使用接口调用的方式互相关联，同时以消息机制、数据集成为补充。

各个系统按照云架构、微服务模式进行系统设计开发，满足云服务部署要求，Web 系统实现前后端分离，后台以业务服务的形式进行开发和发布，采用 http 接口。请求参数和返回值均使用 json 格式，指定统一的返回值结构。

微服务管理平台包括微服务注册配置模块和微服务网关模块。微服务配置注册配置模块通过注册微服务核心组件的方式为微服务应用提供服务注册发现、配置管理、服务治理等功能；微服务网关模块包括 API 分类管理、API 注册、协议转换、路由设置、IP 黑白名单配置、限流熔断规则配置、负载均衡策略、后端服务管理等功能。

微服务框架下的服务调用框架网关组件提供的集成功能，如服务注册、发现、负载均衡、重试和超时配置等功能，在网关层补充所需的日记、鉴权等功能则完成了微服务架构

下的服务集成。

同时,各服务还可以根据需要,使用消息中间件进行数据传递、服务调用。

对于各应用系统的数据,由于各个业务系统功能差异大,架构多样,并不提倡在数据层面进行直接整合。

8.6.2　数据资源集成方案

业务数据和空间数据都可以使用服务的方式进行集成。

业务数据提供通用、标准的对外数据接口,使用服务或数据接口访问数据,而不直接访问其数据库。

空间数据集成主要通过发布空间服务的方式集成。

8.6.2.1　二维地图服务发布

二维地图服务以 OGC 服务和 Rest 服务的形式发布,同时支持地图服务聚合,将相同坐标系的地图进行聚合,聚合已有的在线地图服务、使用地图瓦片包发布的服务和第三方地图服务,将不同类型、不同来源的地图聚合成一幅地图。地图服务接口遵循 OGC 标准,地图服务按照 OGC 标准提供服务,主要包括 WMS、WMTS、WFS、WPS 四类服务,对于 OGC 标准不能提供的服务,例如多时相的瓦片服务,则按照 REST 地图服务标准。专业应用系统可以使用任意支持 OGC 标准的地图可视化引擎,对地图服务进行可视化展示。

8.6.2.2　三维地图服务发布

使用 Spatial 3D Model(S3M)三维空间数据规范,进行 BIM 与 GIS 结合处理,并发布重点水利工程基础三维场景服务。三维地图服务提供基础三维场景、三维数据的操作服务和三维空间分析相关服务。专业应用系统可以使用任意支持 S3M 三维空间数据规范的可视化引擎对三维场景进行可视化展示。

8.6.2.3　综合查询服务

通过与地图的交互,提供通过关键字查询、空间查询、点击查询、周边查询、关联查询等多种地图交互服务。

8.6.2.4　空间分析服务

空间分析服务为应急指挥、巡检等业务提供统一的空间地理信息分析服务,如路径规划、区域影响分析等。

本系统基于数据底板发布的数据服务接口和业务服务接口,都注册到微服务管理平台的微服务注册配置模块,并通过微服务网关实现相互之间的调用,对外提供统一服务接口。

计算存储资源、通信及计算机网络设施、运行环境设施等的集成方案。本系统涉及的计算机网络种类较多,包括已建的计算机局域网络,新建的无线 3G/4G/5G 网络、有线局域网络、互联网和水利专网,网络种类繁多,结构复杂,需要在梳理和改造后进行集成。

计算存储资源:采用云进行统一管理和集成。

通信及计算机局域网络:对已建及本次的新建无线 3G/4G/5G 网络、有线局域网络、互联网和水利专网进行统一规划和集成。

运行环境:根据具体的设备部署环境,对各类设施设备进行统一部署及管理。

8.6.3　系统软、硬件部署方案

8.6.3.1　容器化部署

为了提升运维效率，本项目采用 Docker 容器化部署技术部署系统各个模块。

8.6.3.2　微服务架构部署

本项目采用微服务架构集成数据服务、模型服务、后端业务服务等。微服务治理模块通过注册微服务核心组件的方式为微服务应用提供服务注册发现、配置管理、服务治理、链路跟踪、拓扑展示等功能；API 网关模块包括 API 分类管理、API 注册、协议转换、路由设置、IP 黑白名单配置、数据加密、限流熔断规则配置、响应超时预警、异常业务预警、负载均衡策略、后端服务管理、API 运行监控、API 调用统计分析等功能。

8.6.3.3　实施负载均衡策略

负载均衡就是一种计算机网络技术，用来在多个计算机（计算机集群）、网络连接、CPU、磁碟驱动器或其他资源中分配负载，以达到最佳化资源使用、最大化吞吐率、最小化响应时间，同时避免过载的目的。

本项目采用软件负载均衡策略中的七层负载均衡，七层负载均衡工作在 OSI 模型的应用层，应用层协议较多，常用 HTTP、radius、DNS 等。七层负载就可以基于这些协议来负载。比如同一个 Web 服务器的负载均衡，除了根据 IP 加端口进行负载，还可根据七层的 URL、浏览器类别、语言来决定是否要进行负载均衡。

8.6.3.4　实施源代码管理

使用源代码管理工具，搭建源代码管理服务器，对本项目软件开发源代码进行统一管理。

8.6.3.5　按信创要求建设

本项目按照国家“十四五”数字经济发展要求和国家信创要求建设。

8.7　运行维护

8.7.1　维护目标

信息系统作为核心资产之一，承载着业务运营的关键功能。有效的系统运行维护不仅可以确保系统的稳定性和可靠性，还能优化系统性能、提高安全性，降低运营风险。

系统运行维护的首要任务是明确维护目标。这些目标既要确保系统的稳定性与可靠性，又要兼顾效率与成本控制。

系统的稳定性是指其在规定条件下长时间运行而不发生故障的能力。可靠性则是指系统在规定时间内完成规定功能的能力。为了实现这一目标，维护团队需要定期对系统进行全面检查，及时发现并修复潜在的故障隐患。同时，还需要对关键设备进行冗余配置，以确保在单点故障发生时，系统仍能保持正常运行。

随着网络攻击手段的不断翻新，系统安全面临着前所未有的挑战。维护团队需要时刻保持警惕，采用先进的安全技术和手段，如防火墙、入侵检测系统等，确保系统的安全防

护能力始终处于行业领先水平。此外,还需要定期对系统进行安全漏洞扫描和风险评估,及时发现并修复安全漏洞。

随着业务的不断发展,系统所承受的压力也在不断增加。为了确保系统能够高效运行,维护团队需要对系统性能进行持续监控和优化。这包括对硬件资源、软件资源及网络带宽等进行合理分配和调度,以提高系统的整体性能和响应速度。

在追求系统稳定性和可靠性的同时,也需要控制维护成本。维护团队需要在保证维护质量的前提下,通过合理规划维护周期、采用先进的维护工具和方法等手段,降低维护成本。

8.7.2 组织架构构建

为了确保系统运行维护工作的顺利开展,需要建立一个高效、专业的组织架构。该架构应包括以下几个层级:

(1)领导层。

领导层负责制定系统运行维护的总体战略和方针政策,并对重大问题进行决策。

(2)管理层。

管理层负责具体实施领导层的决策,制订详细的维护计划和流程,并监督执行情况。管理层人员需要具备丰富的管理经验和专业知识,以确保维护工作的顺利进行。

(3)技术层。

技术层是系统运行维护的核心力量,负责日常的技术支持和故障排除工作。技术层人员需要具备扎实的专业技能和丰富的实践经验,能够迅速定位并解决各种技术难题。

(4)操作层。

操作层负责系统的日常操作和维护工作,如数据备份、系统监控等。操作层人员需要具备细致入微的工作态度和高度的责任心,以确保系统的稳定运行。

8.7.3 制度规范制定

为了确保系统运行维护工作的规范化、标准化,需要制定一系列完善的制度规范。

明确各级人员的岗位职责和工作范围,确保每个人都能够清楚自己的职责所在,并认真履行职责。

第 9 章　移民信息管理系统的应用与展望

水利水电工程建设移民管理信息系统开拓了多工程、多部门、多层级、跨区域的全新移民管理信息化协同工作方式，在黄河黑山峡、黄河古贤等国家多项重点水利水电工程移民业务管理中成功应用，获得广泛好评。

9.1　实物调查系统在黑山峡水库中的应用

在黄河黑山峡水库工程移民实物调查工作中，联合调查组使用了黄河勘测规划设计研究院有限公司开发的水利水电工程建设征地移民实物指标数字化采集系统。应用效果显示，该系统在数据采集及存储的精度与效率方面远优于传统的纸质调查表采集信息的方式，尤其对于地理信息数据和多媒体影像数据的集成方面具有传统调查方式无法企及的优越性。其数据采集与入库一体化的方式省却了将纸质媒介数据人工输入计算机的过程，彻底告别了烦琐的内业工作，既解放了人工、节省了人力成本，又减小了人为输入数据错误的概率，提高了实物调查成果的精度和技术含量，经济效益和社会效益显著，见表 9-1。

表 9-1　数字化采集方式与传统调查方式效益比较

效益比较	对比项目	传统调查方式	数字化采集方式	对比结论
外业部分	携带设备	调查表格、签字笔、计算器、文件夹、档案袋、GPS、照相机	平板电脑	数字化采集方式除对调查成果现场确认能力较差，调查成果时效性较差，其余各方面均明显优于传统调查方式
	数据存储媒介	纸质调查表	系统数据库	
	数据集成能力	无	强	
	调查小组成员	3~4 人	1~2 人	
	数据采集效率	低	高	
	成果确认效率	高	低	
	成果确认时效性	强	弱	

续表 9-1

效益比较	对比项目	传统调查方式	数字化采集方式	对比结论
内业部分	内业工作人员	3~4 人	1 人	数字化采集方式基本告别了烦琐的内业工作,又减小了人为输入数据的错误概率,提高了实物调查成果的精度和技术含量
	数据传输方式	手工数字化	自动化	
	人为差错概率	5%	0	
	数据差错控制能力	弱	强	
	成果精度	低	高	
直接经济效益	节省人力资源		1/2	数字化采集方式在数据采集效率、精度,以及人力成本消耗方面远优于传统调查方式,经济效益和社会效益显著
	节省外业工作时间		1/5	
	节省差旅费、人工工资		1/4	

系统以时下最流行、最方便的平板电脑为操作平台,系统使用 Java 语言编写,在当今手机、平板电脑等移动电子设备上最流行的 Android 系统下运行(见图 9-1~图 9-9),便携性高。平板设备集成的 GPS 模块和照相机模块满足征地移民外业调查对多种类型数据采集的需要,设备集成度高。在平板电脑上运行的实物指标数字化采集系统是国内同行业中集先进性、实用性于一身的移民实物调查外业工作系统,对实物指标数据准备、现场作业、数据库建设以及数据发布应用都有完整的解决方案,具有较强的适用性。

(1)改进了调查成果质量。该系统基本上取代了传统人口、房屋等调查工作中绝大部分的手工记录、计算和汇总等工作,并提供了诸如身份证号码、性别、同名同姓、与户主关系、不同方式汇总数据平衡性等检查、提示和验证功能,大大减少了现场调查时单纯手工记录和计算的误操作。同时,系统提供的空间定位功能可将人口、房屋等调查对象的空间位置信息记录下来,为做好下一步规划奠定了良好的基础。

(2)具有较强的通用性、适用性。该系统能够根据不同工程的调查细则要求进行修改及表格定制等,而且采集的数据可以直接输出为外部数据处理软件可以识别的通用格式,例如 Excel 软件支持的. CSV 格式文件,便于技术人员使用熟悉的 Excel 软件编辑、分析、统计、汇总。系统不仅能满足可行性研究阶段实物指标调查的需要,对项目建议书阶段的抽样调查及初步设计阶段的成果复核同样适用。

(3)显著提高了调查工作效率。系统基本能够按照调查工作的要求,直接输出可供各方签字确认的调查成果表、公示表,以及可用于编制实物指标调查报告的主要汇总表,缩短报告编写时间,提高内业工作效率,同时为今后实物指标调查成果数据的利用奠定了良好基础。

图 9-1　水利水电工程征地移民实物调查系统界面

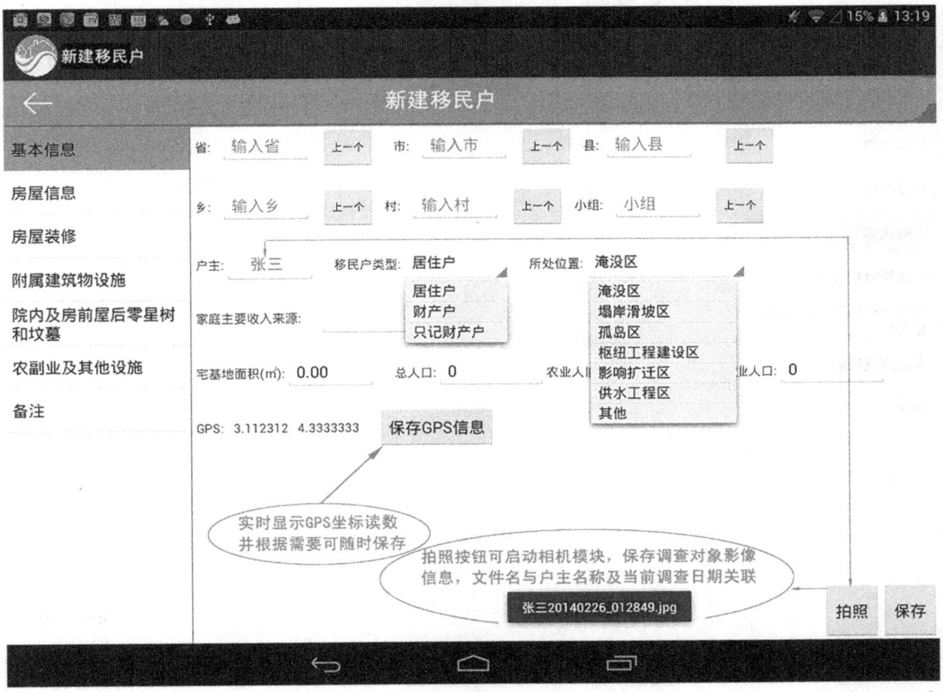

图 9-2　基本信息调查界面

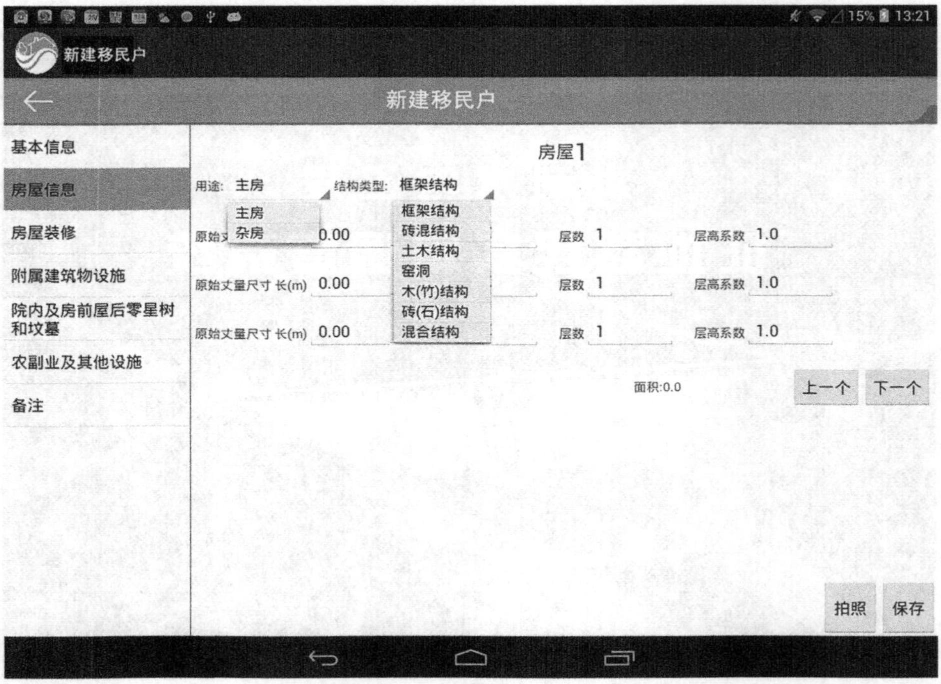

图 9-3　房屋信息调查界面

图 9-4　房屋装修调查界面

图 9-5　附属建筑物设施调查界面

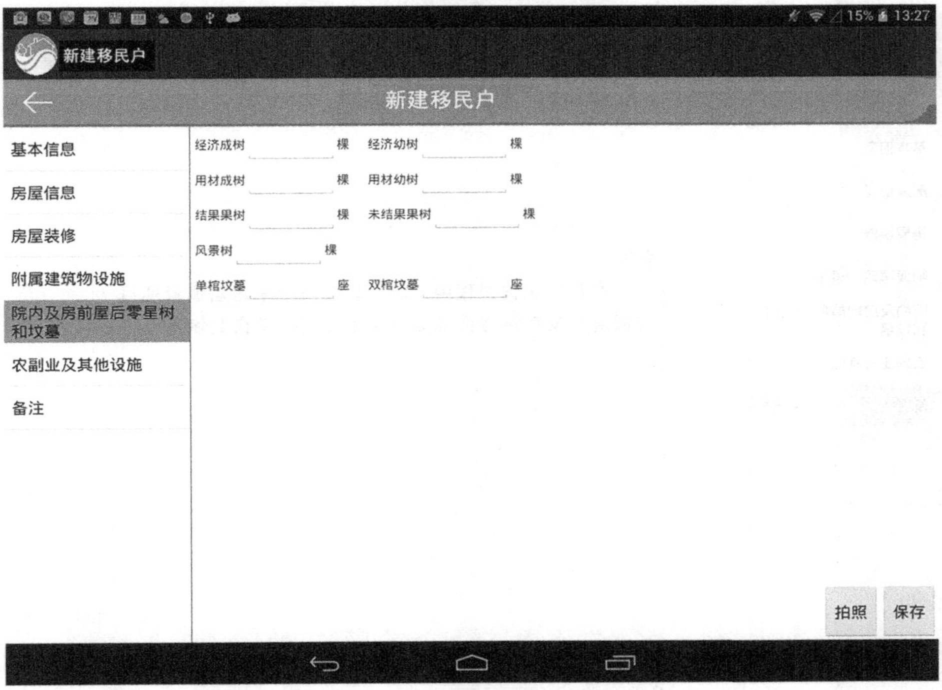

图 9-6　零星树和坟墓调查界面

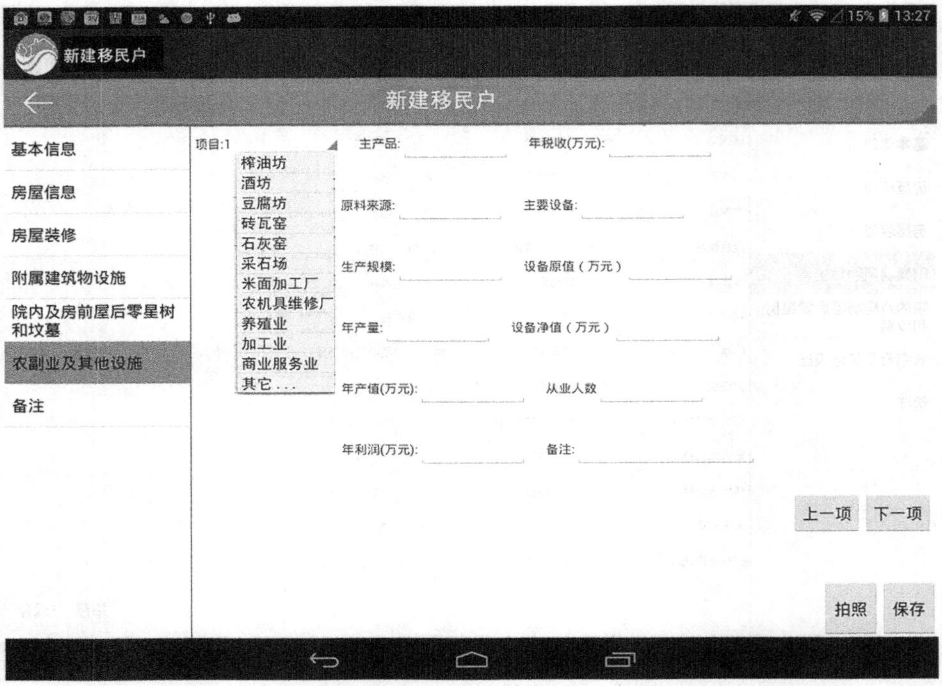

图 9-7　农副业及其他设施调查界面

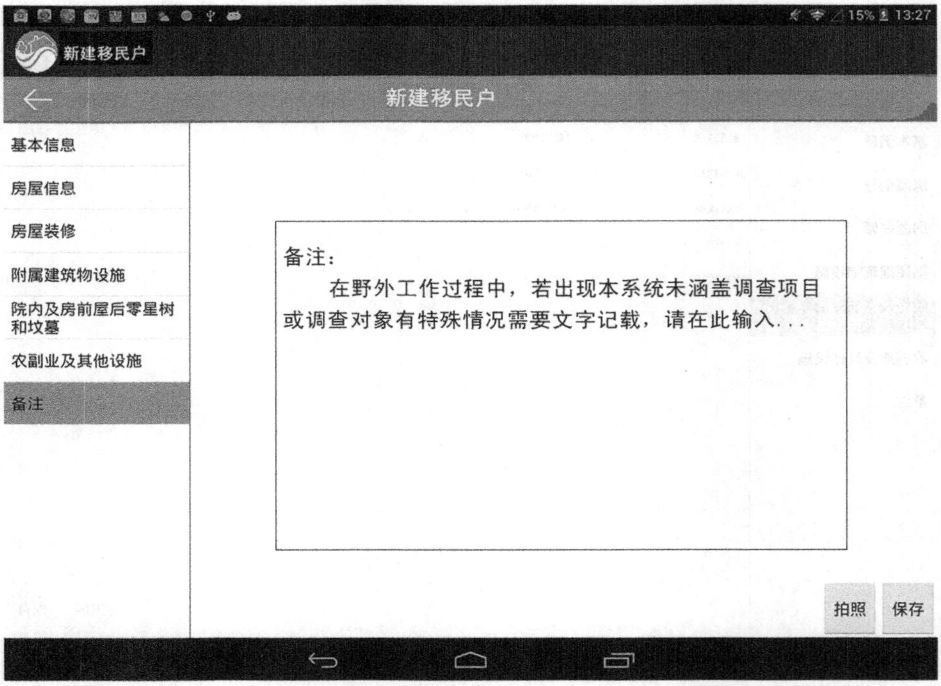

图 9-8　备注信息界面

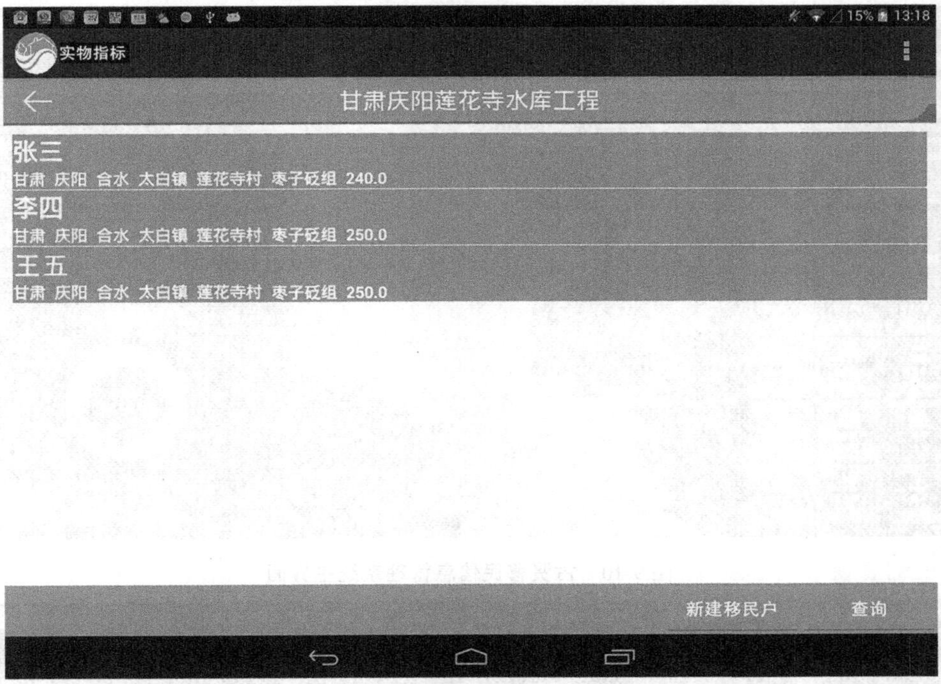

图 9-9　调查信息汇总及查询界面

系统具有较完整的实物指标数据库及数据录入、编辑、统计、查询、输出等功能，可在现场完成人口、房屋、房屋附属物等主要调查数据的处理工作，做到“调查与入库同步”；与传统纸质表格调查、手工统计和事后入库相比，工作效率大大提高，减少了过多的人为操作，最大程度地避免了人为误差，数据准确度显著提高；省却了内业手工将纸质调查数据输入计算机数据库的过程，避免了重复无效劳动，解放了劳动力，降低了人力资源成本，缩短了整个外业工作的周期，减少了差旅费用，大幅减少了人力成本支出，效益明显。

9.2　移民信息管理系统在古贤水库中的应用

基于古贤水利枢纽工程建设征地移民实物调查成果和规划设计成果，开发了古贤移民信息管理系统，集成了水库移民 GIS 综合决策支持分析系统、规划成果管理系统、计划管理系统、进度管理系统、安置实施管理系统、地理信息系统等功能(见图 9-10～图 9-17)。

(1)水库移民 GIS 综合决策支持分析系统。该系统主要用于对统一存储的数据进行空间资源信息查询、空间分析和预测分析等，以及将查询、分析结果应用于辅助决策。系统的功能分为基本工具、分析决策和制作图表等几个部分。通过该系统，用户可以预测并确定水库淹没范围线，从而为水库移民搬迁安置规划的编制提供充分、可信的科学依据，还可以对库区环境进行动态检测和分析。

(2)规划成果管理系统。该系统可以对移民安置规划报告、审查文件及从各类规划报告中抽取的重要定量指标进行管理，为项目法人、主体设计单位、综合监理、各级地方政府和移民管理机构提供规划成果登记、查询和统计等功能，主要功能包括规划报告管理、

图 9-10　古贤移民信息管理系统主界面

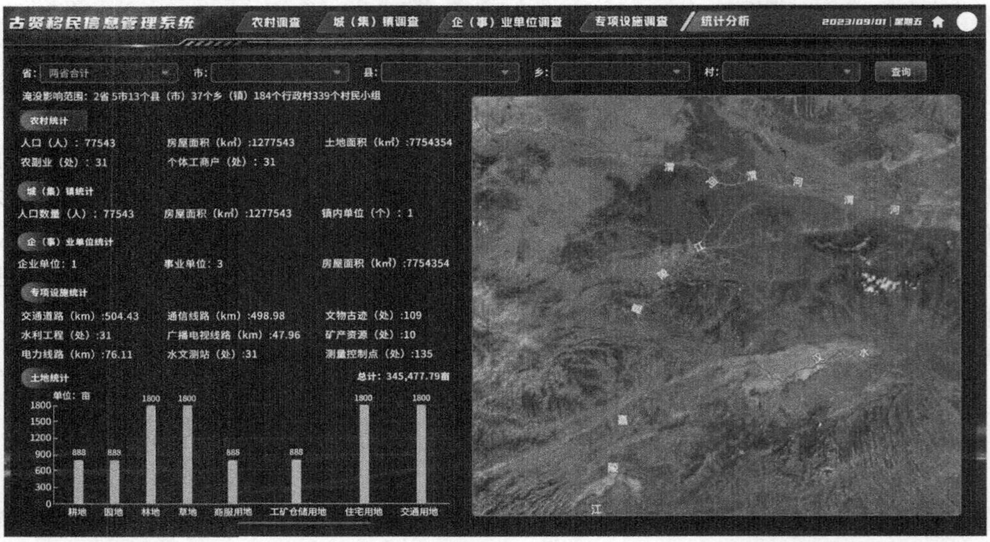

图 9-11　古贤移民信息管理系统成果统计分析及展示

概算成果管理和定量规划指标管理等模块。规划成果数据作为工作完成情况的参照基线，将为后续的资金管理、计划管理和进度管理等系统提供重要的对比参照信息支撑。

(3)计划管理系统。该系统主要为项目法人提供计划建议，是省、市(州)、县各级地方政府移民管理机构提供年度工作计划及资金计划等相关信息的管理平台，为各级单位在统一平台上开展计划的上报及下达提供有效的信息化管理手段。功能覆盖计划制订、计划上报审批、计划审定下达和计划调整等业务环节，各相关单位基于一套系统平台协同开展工作，为移民工作计划的及时反馈、宏观把控提供了高效、便捷的信息化手段，也为后续的移民安置工作进度动态跟踪和评价奠定了基础。

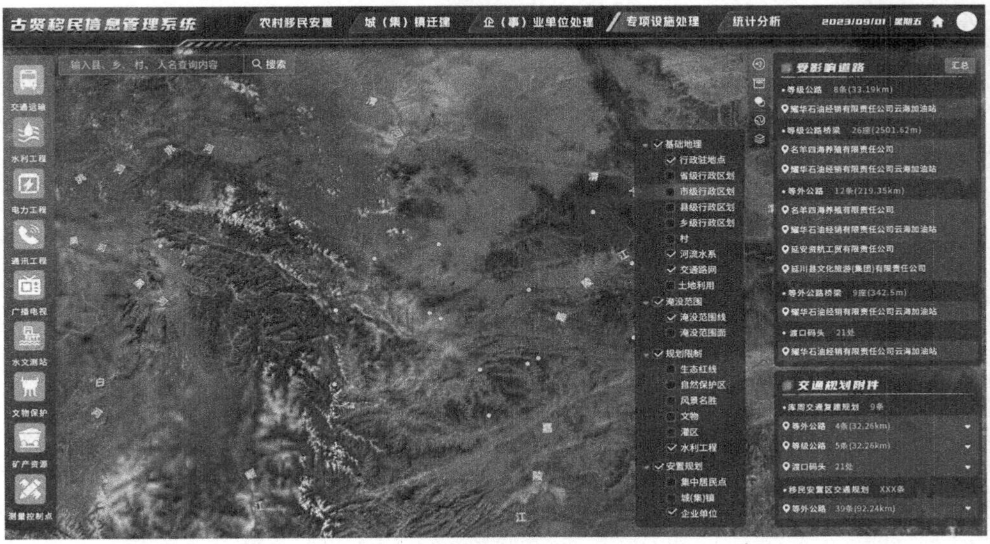

图 9-12　古贤移民信息管理系统影响专项设施统计及展示

图 9-13　古贤移民信息管理系统城集镇部分成果展示

(4)进度管理系统。该系统主要为各级地方政府和移民管理机构、主体设计单位、综合监理、项目法人等提供填报、了解各类移民安置实施项目进度信息的平台。根据各方、各级用户填报的周报、月报、季报等进度信息，用户可全面了解移民搬迁安置人口、房屋及生产、生活基础设施建设等数量、进度，移民投资数量、进度以及移民迁建工作量与完成投资量两者之间的匹配程度等，从而为计划的调整、实施项目的及时推进提供信息支撑和对照分析。

(5)安置实施管理系统。该系统是面向地方基层移民管理机构(县、乡级)的日常业务管理工作平台，用于移民安置实施项目信息的管理，并具有装载(登记)、查询、统计和

图 9-14　古贤移民信息管理系统计划执行情况

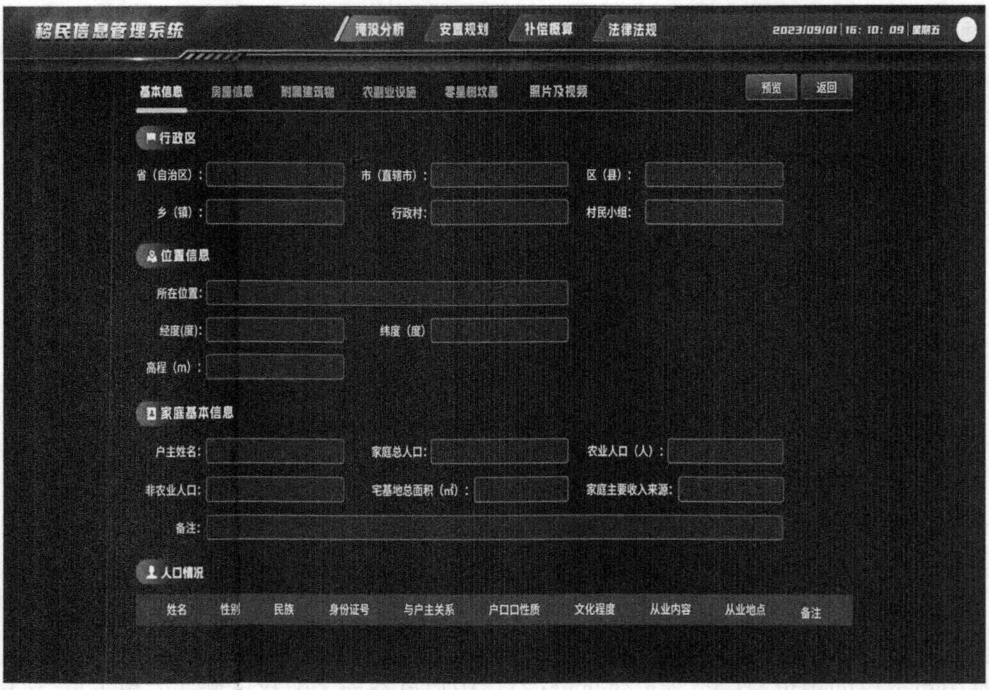

图 9-15　古贤移民信息管理系统移民个人信息查询及展示

分析各类安置实施项目相关数据等功能。其中，移民户安置实施管理主要包括移民人口界定、生产安置和搬迁安置方式确定、补偿补助标准设置和费用自动测算、移民资金卡打印、资金支付申请等管理功能；工程类实施项目管理以专业项目、基础设施建设项目和房屋建设项目三类实施项目为管理对象，提供项目分解管理、合同管理、资金支付申请等功能；同时，系统还提供基于以上两类基础数据的查询、统计功能。相比传统工作方式，本系

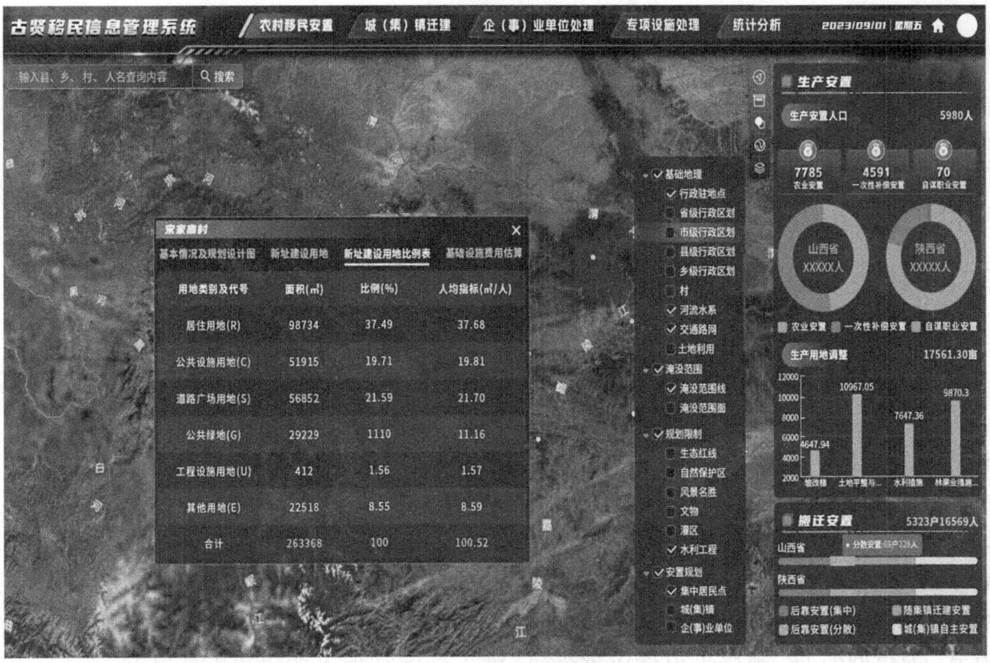

图 9-16　古贤移民信息管理系统农村移民安置情况统计分析及展示

图 9-17　古贤水库 GIS 三维空间淹没影响分析

统的应用可使移民补偿补助资金测算及建档立卡等安置实施管理工作的时间大大缩短、正确率大幅提高。

(6)地理信息系统。该系统利用地理信息等技术,可以为移民工作各方展示水库建设征地区基础地理、栅影综合、影像综合等几种形式的电子地图,并以此为依托展示行政区划点状要素所对应的淹没影响情况、规划设计及安置实施情况等信息。

9.3 移民信息管理系统的应用效益分析

移民管理信息系统在黑山峡、古贤两座水库建设征地与移民安置规划设计过程中得到广泛应用,实现了“移民指标可核查、移民资金可追溯”的建设目标,提高了移民管理的水平和工作效率,成为各方高度认可的“移民干部离不开、移民群众信得过”的管理系统。

9.3.1 社会效益

(1)创新工作方式,提高工作效能,促进科学决策。

系统的服务对象主要为省、地、县、乡四级移民管理机构及项目业主、主体设计等单位。通过系统数据交换和流程再造,使各有关单位融入统一、共享的工作平台中,真正实现和规范“业主参与、省级负责、县为基础、相互监督”的工作机制。

系统将移民管理工作信息规范化、功能模块化,极大地减轻了移民管理的工作量,将人力资源从机械重复操作中解脱出来;通过自动计算、统计分析,避免人为计算结果错误,提高了工作成果准确度;通过网络实现移民工作信息的充分共享、文件数据的快速传递、在线协同工作等,改变传统的工作模式,提高了工作效率;通过综合查询、统计与输出报表的方式,为行政管理、领导决策提供依据,促进了移民管理工作决策的科学化。

(2)促进政务公开,完善监督机制,维护社会稳定,推进和谐发展。

随着系统的深化应用,除项目业主、移民管理机构、主体设计等系统用户外,移民群众可以通过自助查询终端查询和浏览自己的补偿补助、相关政策和移民工作进展,实现移民工作政务公开,切实保护移民权益,扩大移民的知情权、参与权和监督权,减少纠纷、化解矛盾,减少移民信访量。同时,公众与移民管理机构之间建立起良好的沟通渠道,使移民工作得到社会的广泛关注和支持,移民工作开展得更加顺利。

9.3.2 经济效益

系统的应用提高了移民管理工作水平和用户单位工作效率,在减轻财政投资、节约运行成本、减少办公支出和差旅费用、促进移民资金管理规范、降低经济风险等方面发挥了显著作用。

(1)减轻财政投资,节约运行成本。

系统进行统一规划设计、统一建设、集中存储管理,建设目标明确、功能完善,可以防止类似项目在各级移民管理机构中的分散和低水平重复建设,最大化地实现信息资源互联互通和资源共享,充分开发利用信息资源,避免多头投资和分散投资所带来的各种弊端,提高投资的规模效应,最大程度地减轻各方、各级单位的财政负担,有效节约建设投资和运行维护成本。

(2)减少办公支出和差旅费用。

系统的应用使大部分业务通过网络协同工作实现,减少报表和材料的打印,节约20%以上的办公成本;同时,系统的运行可以减少各单位之间进行信息沟通、材料递交、公文上传下达等工作所需的会议费用和差旅费用。

(3)促进移民资金管理规范,降低经济风险。

系统的建立规范了资金拨付与支付的管理,通过信息化手段的协同工作方式,提高了移民资金管理的透明度,减少传统工作方式中因信息不透明、不及时而滋生的各种问题,保障了资金安全,降低了经济风险。

9.4 移民信息管理系统的应用展望

(1)共建共享的全国统一的移民信息平台将成为可能。

目前,我国有关行业和单位根据工作需要,陆续建立了很多移民信息系统和平台,但这些系统和平台尚缺少统一规划,数据源和标准不一致、数据不够完整、共享性差,各单位开发工具和数据库选型不同、可扩展性不强,侧重的角度和阶段也不一样。随着国家移民政策法规的不断修改和完善,以及时代发展所带来的信息技术进步,移民工作对信息化管理的要求越来越高,有必要在目前各单位自行开发和应用的各类移民信息系统基础上,由国家相关机构统筹建立一套全国统一的移民信息系统,从移民基础数据的共享利用做起,逐步实现所有系统中移民基础信息和档案资料(文本、声像)的可查询、可调阅、可下载、可统计。在此基础上,还可以研究实现各个系统之间功能的互相调用和对接。

(2)水电行业移民信息标准化建设将加快开展。

信息建设,标准先行。标准化是信息化建设的基础性工作。现有各单位建立的移民信息系统无法通用的关键原因之一在于多元化的移民信息缺少统一的编码体系和数据格式,数据采集标准各不相同,所以要建立通用的移民信息系统,首先要开展一系列的水电行业移民信息标准化建设,包括实物指标分类编码、信息采集标准、数据交换标准、信息安全标准和管理标准等,形成一整套水利水电移民信息化的相关标准规范。

(3)信息采集和服务方式将进一步丰富。

在目前已经有初步应用的移动App系统现场实物调查的基础上,将微信服务、移动App、无人机、视频监控等作为后续的重点研究和建设内容,探索利用开展更多的移民业务工作,如前期阶段的现场勘察和实物指标调查、安置实施阶段的进度管理等工作,可通过前端采集、后台处理后直接上传到系统,能极大地减少人工处理量和降低错误率。

(4)移民信息化应用范围将进一步扩大。

目前的规划管理系统主要是规划成果管理,规划设计业务功能还相对较弱,下阶段国内各规划设计单位将深入研究和探索直接利用现场调查数据和已有规划设计知识库,结合不同工程的实际情况,更好地进行移民规划设计,同时借助三维技术和VR技术更加直观、形象、生动地展示设计成果。

衔接国家水库后期扶持系统。这是水库建成后各移民管理机构的主要管理内容,也是当前国家要求项目法人履行社会责任,要求各级地方政府实行精准扶贫、后期帮扶等工作的新模式。因此,尽快开展与全国水库后期扶持管理系统的接口建设很有必要。

加强地质灾害管理。随着水库蓄水后地质灾害防治工作不断深入、范围逐渐扩大,在地质灾害业务管理方面也应考虑相关信息化的应用需求,通过建立地质灾害管理系统,能有效管理库区地质灾害点的相关信息、资料、群测群防人员和责任单位,还能长期有效地追踪各灾害点的防治、演变、发展等情况。

(5)可靠性和安全性的研究将进一步加强。

水利水电工程移民信息系统具有涉及业务实体多、业务范围广、应用复杂度高、数据保密性要求高等特点。因此,应该在后续工作中考虑对网络平台、系统平台、应用支撑平台、应用系统、数据等方面的可靠性、安全性进行研究和实现。此外,移民信息系统使用各方和各层级单位,职责、权限各不相同,可编辑、查阅的系统功能和数据范围也不相同,为了保证系统安全可靠地使用,需要继续深入研究,建立基于数据、功能和角色管理的多层级信息授权应用框架,解决系统中多用户单位、分层级的系统功能、操作和数据授权问题,构筑相应的安全体系。

(6)新技术的融合和创新将进一步深入。

随着新形势下移民业务需求变化和信息技术高速发展,特别是在中国水利水电走向海外的趋势下,在移民信息系统功能升级、架构优化、新技术引入和融合创新等方面有望继续发展,如可研究如何进一步结合“互联网+”、大数据、VR 和空间信息技术,在海外水利水电工程移民实物指标调查、规划设计、方案辅助决策等方面做一些研究和准备,让移民工作信息化成为中国水利水电行业的标准之一,走向海外,发挥更大的作用。

参考文献

[1] 王国强. 建立水利水电工程移民信息化标准体系的探讨[J]. 水力发电, 2020, 46(3):9-12.
[2] 郭亮亮,罗天文,赵朝彬,等. 智慧水利背景下水库移民信息化建设[J]. 水利水电快报,2022,43(4):123-127.
[3] 蔡阳. 智慧水利建设现状分析与发展思考[J]. 水利信息化,2018(4):1-6.
[4] 李国英. 建设数字孪生流域 推动新阶段水利高质量发展[N]. 中国水利报,2022-06-30(1).
[5] 蔡阳. 水利信息化"十三五"发展应着力解决的几个问题[J]. 水利信息化,2016(1): 1-5.
[6] 骆小平. "智慧城市"的内涵论析[J]. 城市管理与科技,2010(12): 34-37.
[7] 李德仁,姚远,邵振峰. 智慧城市的概念、支撑技术及应用[J]. 工程研究,2012(4): 313-323.
[8] 水利部参事咨询委员会. 智慧水利现状分析及建设初步设想[J]. 中国水利,2018(5): 1-4.
[9] 中华人民共和国水利部. 水利信息化资源整合共享顶层设计[R]. 北京:水利部信息化工作领导小组办公室,2015.
[10] 李德仁,龚健雅,邵振峰. 从数字地球到智慧地球[J]. 武汉大学学报(信息科学版),2010,35(2):127-132.
[11] 倪建军,汤敏,詹万林,等. 水联网与水利信息化理论探讨及应用实践[J]. 水利信息化,2016(4):32-35.
[12] 党安荣. 智慧城市的总体框架探索[N]. 中华建筑报,2012-09-25(14).
[13] 徐健,赵保成,魏思奇,等. 数字孪生流域可视化技术研究与实践[J]. 水利水电快报,2023,44(8):127-130.
[14] 覃炀扬,郭俊,刘懿,等. 数字孪生流域知识图谱构建及其应用[J]. 水利水电快报,2023,44(11):115-120.
[15] 中国信息通信研究院,中国互联网协会,中国通信标准化协会. 数字孪生城市白皮书[R]. 北京:中国信息通信研究院,2021.
[16] 中国电子技术标准化研究院,树根互联技术有限公司. 数字孪生应用白皮书[R]. 北京:中国电子技术标准化研究院,2020.
[17] 高俊. 地图学四面体:数字化时代地图学的诠释[J]. 测绘学报,2004,33(1):6-11.
[18] 王文跃,李婷婷,刘晓娟,等. 数字孪生城市全域感知体系研究[J]. 信息通信技术与政策,2020(3):20-23.
[19] 中国信息通信研究院,中国互联网协会,中国通信标准化协会. 数字孪生城市白皮书[R]. 北京:中国信息通信研究院,2021.
[20] 陶飞,张贺,戚庆林,等. 数字孪生十问:分析与思考[J]. 计算机集成制造系统,2020,26(1):1-17.
[21] 张霖,陆涵. 从建模仿真看数字孪生[J]. 系统仿真学报,2021,33(5):995-1007.
[22] 李德仁. 基于数字孪生的智慧城市[J]. 互联网天地,2021(7):12.
[23] 徐驰,彭振阳,黄金凤,等. 多目标生态水网构建与评价方法研究[J]. 人民长江,2022,53(3):79-86.
[24] 黄艳,喻杉,罗斌,等. 面向流域水工程防灾联合智能调度的数字孪生长江探索[J]. 水利学报,2022,53(3):253-269.
[25] 王权森. 长江中下游行蓄洪空间数字孪生建设方案构想[J]. 人民长江,2022,53(2):182-188.
[26] 冯钧,朱跃龙,王云峰,等. 面向数字孪生流域的知识平台构建关键技术[J]. 人民长江,2023,54

(3):229-235.
[27] 陈珂,丁烈云. 我国智能建造关键领域技术发展的战略思考[J]. 中国工程科学,2021,23(4):64-70.